高等教育规划教材

"十三五"江苏省高等学校重点教材

编号：2016-2-019

化工原理实验

居沈贵　夏　毅　武文良 ◎ 等 编著

第二版

化学工业出版社

·北京·

内容提要

《化工原理实验》（第二版）是化工原理、食品工程原理、环境工程原理等相关课程的配套实验教材，注重培养学生综合素质，通过实验使学生掌握化工生产的单元操作技能以及实验研究方法。

本书内容包括五章：第一章化工原理实验基础知识，主要介绍化工原理实验概要、实验数据及测量误差、实验数据的处理方法、化工安全常识及实验安全要求；第二章测量仪表和测量方法，主要包括压力、流量、温度三大参数测量，以及实验常用传感技术、成分分析、显示仪表等；第三章化工原理基础实验，主要介绍化工原理各主要单元操作的演示、验证性实验与综合、设计性实验的实验装置、实验原理和实验操作方法，包括流体力学、流体输送机械、过滤、流态化、传热、吸收（解吸）、精馏、干燥；第四章化工原理提高性实验，包括萃取、吸附、膜分离、离子交换、惰性粒子流化床干燥；第五章化工原理演示实验，包括流体流型、流体机械能分布及其转换、离心风机流化床降尘室旋风分离器、流体的压强及其测量、边界层、塔模型、热管换热器演示实验以及化工原理仿真实验等。

《化工原理实验》（第二版）强化了化工实验竞赛项目内容，可作为高等院校化工与制药类及相关专业化工原理实验课的教学用书，对指导大学生化工实验竞赛具有一定指导作用，也可供化工、材料、轻工、石油、食品、环境等领域科研、生产技术人员参考。

图书在版编目（CIP）数据

化工原理实验/居沈贵等编著. —2版. —北京：化学工业出版社，2020.7（2024.9重印）
ISBN 978-7-122-36884-3

Ⅰ.①化… Ⅱ.①居… Ⅲ.①化工原理-实验 Ⅳ.①TQ02-33

中国版本图书馆CIP数据核字（2020）第083826号

责任编辑：杜进祥 丁建华　　装帧设计：关 飞
责任校对：张雨彤

出版发行：化学工业出版社（北京市东城区青年湖南街13号 邮政编码100011）
印　　刷：北京云浩印刷有限责任公司
装　　订：三河市振勇印装有限公司
787mm×1092mm 1/16 印张12 字数305千字 2024年9月北京第2版第6次印刷

购书咨询：010-64518888　　售后服务：010-64518899
网　　址：http://www.cip.com.cn
凡购买本书，如有缺损质量问题，本社销售中心负责调换。

定　　价：32.00元

前 言

《化工原理实验》教材经过近 4 年使用，得到很多高校关注，使用学校逐年增多，还荣获 2017 年中国石油和化学工业优秀教材奖。

随着化工教育改革，特别是近年来教育部高等学校化工类专业教学指导委员会、中国化工教育协会推出的一系列教学设计、实验改革措施，各校化工实验教学也相应得到改革、提升和发展。

为适应新形势下教育改革，特别是针对全国大学生化工实验大赛要求，南京工业大学对化工原理实验教学内容做了进一步更新，优化了主要实验设备。鉴于此，实验教材将做相应的新增和改动。

再版教材中，在第二章“第三节　流量测量”中，去除“湿式气体流量计”，增加“涡街流量计”“电磁流量计”，删除原第二章“第七节　成分分析仪”中“奥氏分析仪”。在“第三章　化工原理基础实验”中，进行了较大增改，对近年来大学生化工实验竞赛有指导作用。第三章“实验一　流体力学实验”中的“一、流体流动阻力测定实验”名称改为“一、流体流动阻力——泵性能曲线测定综合实验”，装置流程和南京工业大学新增全国大学生实验竞赛设备一致；第三章“实验二　流体输送机械实验”中的“离心泵性能曲线测定实验”分为“一、离心泵单泵性能曲线测定实验”“二、离心泵组合性能曲线测定实验”，实验流程和江苏省大学生实验竞赛要求一致；第三章“实验四　传热实验”分为“一、对流给热系数测定（水-饱和水蒸气）实验”“二、对流给热系数测定（空气-自发生水蒸气）实验”，实验流程采用南京工业大学大学生实验竞赛使用的双套管换热器装置；保留第三章实验四中的“列管换热器传热实验”；第三章“实验五　吸收实验”的内容重新编写为“填料吸收塔综合实验”流程采用更新的实验竞赛使用装置；第三章“实验六　精馏实验”新增“一、数字化精馏综合实验”，流程采用实验竞赛使用装置；原实验六内容作为“二、筛板精馏塔综合实验”保留。

本书再版中的内容主要由如下人员完成：“测量技术部分”的修改由夏毅完成，“流体流动阻力——泵性能曲线测定综合实验”主要由蔡锐、王晟等完成修改，“离心泵组合性能曲线测定实验”由夏毅编写，“传热实验”主要由王磊、周荣飞、薛峰等完成修改，“吸收实验”主要由冯晖、薛峰、祝宁东等完成修改，“精馏实验”主要由武文良、王重庆等完成修改。全书由夏毅统稿，居沈贵审核。另外南京工业大学化工原理教研室、实验室的老师管国锋、张晓燕、沈旋、马华、陈晓蓉、杜薇、俞健、万辉、王海燕、邱鸣慧、黄莉等都参加了部分工作，在此一并表示感谢。

在编写过程中参考了管国锋、冯晖、居沈贵、夏毅、张若兰等编写的《化工原理实验》一书，并得到了国家教学名师管国锋教授、汤吉海教授等的大力支持和帮助，编者在此深表感谢。本书参考了兄弟院校的文献，一并表示感谢。

书中一定有许多不妥和疏漏之处，敬请指正。

编者

2020 年 5 月 12 日

第一版前言

化工原理实验教学是化工原理课程的一个十分重要的实践性教学环节。教学目的是使学生加深理解和巩固化工单元操作的基本原理，熟悉和掌握各单元操作设备的工作原理、特性及使用方法，熟悉和掌握常见的化工仪表（如温度、压力或压差、流量等）的工作原理和使用方法。在实验中培养学生分析和解决化工过程中工程问题的能力，加强学生的动手能力，培养和提高学生的实验技能。化工原理实验力求成为培养学生的创新精神和实践能力、培养高素质复合型技术人才的基地。

本书共有五个章节。

第一章为化工原理实验基础知识，包含实验基础要求、实验误差分析、实验数据处理和安全规范等，以便学生对照这些要求正确地进行实验。

第二章为测量仪表和测量方法，介绍了化工实验及生产中常用测量仪表的工作原理及使用方法，如温度、压力和压差、流量和组成等的测量及操作，以及测量所用的传感器和智能仪表的工作原理及操作方法。

第三章为化工原理基础实验，共有七个实验，分别为流体力学实验、离心泵性能曲线测定实验、颗粒流体力学及机械分离实验、传热实验、填料吸收塔吸收（解吸）实验、精馏实验、干燥速率曲线测定实验。每个实验介绍了实验目的、实验原理、实验装置与流程、实验步骤及注意事项、实验报告要求和思考题、实验数据记录及数据处理结果示例，以便指导学生进行实验预习和操作。有些实验项目选取多种方案和不同的实验装置。

第四章为化工原理提高性实验，共有五个实验，包括液-液萃取实验、变压吸附制取富氧实验、无机膜分离实验、离子交换法制备纯水实验、惰性粒子流化床干燥实验。

第五章为化工原理演示实验，共有八个实验，分别为流体流型演示实验、流体机械能分布及其转换演示实验、离心风机流化床降尘室旋风分离器演示实验、流体的压强及其测量演示实验、边界层演示实验、塔模型演示实验、热管换热器演示实验及化工原理仿真实验，以供学生观察有关实验现象，加深对有关原理的理解。

最后为附录，收录了常用数据表，还收录了大学生实验竞赛试题示例，包括笔试和操作试题，并附有参考答案及评分标准。

本教材适用于实验时数为 30～40 学时的化工及其他相关专业的学生使用。各专业可根据各自的教学要求选取若干实验进行实验。一般多学时的专业选做 7～8 个实验，少学时的选做 4～6 个实验。每个实验应包括实验预习、实验操作、数据处理和实验报告编写等四个环节，每个学生都需认真完成。

本书主要由居沈贵、夏毅、武文良编著，但原始资料来自于南京工业大学化工原理教研室、实验室全体老师的多年积累，是大家共同的心血。

本书在编写过程中参考了管国锋等编写的《化工原理实验》及兄弟院校编写的各种教材、专著，并得到了学院领导和化工原理教研室、实验室各位老师，尤其是管国锋、蔡锐、王晟、冯晖、祝宁东、马华等的大力支持和帮助，编者在此深表感谢。

书中如有不妥和不足之处，敬请批评指正。

编者

2016 年 5 月 25 日

目录

第一章

化工原理实验基础知识

第一节　概述

化工原理是一门专业技术基础课，主要教学内容如图 1-1 所示。

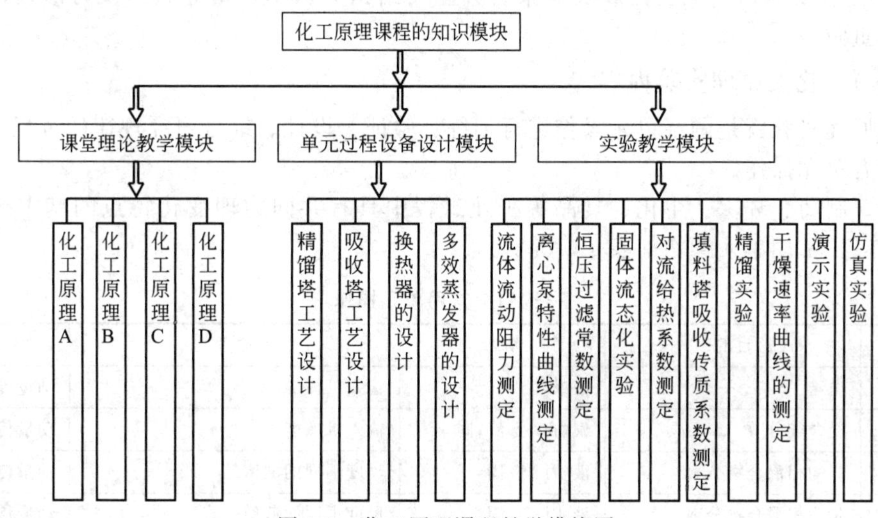

图 1-1　化工原理课程教学模块图

一、 化工原理实验简介

（一） 实验教学设计思想

① 验证化工原理基本理论，并在运用理论对实验进行分析的过程中，使学生在理论知识方面得到进一步的理解和巩固；

② 通过实验操作，让学生掌握一定的实验研究方法和技巧，并培养学生实事求是的科学态度；

③ 通过对实验现象的观察、分析和讨论，培养和加强学生独立思考问题的能力，促进理论课的学习，培养学生的动手能力和思考分析能力。

（二） 实验教学目的

化工原理实验教学的目的主要有以下几点。

① 巩固和深化理论知识。

② 理论联系实际的应用。

③ 从事科学实验的能力培养。

包括：为了完成一定的课题，设计实验方案的能力；进行实验，观察和分析实验现象的能力，解决实验问题的能力；正确选择和使用测量仪表和控制方法的能力；利用实验的原始数据进行数据处理、获得科学结果的能力；书写技术报告的能力等。

④ 提高自身素质水平，培养思维方法的科学性、科学态度的严谨性。

（三） 组织形式与教师指导方法

① 每个实验前有 2 课时理论讲解，老师讲解实验目的、原理、流程、操作步骤、数据处理等，演示实验的全过程；

② 在进入实验室进行正式实验之前，学生必须利用业余时间至实验中心计算机房（或自备计算机上网）登录实验中心网站使用“化工原理实验多媒体教学课件”对化工原理实验进行学习和模拟操作，操作合格后网上测评合格方有资格进入实验室；

③ 进入实验室进行实验并现场进行实验数据的计算机结果认证，结果须经老师认可，不合格者须重做，此项过程基本时间 4h，重做者可另行预约时间；

④ 学生在实验后一周内完成实验报告并上交给指导教师，指导教师及时修改，不合格者须返回重做。

（四） 化工原理实验内容

化工原理实验就是围绕单元操作进行训练、验证、设计、综合研究规律的过程，实验内容包含所有单元操作。

化工、制药、环保、生化、食品等工业过程中具有共同物理变化特点的基本操作称为“单元操作”。常用单元操作如表 1-1 所示。

表 1-1 常用单元操作

单元操作	目的	物态	原理	传递过程
液体输送	输送	液或气	输入机械能	动量传递
搅拌	混合或分散	气-液；液-液；固-液	输入机械能	动量传递
过滤	非均相混合物分离	液-固；气-固	尺度不同的截留	动量传递
膜分离	非均相混合物分离	液-固；气-固	尺度不同的截留	动量传递
沉降	非均相混合物分离	液-固；气-固	密度差异引起的沉降运动	动量传递
加热、冷却	升温、降温，改变相态	气或液	利用温度差而传入或移出热量	热量传递
蒸发	溶剂与不挥发性溶质分离	液	供热以汽化溶剂	热量传递
气体吸收	均相混合物分离	气	各组分在溶剂中溶解度的不同	物质传递
萃取	均相混合物分离	液	各组分在溶剂中溶解度的不同	物质传递
液体精馏	均相混合物分离	液	各组分间挥发度的不同	物质传递
干燥	去湿	固体	供热汽化	热、质同时传递
吸附	均相混合物分离	液或气	各组分在吸附剂中的吸附能力不同	物质传递

（五） 化工原理实验考核

化工原理实验成绩可实行结构成绩制，分为四部分：

① 预习情况、仿真实验、现场提问、实验操作共占 25%。

② 实验报告质量占25%。

③ 期末笔试成绩占30%。

④ 面试占20%。

考试包括实验方法、实验原理、实验设计、实验操作、数据处理、实验分析、工程实践等几方面的内容。

二、 化工原理实验的基本要求

（一） 实验前的预习工作

① 阅读实验指导书，了解本实验的目的和要求。

② 根据实验的具体任务，掌握实验的理论根据和实验的具体做法，分析哪些参数需要直接测量得到，哪些参数不需要直接测量，而能够间接获得，并且要估计实验数据的变化规律。

③ 到实验室现场了解摸索实验流程，观看主要设备的构造、测量仪表的种类和安装位置，了解它们的测量原理和使用方法，最后全面审查整个实验流程的布置是否合理，审查主要设备的结构和安装是否合适，测量仪表的量程、精度是否合适，以及其所装位置是否合理。

④ 根据实验任务和现场勘查，最后规定实验方案，确定实验操作程序。

（二） 实验小组的分工和合作

化工原理实验一般是两人一组（板框压滤机操作需3～4人一组）合作进行的，因此实验开始前必须做好组织工作，做到既分工，又合作；既能保证质量，又能获得全面训练。每个实验小组要有一个组长负责执行实验方案、联络和指挥，与组员讨论实验方案，使得每个组员各司其职（包括操作、读取数据、记录数据及现象观察等），而且要在适当时候轮换工作。

（三） 实验必须测取的数据

凡是影响实验结果或数据整理过程中所必需的数据都必须测取，包括大气条件、设备有关尺寸、物料性质及操作数据等，但并不是所有数据都要直接测取的。凡可以根据某一数据导出或从手册中查出的其他数据，就不必直接测定。例如水的密度、黏度、比热容等物理性质，一般只要测出水温后即可查出，因而不是直接测定这些物理参量，而是测定水的温度。

（四） 实验数据的读取及记录

① 实验开始前拟好记录表格，在表格中应记下各次物理量的名称、表示符号及单位。每位实验者都应有一专用实验记录本，不应随便拿一张纸或实验讲义空白处来记录，要保证数据完整，条理清楚，避免记录错误。

② 实验时一定要等现象稳定后才开始读取数据，条件改变，要稍等一会才读取数据，这是因为条件的改变破坏了原来的稳定状态，重新建立稳态需要一定时间（有的实验甚至花很长时间才能达到稳定），而仪表通常又有滞后现象的缘故。

③ 每个数据记录后，应该立即复核，以免发生读错或记错数字等事故。

④ 数据的记录必须反映仪表的精确度。一般要记录到仪表上最小分度以下位数。例如温度计的最小分度为1℃，如果当时的温度读数为20.5℃，则不能记为20℃；又如果刚好是20℃，那应该记录为20.0℃。

⑤ 记录数据要以实验当时的实验读数为准。

⑥ 实验中如果出现不正常情况，以及数据有明显误差时，应在备注栏中加以说明。

（五） 实验过程的注意点

有的实验者在做实验时，只读取数据，其他一概不管，这是不对的。实验过程中除了读取数据外，还应该做好下列诸事：

① 操作者必须密切注意仪表指示值的变动，随时调节，使整个操作过程都在规定条件下进行，尽量减少实验操作条件与规定操作条件之间的差距。操作人员要坚守岗位，不得擅离职守。

② 读取数据后，应立即与前次数据比较，也要和其他有关数据相对照，分析相互关系是否合理，数据变化趋势是否合理。如果发现不合理，应该立即共同研究可能存在的原因，以便及时发现问题、解决问题。

③ 实验过程时还应注意观察过程现象，特别是发现某些不正常现象时更应抓住时机，研究产生不正常现象的原因，排除障碍。

（六） 实验数据的整理

① 数据整理时应根据有效数字的运算规则，舍弃一些没有意义的数字。一个数字的精确度是由测量仪表本身的精确度所决定的，它绝不因为计算时位数增加而提高。但是任意减少位数也是不许可的，因为这样做就降低了应有的精确度。

② 数据整理时，如果过程比较复杂，实验数据又多，一般以采用列表整理为宜，同时应将同一项目一次整理。这种整理方法既简洁明了，又节省时间。

③ 计算示例。在②所列表的下面要给出计算示例，即任取一列数据进行详细的计算，以便检查。

（七） 实验报告的编写

一份优秀的实验报告必须写得简洁明了，数据完整，交代清楚，结论正确，有讨论，有分析，得出的公式或曲线、图形有明确的使用条件。报告的内容一般包括：

① 报告的题目；

② 写报告人及同实验小组人员的姓名；

③ 实验的目的；

④ 实验的理论依据；

⑤ 实验设备说明（应包括流程示意图和主要设备、仪表的类型及规格）；

⑥ 实验数据，应包括与实验结果有关的全部数据，报告中的实验数据不是指原始数据，而是经过加工后用于计算的全部数据，至于原始记录则可作为附录附于报告后面；

⑦ 数据整理及计算示例，其中引用的数据要说明来源，简化公式要写出推导过程，要列出一列数据的计算过程，作为计算示例；

⑧ 实验结果，根据实验任务，明确提出本次实验的结论，用图示法、经验公式或列表法均可，但都必须注明实验条件；

⑨ 分析讨论，要对本次实验结果作出评价，分析误差大小及原因，对实验中发现的问题应作讨论，对实验方法、实验设备有何建议也可写入此栏。

第二节 实验数据的误差分析

实验数据的精确度直接标志着实验的质量和水平，而实验数据的精确度均取决于实验方法和个别实验条件的总和。后者又包括实验设备的现代化、所采用仪器的精密程度和灵敏度以及周围环境和人的观察力等因素。由于上述因素均具有一定的局限性，所以测量和实验所得数值和真值之间，总存在一定差异，在数值上即表现为误差。因此，必须对实验的误差进行分析，确定导致实验总误差的最大组成因素，从而改善薄弱环节，提高实验的质量。

一、 误差的基本概念

1. 真值与平均值

真值是一个理想的概念，一般是不能观测到的，但是若对某一物理量经过无限多次的测量，其出现误差有正也有负，而正负误差出现的概率是相同的。因此，假设不存在系统误差，它们的平均值就相当接近于该物理量的真值。所以在实验科学中定义：无限次观测的平均值为真值。由于实验工作中观测的次数总是有限的，有限次观测值得到的平均值，只能近似于真值，故称这个平均值为最佳值。

化工中常用的平均值有：

算术平均值

$$x_{\mathrm{m}}=\frac{x_1+x_2+\cdots+x_n}{n}=\frac{\sum_{i=1}^{n}x_i}{n} \tag{1-1}$$

均方根平均值

$$x_{\mathrm{s}}=\sqrt{\frac{x_1^2+x_2^2+\cdots+x_n^2}{n}}=\sqrt{\frac{\sum_{i=1}^{n}x_i^2}{n}} \tag{1-2}$$

几何平均值

$$x_{\mathrm{c}}=\sqrt[n]{x_1x_2\cdots x_n}=\sqrt[n]{\Pi x_i} \tag{1-3}$$

式中 $x_1,x_2,\cdots,x_n$ ——观测值；

n——观测次数。

计算平均值方法的选择，取决于一组观测值的分布类型。在一般情况下，观测值的分布属于正常类型，因此，算术平均值作为最佳值用得最为普遍。

2. 误差表示法

某测量点的误差通常由下面三种形式表示。

(1) 绝对误差

观测值与真值的差称为绝对误差，通称误差。但在实际工作中，以平均值（即最佳值）代替真值，观测值与最佳值之差称为剩余误差或绝对误差。

(2) 相对误差

为了比较不同被测量的测量精度而引入了相对误差。

$$相对误差=\frac{绝对误差}{真值}\times100\%\approx\frac{绝对误差}{最佳值}\times100\%$$

(3) 引用误差

引用误差（或相对示值误差）指的是一种简化的实用方便的仪器仪表指示值的相对误差。它是以仪器仪表的满刻度示值为分母，某一刻度点示值误差为分子所得比值的百分数。仪器仪表的精度用此误差来表示。比如 1 级精度仪表，即为$\frac{量程内最大示值误差}{满量程示值}\times100\%$等于 0.005、0.02 或 0.05。

在化工领域中，常用算术平均误差和标准误差来表示测量数据的误差。

① 算术平均误差

$$\sigma=\frac{\sum_{i=1}^{n}|x_i-x_{\mathrm{m}}|}{n} \tag{1-4}$$

式中 n——观测次数；

x_i——观测值；

x_{m}——n 次观测的算术平均值。

② 标准误差 标准误差简称为标准差，或称均方根误差。当测定次数 n 为无穷时，其定义为

$$\sigma=\sqrt{\frac{\sum_{i=1}^{n}(x_i-x_{\mathrm{m}})^2}{n}} \tag{1-5}$$

在有限观测次数中，标准误差常用下式表示：

$$\sigma=\sqrt{\frac{\sum_{i=1}^{n}(x_i-x_{\mathrm{m}})^2}{n-1}} \tag{1-6}$$

标准误差 σ 的大小说明在一定条件下等精度测量列数据中每个观测值对其算术平均值的分散程度。如果 σ 的数值小，该测量列数据中相应小的误差占优势，任一单次观测值对其算术平均值的分散度就小，测量的精度就高；反之精度就低。

3. 误差的分类

误差按其性质和产生的原因可分为三类：系统误差、随机误差和过失误差。

(1) 系统误差

系统误差是指在同一条件下，多次测量同一量时，误差的数值和符号保持恒定，或在条件改变时，按某一确定的规律变化的误差。系统误差的大小反映了实测数据准确度的高低。

产生系统误差的原因：①仪器不良，如刻度不准，仪表未经校正或标准表本身存在偏差等；②周围环境的改变，如外界温度、压力、风速等；③实验人员个人习惯和偏向，如读数的偏高或偏低等所引起的误差。可针对上述诸原因，分别改进仪器和实验装置，以及提高实验技巧，予以消除系统误差。

(2) 随机误差（或称偶然误差）

在已经消除系统误差的前提下，随机误差是指在相同条件下测量同一量时，误差的绝对值时大时小，其符号时正时负，没有确定的规律的误差。随机误差的大小反映了精密程度的高低。这类误差产生原因无法预测，因而无法控制和补偿。但是倘若对一等量值作足够多次数的等精度测量时就会发现随机误差完全服从统计规律，误差的大小和正负的出现完全是由概率决定的。因此随着测量次数的增加，随机误差的算术平均值必趋近于零。所以，多次测量结果的算术平均值将更接近于真值。

(3) 过失误差（或称粗大误差）

过失误差是一种显然与事实不符的误差，它主要是由于实验人员粗心大意，如读错数据或操作失误等所致。存在过失误差的观测值在实验数据整理时必须剔除，因此实验时，只要认真负责是可以避免这类误差的。

显然，实测列数据的精确程度是由系统误差和随机误差的大小来决定的。系统误差愈小，则列数据的准确度愈高；又随机误差愈小，则列数据的精确度愈高。所以要使实测列数

据的精确度高就必须满足系统误差和随机误差均很小。

二、 误差的基本性质

实测列数据的可靠程度如何，怎样提高它们的可靠性，等等，这些都要求我们了解对给定条件下误差的基本性质和变化的规律。

1. 偶然(随机) 误差的正态分布

如果测量数列中不包含系统误差和过失误差，从大量的实验中发现偶然误差具有如下特点：

① 绝对值相等的正误差和负误差，其出现的概率相同；

② 绝对值小的误差出现的概率大，而绝对值大的误差出现的概率小；

③ 绝对值很大的误差出现的概率趋近于零，也就是误差值有一定的实际极限；

④ 当测量次数 $n\to\infty$时，误差的算术平均值趋近于零。这是由于正负误差相互抵消的结果。这也说明在测定次数无限多时，算术平均值就等于测定量的真值。

偶然误差的分布规律，在经过大量的测量数据的分析后知道，它是服从正态分布的，其误差函数 $f(x)$ 表达式为

$$y=f(x)=\frac{h}{\sqrt{\pi}}e^{-k^2x^2} \tag{1-7}$$

或者

$$y=f(x)=\frac{1}{\sigma\sqrt{2\pi}}e^{-\frac{x^2}{2\sigma^2}} \tag{1-8}$$

式中，h 为精密指数，$h=\frac{1}{\sigma\sqrt{2}}$；$x$ 为实测值与真值之差；σ 为均方误差。式(1-7) 或式(1-8) 是高斯于 1795 年推导出的，因此，也称为高斯误差分布定律。根据此方程所画出的曲线则称为误差分布曲线或高斯正态分布曲线，如图 1-2 所示。横坐标，x 表示偶然误差，纵坐标 y 表示各误差出现的概率，此曲线为一对称形的曲线。此误差分布曲线完全反映了偶然误差的上述特点。

现在来考察一下 σ 值对分布曲线的影响。由式(1-8) 可见，数据的均方误差 σ 愈小，e 指数的绝对值就愈大，y 减小得就愈快，曲线下降得也就更急，而在 $x=0$ 处的 y 值也就愈大；反之，σ 愈大，曲线下降得就愈缓慢，而在 $x=0$ 处的 y 值也就愈小。图 1-3 对三种不同的 σ 值（$\sigma=1$ 单位，$\sigma=3$ 单位，$\sigma=10$ 单位）给出了偶然误差的分布曲线。

从这些曲线以及上面的讨论中可以明显地看出，σ 值愈小，小的偶然误差出现的次数就愈多，测定精度也就愈高；当 σ 愈大时，就会经常碰到大的偶然误差，也就是说，测定的精度也就愈差。因而实测列数据的均方误差 σ，完全能够表达出测定数据的精确度，亦即表征着测定结果的可靠程度。

下面考察 h 对曲线的影响。

由式(1-7)，以 h 作参数进行标绘的曲线（图 1-4）可见：

① 对应于最小误差（$x=0$）的两边，曲线是对称的；

② 在纵轴 y 上具有一个最大概率点，这一点相当于误差 $x=0$；

③ 曲线两边逐渐与横轴接近。

将大、中、小 h 三条分布曲线绘在一张图上，如图 1-4 所示。由图可见，h 值大的曲线是奇峰突起的狭长曲线，这意味着实验的精密度高，因为小误差出现的概率极大。h 值小的曲线低坦，这意味着实验的精密度较低，因为大小误差出现概率相差不明显。h 值居中的，

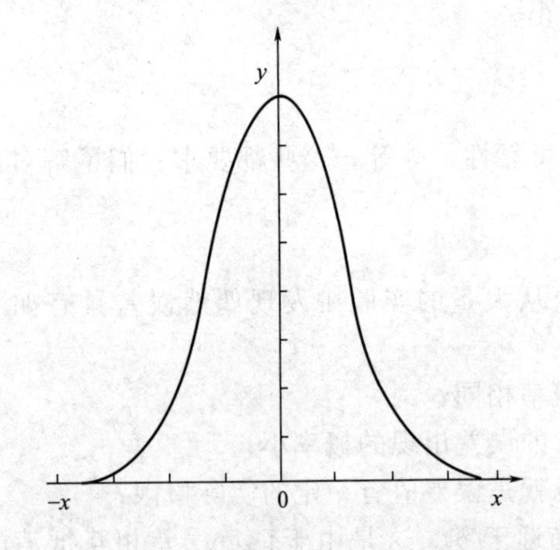

图 1-2　误差分布曲线（高斯正态分布曲线）

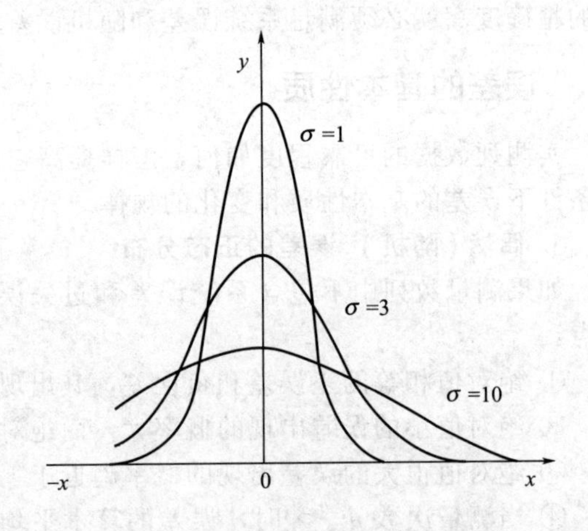

图 1-3　不同 σ 值时的误差分布曲线

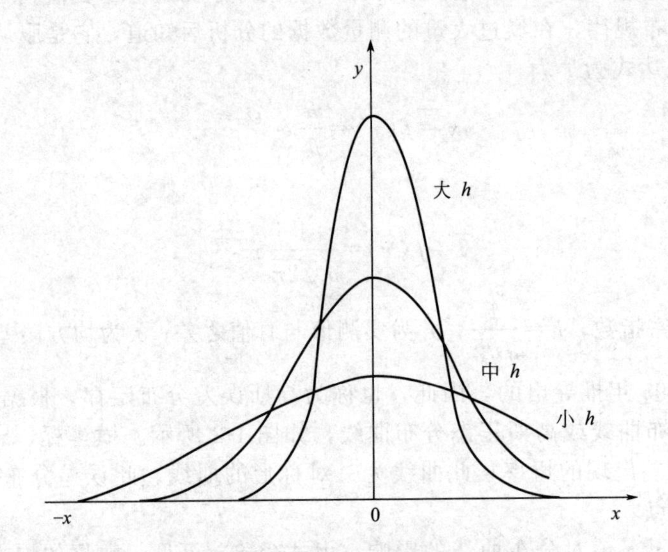

图 1-4　不同 h 值时的误差分布曲线

则表明实验精密度适中。

2. 可疑的实验观测 值的舍弃

由概率积分知，偶然误差正态分布曲线下的全部面积，相当于全部误差同时出现的概率，即

$$P=\frac{1}{\sqrt{2\pi}\sigma}\int_{-\infty}^{+\infty}\mathrm{e}^{-\frac{x^2}{2\sigma^2}}\mathrm{d}x=1 \tag{1-9}$$

若随机误差在 $-\sigma \sim +\sigma$ 范围内，概率则为

$$P(|x|<\sigma)=\frac{1}{\sqrt{2\pi}\sigma}\int_{-\sigma}^{\sigma}\mathrm{e}^{\frac{x^2}{2\sigma^2}}\mathrm{d}x=\frac{2}{\sqrt{2\pi}\sigma}\int_{0}^{\sigma}\mathrm{e}^{\frac{x^2}{2\sigma^2}}\mathrm{d}x \tag{1-10}$$

令 $t=\frac{x}{\sigma}$，则 $x=t\sigma$

所以
$$P(|x|<\sigma)=\frac{2}{\sqrt{2\pi}}\int_{0}^{t}\mathrm{e}^{-\frac{t^2}{2}}\mathrm{d}t \tag{1-11}$$

若令 $$\phi(t)=\frac{1}{\sqrt{2\pi}}\int_0^t e^{-\frac{t^2}{2}}dt$$

则 $$P(|x|<\sigma)=2\phi(t)$$

即误差在 $\pm t\sigma$ 的范围内出现的概率为 $2\phi(t)$，而超出这个范围的概率则为 $1-2\phi(t)$。$\phi(t)$称为概率函数。$\phi(t)$ 与 t 的对应值，在数学手册或专著中均附有此类积分表，现给出几个典型的 t 值及其相应的超出或不超出 $|x|$ 的概率，见表 1-2 和图 1-5。

表 1-2 t 值及其相应的概率

t	$\|x\|=t\phi$	不超出$\|x\|$的概率 $2\phi(t)$	超出概率$\|x\|$ $1-2\phi(t)$	测量次数 n	超出$\|x\|$的测量次数 n'
0.67	0.67σ	0.4972	0.5028	2	1
1	1σ	0.6826	0.3174	3	1
2	2σ	0.9544	0.0456	22	1
3	3σ	0.9973	0.0027	370	1
4	4σ	0.9999	0.0001	15626	1

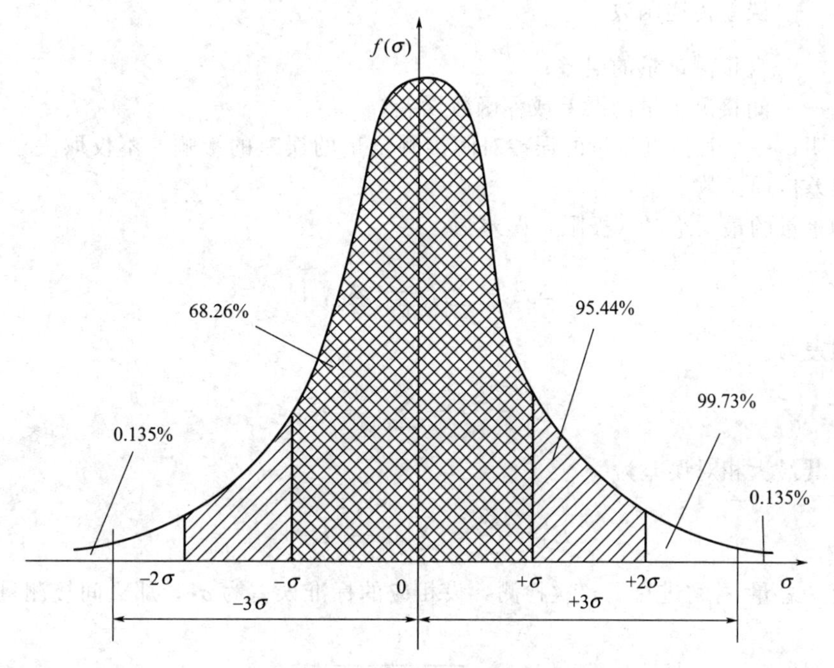

图 1-5 误差分布曲线的积分

由表 1-2 和图 1-5 可知，当 $t=3$，$|x|=3\sigma$ 时，在 370 次观测中只有一次误差绝对值超出 3σ 范围。由于在一般测量中其次数不过几次或几十次，因而可以认为 $|x|>3\sigma$ 的误差是不会发生的。通常把这个误差称为单次测量的极限误差，也称为 3σ 原则。由此认为，$|x|>3\sigma$ 的误差已不属于偶然误差，这可能是由于过失误差或实验条件变化未被发觉引起的，这样的实验数据点经分析和误差计算以后应舍弃。

3. 间接测量值的误差

实验中一些量可以直接测得，如流体的压强、温度等；而另一些量不能直接测得，如流体流速、传热过程中的换热量，前者叫做直接测量量，后者叫做间接测量量。间接测量量是由直接测量量通过确定的函数关系计算出来的。前面讨论的主要是直接测量量的误差计算问题，既然直接测量量有误差，这些误差必然会传递到间接测量量中去，间接测量量也必然存在误差。

(1) 误差传递的基本公式

设间接测量量 y 是直接测量量 x_1，x_2，…，x_n 的函数，即

$$y=f(x_1,x_2,\cdots,x_n) \tag{1-12}$$

对上式求全微分

$$\mathrm{d}y=\frac{\partial f}{\partial x_1}\mathrm{d}x_1+\frac{\partial f}{\partial x_2}\mathrm{d}x_2+\cdots+\frac{\partial f}{\partial x_n}\mathrm{d}x_n \tag{1-13}$$

将上式改为误差公式时，式中的 $\mathrm{d}y$，$\mathrm{d}x_1$，$\mathrm{d}x_2$，$\mathrm{d}x_n$ 均用 Δy，Δx_1，Δx_2，…，Δx_n 代替，即得绝对误差公式：

$$\Delta y=\frac{\partial f}{\partial x_1}\Delta x_1+\frac{\partial f}{\partial x_2}\Delta x_2+\cdots+\frac{\partial f}{\partial x_n}\Delta x_n \tag{1-14}$$

或

$$\Delta y=\sum_{i=1}^{n}\frac{\partial f}{\partial x_i}\Delta x_i \tag{1-15}$$

式中 $\frac{\partial f}{\partial x_i}$——误差传递函数；

Δx_i——直接测量量的误差；

Δy——间接测量量的误差或称函数误差。

此式表明，一个直接测量量的误差对间接测量量的误差的影响，不仅取决于误差本身，还取决于误差传递函数。

间接测量量的最大绝对（极限）误差为

$$\Delta y'=\sum_{i=1}^{n}\left|\frac{\partial f}{\partial x_i}\Delta x_i\right| \tag{1-16}$$

相对误差为

$$E_{\mathrm{r}}=\frac{\Delta y}{y}=\sum_{i=1}^{n}\frac{\partial f}{\partial x_i}E_i \tag{1-17}$$

同理，其最大相对误差为

$$E'_{\mathrm{r}}=\frac{\Delta y}{y}=\sum_{i=1}^{n}\left|\frac{\partial f}{\partial x_i}E_i\right| \tag{1-18}$$

如果每一总量 x_i 均进行了 n 次检测，设相应的标准误差为 σ_i，那么间接测量量 y 的标准误差为

$$\sigma_y=\sqrt{\sum_{i=1}^{n}\left(\frac{\partial f}{\partial x_i}\right)^2\sigma_i^2} \tag{1-19}$$

(2) 简单函数的误差传递计算公式

① 设 $y=x\pm z$ 变量 x、z 的标准误差分别为 σ_x、σ_z

由于误差的传递系数：

$$\frac{\partial y}{\partial x}=1$$

$$\frac{\partial y}{\partial z}=\pm 1$$

则函数最大绝对误差为

$$\Delta y=|\Delta x|+|\Delta z| \tag{1-20}$$

函数标准误差为

$$\sigma_y=\sqrt{\sigma_x^2+\sigma_z^2} \tag{1-21}$$

② 设 $y=kxz/w$，变量 x、z、w 的标准误差分别为σ_x、σ_z、σ_w，k 为常数

由于传递系数分别为

$$\frac{\partial y}{\partial x}=\frac{kz}{w}=\frac{y}{x} \tag{1-22}$$

$$\frac{\partial y}{\partial z}=\frac{kx}{w}=\frac{y}{z} \tag{1-23}$$

$$\frac{\partial y}{\partial z}=-\frac{kxz}{w^2}=\frac{y}{w} \tag{1-24}$$

则函数的最大误差为

$$E_r'=\left|\frac{\Delta x}{x}\right|+\left|\frac{\Delta z}{z}\right|+\left|\frac{\Delta w}{w}\right| \tag{1-25}$$

函数的标准误差为

$$\sigma_y=k\sqrt{\left(\frac{z}{w}\right)^2\sigma_x^2+\left(\frac{x}{w}\right)^2\sigma_z^2+\left(\frac{xz}{w^2}\right)\sigma_w^2} \tag{1-26}$$

③ 设 $y=b+kx''$，变量 x 的标准误差为σ_x，b、k、n 为常数

由于误差传递系数为

$$\frac{\partial y}{\partial x}=nkx^{n-1} \tag{1-27}$$

则函数绝对误差为

$$\Delta y'=|nkx^{n-1}\Delta x| \tag{1-28}$$

函数的标准误差为

$$\sigma_y=nkx^{n-1}\sigma_x \tag{1-29}$$

④ 设 $y=k+\ln x$，变量 x 的标准误差为σ_x，k、n 为常数

由于误差传递函数为

$$\frac{\partial y}{\partial x}=\frac{n}{x} \tag{1-30}$$

则函数的绝对误差为

$$\Delta y'=\left|\frac{n}{x}\Delta x\right| \tag{1-31}$$

函数的标准误差为

$$\sigma_y=\frac{n}{x}\sigma_x \tag{1-32}$$

⑤ 算术平均值的误差

由算术平均值的定义知：

$$M_m=\frac{M_1+M_2+\cdots+M_n}{n} \tag{1-33}$$

由于误差传递系数为

$$\frac{\partial M_m}{\partial M_i}=\frac{1}{n},i=1,2,3,\cdots,n \tag{1-34}$$

则算术平均值的最大绝对误差为

$$\Delta M_{m} = \sum_{i=1}^{n} |\Delta M_i| / n \tag{1-35}$$

算术平均值的标准误差为

$$\sigma_{m} = \sqrt{\frac{1}{n^2}(\sigma_1^2 + \sigma_2^2 + \cdots + \sigma_n^2)} = \sqrt{\frac{1}{n^2}\sum_{i=1}^{n}\sigma_i^2} \tag{1-36}$$

当M_1，M_2，…，M_n是同组等精度测量值，它们的标准误差相同，记为σ，则

$$\sigma_{m} = \sqrt{\frac{n\sigma^2}{n^2}} = \frac{\sigma}{\sqrt{n}} \tag{1-37}$$

因此，该组测量值的真实值为

$$x = M_{m} \pm \sigma_{m} \tag{1-38}$$

【例 1-1】 用量热器测定固体比热容时采用的公式为：

$$C_p = \frac{M(t_2 - t_0)}{m(t_1 - t_2)} C_{pH_2O} \tag{1-39}$$

式中 M——量热器内水的质量，kg；

m——被测物体的质量，kg；

t_0——测量前水的温度，℃；

t_1——放入量热器前物体的温度，℃；

t_2——测量时水的温度，℃；

C_{pH_2O}——水的比热容，kJ/(kg·K)，$C_{pH_2O}=4.187$kJ/(kg·K)。

测量结果如下：

$M=(250\pm0.2)\times10^{-3}$kg，$m=(62.31+0.02)\times10^{-3}$kg

$t_0=(13.52\pm0.01)$℃，$t_1=(99.32\pm0.04)$℃

$t_2=(17.00\pm0.01)$℃

试求测量物的比热容的真值。

解：根据题意，计算函数的真值，需计算各变量的绝对误差和误差传递系数，为了简化计算，令

$$T_0 = t_2 - t_0 = 3.48℃$$
$$T_1 = t_1 - t_2 = 82.32℃$$

方程改写成

$$C_p = \frac{MT_0}{mT_1} C_{pH_2O} \tag{1-40}$$

各变量的绝对误差为

$$\Delta M = 0.2\times10^{-3}\text{kg},\ \Delta m = 0.02\times10^{-3}\text{kg}$$
$$\Delta T_0 = |\Delta t_2| + |\Delta t_0| = 0.01 + 0.01 = 0.02℃$$
$$\Delta T_1 = |\Delta t_1| + |\Delta t_2| = 0.04 + 0.01 = 0.05℃$$

各变量的标准误差为

$$\Delta C_p = \left[\left(\frac{\partial C_p}{\partial M}\Delta M\right)^2 + \left(\frac{\partial C_p}{\partial m}\Delta m\right)^2 + \left(\frac{\partial C_p}{\partial T_0}\Delta T_0\right)^2 + \left(\frac{\partial C_p}{\partial T_1}\Delta T_1\right)^2\right]^{1/2}$$

其中：$\dfrac{\partial C_p}{\partial M} = \dfrac{T_0 C_{pH_2O}}{mT_1} = 2.84$

$\dfrac{\partial C_p}{\partial m} = \dfrac{MT_0 C_{pH_2O}}{m^2 T_1} = -11.40\times10^{-3}$

$$\frac{\partial C_p}{\partial T_0}=\frac{MC_{pH_2O}}{mT_1}=0.204$$

$$\frac{\partial C_p}{\partial T_1}=\frac{MT_0C_{pH_2O}}{mT_1^2}=-8.63\times10^{-3}$$

所以 $\Delta C_p=[(2.84\times0.2\times10^{-3})^2+(-11.40\times10^{-3}\times0.02\times10^{-3})^2+(0.204\times0.02)^2+(-8.63\times10^{-3}\times0.05)^2]^{1/2}$

$\approx4.1\times10^{-3}\text{kJ/(kg}\cdot\text{K)}$

$$C_p=\frac{MT_0}{mT_1}C_{pH_2O}=\frac{250\times10^{-3}\times3.48}{62.31\times10^{-3}\times82.32}\times4.187$$

$=0.7102\text{kJ/(kg}\cdot\text{K)}\approx0.710\text{kJ/(kg}\cdot\text{K)}$

故 C_p 真值为 $(0.710\pm0.004)\text{kJ/(kg}\cdot\text{K)}$

(3) 误差传递公式在间接测量中的应用

测量中有两类问题是经常碰到的。一类是，给定一组直接测量量的误差，要求计算间接测量量的误差，这就是误差的传递，上面谈到的绝对误差、相对误差及标准误差的传递公式可以用来解决这一些问题；另一类是，给定间接测量量的误差，要求计算各个直接测量量的最大允许误差，这叫做误差的分配，原则上也可以用上述传递公式，但实际应用中常常假定各直接测量量对于间接测量量所引起的误差均相等，由式(1-19) 得

$$\sigma_y\sqrt{\sum_{i=1}^{n}\left(\frac{\partial f}{\partial x_i}\right)^2\sigma_i^2}=\sqrt{n\left(\frac{\partial f}{\partial x_i}\right)^2\sigma_i^2}=\sqrt{n}\left(\frac{\partial f}{\partial x_i}\right)\sigma_i \tag{1-41}$$

由上式得到各直接测量量的标准偏差为

$$\sigma_i=\sigma_y/\sqrt{n}\left(\frac{\partial f}{\partial x_i}\right) \tag{1-42}$$

在实际工作中，如果某一直接测定量 x_i 满足

$$\left(\frac{\partial f}{\partial x_i}\right)\sigma_i=\frac{1}{3}\sigma \tag{1-43}$$

时，则可以略去不计。

第三节　实验数据处理

实验数据处理是以测量为手段，以研究对象的过程状态为基础，以数学运算为工具，推断出研究对象某过程中一些物理参量的真值，并导出具有规律性结论的过程。对实验数据进行处理，可观察到各变量之间的定量关系，以便进一步分析实验现象，得出规律，指导实际。

数据处理的方法有三种：列表法、图示法和回归分析法。

一、有效数字的处理

在实验测量和数据处理中，正确的数据记录和运算都应用有效数字的概念和运算规则来处理。

（一） 有效数字的概念

所谓有效数字是指一个几位数中除末一位数为估值外，其余各位都是准确的。这个数据

有几位数，就有几位有效数字。例如微压计的读数为 257.3mmH_2O（1mmH_2O=9.81Pa），这是由四位数字组成的数，在这个四位数中，前面三位是准确知道的，而最后一位 3 通常是靠估计得出的欠准数字。这四个数字对测量结果都是有效的，不可少的，因而 257.3 的有效数字位数为四。实际上，实验数据的有效数字位数反映仪表的精确度和存在疑问的数字位置。换言之，实验数据的准确度取决于有效数字的位数，而这个有效数字的位数又是由仪器仪表的精度来决定的。例如，25.1℃和 25.15℃，25.1℃的有效数字位数为 3 位，最后一位是估计值，也即测量用的温度计的最小分度为 0.1℃，而估计读数可以到 0.01℃。显然后者的温度计的精度要比前者的高出一个等级。

（二） 有效数字的运算规则

(1) 加减法运算

以计算流体的进、出口温度之和、差为例，若测得流体进出口温度分别为 17.1℃和 62.35℃，则

温度和	温度差
62.35	62.35
+17.1	−17.1
79.45	45.25

由于运算结果具有二位存疑值，它和有效数字的概念（每个有效数字只能有一位存疑值）不符，故第二位存疑数应做四舍五入后加以抛弃。所以二者的结果为温度和等于 79.5℃，温度差等于 45.3℃。

从上面例子可以看出，为了保证间接测量量的精度，实验装置中选取仪器仪表时，其精度要一致，否则系统的精度将受到精度较低的仪器仪表的限制。

(2) 乘除法运算

两个量相乘（或相除）的积（或商），其有效数字位数与各因子中有效数字位数最少的相同。

(3) 乘方、开方运算

乘方、开方后的有效数字位数与其底数相同。

(4) 对数运算

对数的有效数字位数与其真数相同。

二、 实验结果的数据处理

通过实验测得一组构成变量之间关系的数据，需要清晰地表示自变量和因变量之间的关系。表示实验数据的方法一般有三种：列表法、图示法和公式法。

（一） 实验数据的列表表示法

在进行化工原理实验时，至少包含了两个变量，一个叫做自变量或独立变量，另一个叫做应变量或因变量。列表法就是将一组实验数据中的自变量和其相应的因变量的数组，按照一定的格式和顺序排列出来，成一一对应关系。它简单易做，数据便于参考比较，形式紧凑。例如表中自变量 x 和因变量 y 之间有 $y=f(x)$ 的函数，不必知道函数的形式，就可对 $f(x)$ 求微分或积分。

化工原理实验中的表格形式一般只用函数式，即将自变量 x 和因变量 y 的各个对应值，均在表中按 x 的增加或减小的顺序一一列出来。一个完整的函数式表，应该包括表的序号（即编号）、名称、项目、数据（单位）以及必要的说明（可用备注加以说明，例如数据摘引

的来源、实验的条件等）。

（二） 实验数据的图形表示法

图形表示法就是将实验数据作出一条尽可能反映真实情况的实验曲线。其优点是直观清晰，便于比较，容易看出数据中的极值点、转折点、周期性、变化率及其他特性。

根据数据作图，通常包括下列六个步骤：①坐标的选择；②坐标的分度；③坐标分度值的标记；④根据数据描点；⑤绘制曲线；⑥图注和说明。

现分别讨论如下：

(1) 坐标的选择

化工常用的坐标有直角坐标、对数坐标和半对数坐标。以这类坐标制成相应的坐标纸，市场均有出售。根据数的关系或预测的函数形式选择不同形式的坐标（如线性函数采用直角坐标，幂函数采用对数坐标，以便图形线性化，指数函数则采用半对数坐标）。另外，若自变量和因变量两者的最小值和最大值之间数量级相差太大时，也可采用对数坐标，若自变量或者因变量中的一个最小与最大值之间数量级相差太大时，也可选用半对数坐标。

(2) 坐标的分度

坐标的分度系指沿 x、y 轴每条坐标所代表数值的大小。x 轴代表自变量，y 轴代表因变量。坐标的分度要考虑到横纵分度值要合理，以使①每个实验数据点在坐标纸上都能方便迅速地找到；②坐标原点不一定为零，以尽量利用图画；③坐标分度值应与实验数据的有效数字相一致，即实验曲线的坐标读数的有效数字位数与实验数据的位数相同。

(3) 坐标分度值的标记

为了便于阅读，坐标纸上应该标出一些主坐标线的分度值，有时在一些副坐标线上也标记数值。另外，每个坐标轴必须注明名称、单位和坐标方向。

(4) 根据数据描点

描点系按数据的值在图纸上点出，若在同一图上表示不同的数据时，应以不同的符号（如·，×，*，△，○等）加以区别。

(5) 绘制曲线

绘制曲线系将图上若干点联络成一条光滑连续的曲线。绘制曲线时应使曲线尽可能通过较多的实验点，或者使曲线以外的点尽可能位于曲线附近，并使曲线两侧点的数目大致相等。

(6) 图注和说明

最后需要在已绘制好的图形下面注明图中符号所表示的每根曲线的意义以及图中数据的来源。

（三） 实验数据的公式表示法

除了用列表表示和图形表示实验数据以外，还常将所获得的实验数据整理成经验公式（或称数字方程式），即将变量之间的关系表达成 $y=f(x)$ 的函数关系，以描述过程或现象的规律，建立数学模型。

化工原理的实验数据整理成方程式的方法有两种：一种是以某种函数形式（大多采用多项式幂函数）来拟合数据，另一种是对所研究的现象或过程作深入的理解和合理简化后，建立起数学模型，而后通过实验数据来确定模型参数。

经验方程式的确定，一般可分为三个步骤：①确定经验公式的函数模型；②确定经验公式中各个待定系数；③对经验公式的可靠程度（精度）进行比较。

1. 经验公式函数类型的确定

将一组实验数据在坐标系中标绘成曲线，然后与典型函数曲线进行对照，通过比较如发现某种已知的典型函数曲线与实验数据标绘的曲线相似，那么就采用那种函数曲线的方程作为待定经验方程式。

图 1-6～图 1-11 所示为常见的几种方程式的类型以及当式中常数项改变时所得到的各种不同类型的曲线。

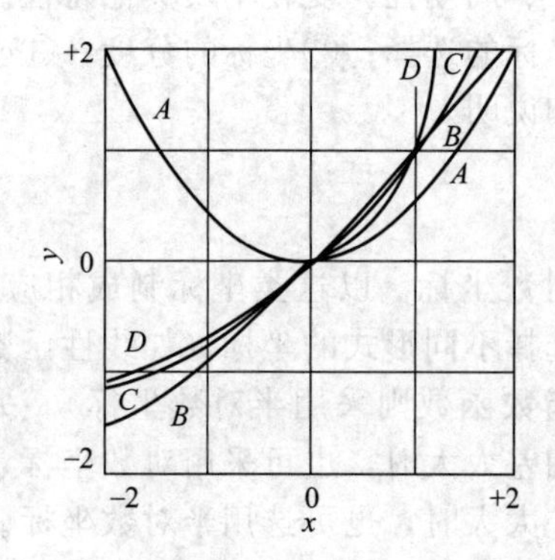

图 1-6 抛物线类型的曲线

A-A：$y=0.5x^2$

B-B：$y=x+0.1x^2$

C-C：$y=x+0.2x^2$

D-D：$x=(y/0.8)-(y^2/0.88)$

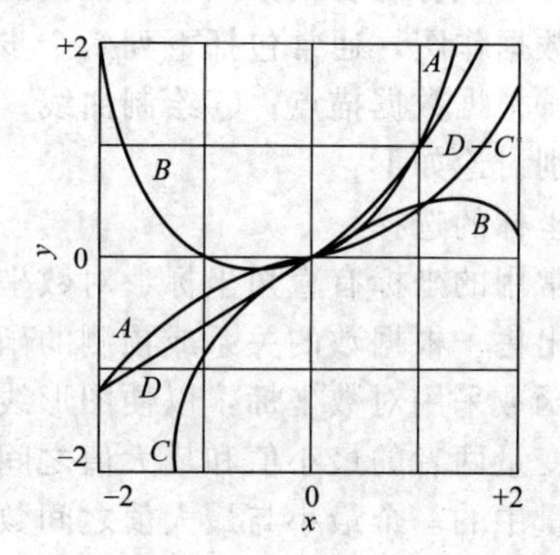

图 1-7 三次多项式类型的曲线

A-A：$y=x/2+x^2/3+x^3/4$

B-B：$y=x/2+x^2/3-x^3/4$

C-C：$y=x/2-x^2/3+x^3/4$

D-D：$y=x+0.2x^2+0.05x^3$

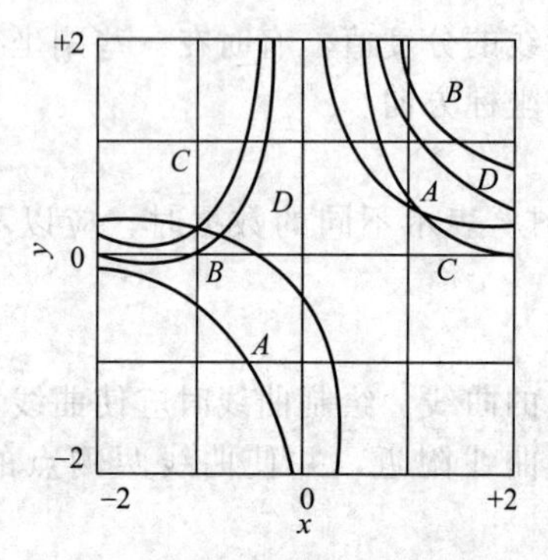

图 1-8 双曲线类型的曲线

A-A：$xy=0.5$

B-B：$(x-0.5)(y-0.5)=0.5$

C-C：$x^2y=0.5$

D-D：$y=0.5(1/x+1/x^2)$

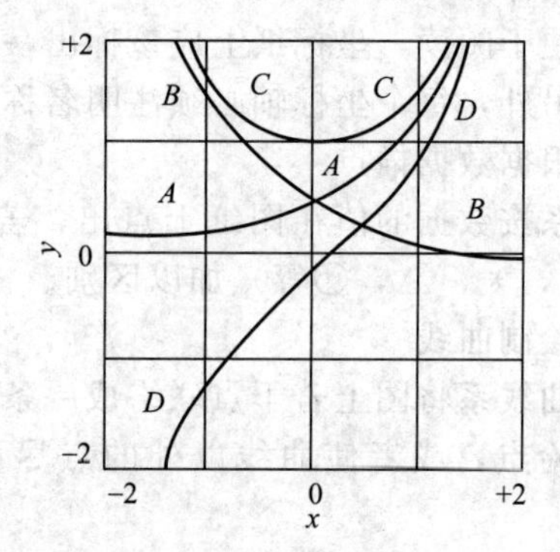

图 1-9 指数类型的曲线

A-A：$y=0.5e^x$

B-B：$y=0.5e^{-x}$

C-C：$y=0.5(e^x+e^{-x})$

D-D：$y=0.5(e^x-e^{-x})$

在进行上述比较时会发现实验曲线往往同时与几种已知的典型函数曲线相似，因此就存在一个选择哪种经验公式更适宜的问题。

一般来说，应尽量选择便于线性化的函数关系，并进行线性化检验。所谓线性化检验就是将非线性函数 $y=f(x, a, b)$ 转换成线性函数 $Y=A+BX$，其中 a、b 是待定函数；A、B 是 a、b 的函数，x、y 是实验数据点，X、Y 是 x、y 的函数。如果有若干个相距较远的点（X、Y）在直角坐标系上标绘的图形基本符合直线，则可以认为所选公式是合适的，反之需要重新选择经验公式，直至所绘曲线为一条直线。之所以要求直线，是为了在离散点图上能方便而准确地画出经验公式所需的直线。

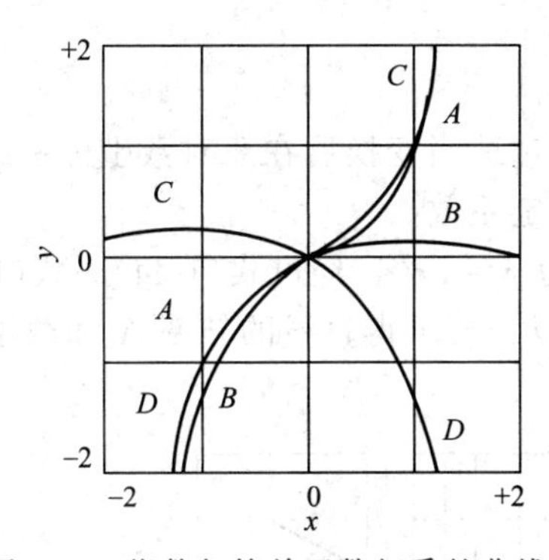

图 1-10　指数与简单函数相乘的曲线

A-A：$y=0.5xe^{x}$

B-B：$y=0.5xe^{-x}$

C-C：$y=0.5x^2e^{x}$

D-D：$y=0.5x(e^{-x}-e^{x})$

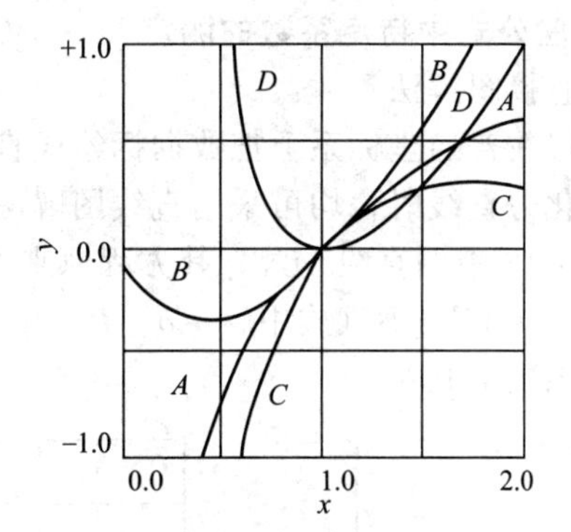

图 1-11　对数类型的曲线

A-A：$y=\ln x$

B-B：$y=x\ln x$

C-C：$y=\frac{1}{x}\ln x$

D-D：$y=(x-\frac{1}{x})\ln x$

例如，对于幂函数

$$y=ax^b$$

取对数后得

$$\lg y=b\lg x+\lg a \tag{1-44}$$

令

$$Y=\lg y \tag{1-45}$$

$$X=\lg x \tag{1-46}$$

$$A=b(\text{常数}),B=\lg a(\text{常数}) \tag{1-47}$$

则上式转化成

$$Y=AX+B \tag{1-48}$$

所以，在双对数坐标系上标绘 x-y（而不是 X-Y）关系便可获得一条直线（见图 1-12）。

经过挑选和线性化检验合适后，下一步就需要确定经验公式中的待定系数，以得出完整的数学模型。函数的线性化方法举例见表 1-3。

表 1-3　函数的线性化方法

序号	公式	直线化的方法	直线化后所得的线性方程式	附注
Ⅰ	$y=ax^{bx}$	$X=\lg x$；$Y=\lg y$	$Y=\lg a+bx$	
Ⅱ	$y=ac^{bx}$	$y=\ln y$	$Y=\ln a+bx$	
Ⅲ	$y=\frac{1}{a+bx}$	$Y=\frac{1}{y}$	$Y=a+bx$	
Ⅳ	$y=\frac{x}{a+bx}$	$Y=\frac{x}{y}$	$Y=a+bx$	
Ⅴ	$y=a+bx+cx^2$	$Y=\frac{y-y_1}{x-x_1}$	$Y=(b+cx_1)+cx$	确定 b、c 后，再从下式求 a（n 为实验数据组数）：$\sum y=na+b\sum x+c\sum x^2$
Ⅵ	$y=\frac{a+bx}{c+dx}$	$Y=\frac{x-x_1}{y-y_1}$ 式中，x_1，x_2 是已知曲线上任意点的坐标	$Y=A+Bx$	求得 A、B 后代入下式并整理：$y=y_1+\frac{x-x_1}{A+Bx}$

2. 经验公式中待定系数的测定

(1) 直接图解法

凡可以在普通坐标系上把数据标绘成直线或经过适当变换后在双对数坐标系或半对数坐标系上可化为直线时，均可采用直线图解法来求待定系数。

如图 1-12 中的直线 MN，其方程原来的形式为 $y=ax^b$，经过式(1-44)～式(1-48) 线性化后变为 $Y=AX+B$（式中 $A=b$，$B=\lg a$）。所以，若求得直线的斜率 A 和截距 B 也即得到了待定系数 a 和 b。

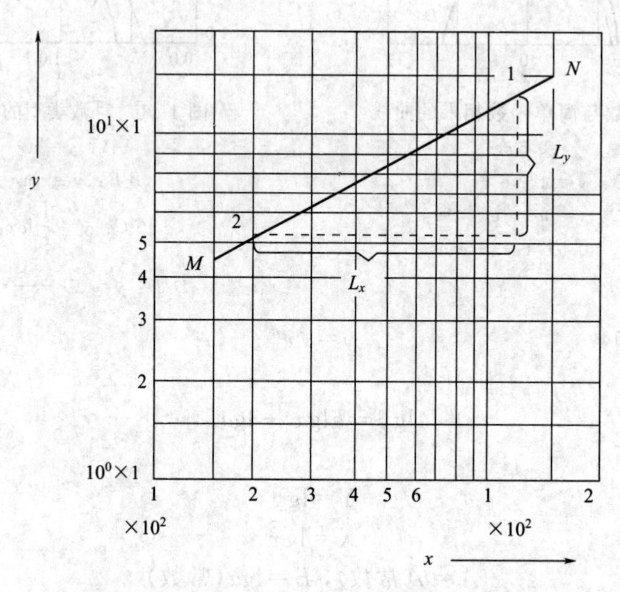

图 1-12　对数坐标上直线斜率和截距的图解法

求直线斜率 b 的两种方法：

① 先读数后计算。即在标绘直线上读取两对 x、y 值，然后按下式计算 b 值：

$$b=\frac{\lg y_2-\lg y_1}{\lg x_2-\lg x_1} \tag{1-49}$$

应予指出，由于对数坐标的示值是 x 而不是 X。故在求取直线斜率时，务必用上式而不是 $b=\frac{y_2-y_1}{x_2-x_1}$。

② 先测量后计算。用直尺量出直线上 1、2 两个点之间的水平及垂直距离，按下式计算 b 值：

$$b=\frac{1、2\text{两点间垂直距离的实测值}L_y}{1、2\text{两点间水平距离的实测值}L_x} \tag{1-50}$$

直线截距的求法：

在 $y=ax^b$ 中，当 $x=1$ 时，$y=a$，因此系数 a 之值可由直线与 y 轴平行且 $x=1$ 的直线之交点的纵坐标来确定。有时在图上找不到平行于 y 轴 $x=1$ 的直线，也可由直线上任一已知点（例如点 1）的坐标和求出的斜率 b 来计算 a 值。

$$a=y_1/x_1^b \tag{1-51}$$

(2) 最小二乘法

最小二乘法是求经验公式中待定系数最精确的方法。最小二乘法所根据的原理是：当所求曲线的待定系数为最佳值时，曲线最靠近实验点，也就是各个因变量的残差 v(v=测量值

y_i－函数值 y_i'）的平方和为最小值。以残差平方总和的公式，对 m 个待定系数分别施行偏微分，并各令其为零，因而得到 m 元一次方程组。解此方程组，则得 m 个待定系数的值。现以直线式 $y=ax+b$ 来详细描述。

函数形式：

$$y=ax+b \tag{1-52}$$

残差的平方和

$$Q=\sum_{i=1}^{n} v_i^2=\sum_{i=1}^{n}[y_i-(ax_i+b)]^2 \tag{1-53}$$

式(1-53) 分别对 a 和 b 求偏导数，并使之为零

$$\frac{\partial Q}{\partial a}=-2\sum_{i=1}^{n}(x_iy_i-ax_i^2-bx_i)=0 \tag{1-54}$$

$$\frac{\partial Q}{\partial b}=-2\sum_{i=1}^{n}(y_i-ax_i-b)=0 \tag{1-55}$$

化简整理得

$$a\sum_{i=1}^{n}x_i+nb=\sum_{i=1}^{n}y_i \tag{1-56}$$

$$a\sum_{i=1}^{n}x_i^2+b\sum_{i=1}^{n}x_i=\sum_{i=1}^{n}x_iy_i \tag{1-57}$$

解方程组得

$$a=\frac{\sum_{i=1}^{n}x_i\sum_{i=1}^{n}y_i-n\sum_{i=1}^{n}x_iy_i}{(\sum_{i=1}^{n}x_i)^2-n\sum_{i=1}^{n}x_i^2} \tag{1-58}$$

$$b=\frac{\sum_{i=1}^{n}y_i-a\sum_{i=1}^{n}x_i}{n} \tag{1-59}$$

对于诸如 $y=a_0+a_1x_1+a_2x_2+\cdots+a_mx_m$ 的多变量方程式，或者 $y=a_0+a_1x+a_2x^2+\cdots+a_mx^m$ 多项式中，待定系数 a_0，a_1，…，a_m 同样可用最小二乘法求解。

【例 1-2】 以小型板框压滤机对碳酸钙颗粒在水中的悬浮液进行恒压过滤实验，过滤压强差 $\Delta p=0.10\text{MPa}$，过滤面积为 0.048m^2，测得过滤时间与滤液体积数据列于表 1-4 中。

表 1-4 过滤时间与滤液体积数据

过滤时间 θ/s	0	43.20	93.42	144.41	200.20	258.61	323.54	390.51
滤液体积 $V/\times10^{-3}\text{m}^3$	0	0.79	1.65	2.47	3.29	4.11	4.95	5.79

试用最小二乘法求过滤常数 K、q_e

解： 恒压过滤方程式

$$\frac{d\theta}{dq}=\frac{2}{K}q+\frac{2}{q}q_e \tag{1-60}$$

以 $\frac{\Delta\theta}{\Delta q}$ 代替 $\frac{d\theta}{dq}$，则上式成为

$$\frac{\Delta\theta}{\Delta q}=\frac{2}{K}q+\frac{2}{K}q_e \tag{1-61}$$

此式表明 $\frac{\Delta\theta}{\Delta q}$ 与 q 成直线关系，其斜率为 $\frac{2}{K}$，截距为 $\frac{2}{K}q_e$。

令
$$y=\frac{\Delta\theta}{\Delta q} \tag{1-62}$$
$$x=q \tag{1-63}$$
$$a=\frac{2}{K} \tag{1-64}$$
$$b=\frac{2}{K}q_e \tag{1-65}$$

则方程式(1-61) 变为 $y=ax+b$。将实验原始数据整理为 y 与 x 的对应关系，数据列于表 1-5 中。

表 1-5 实验原始数据整理

$\Delta\theta$/s	43.20	50.22	50.99	55.79	58.41	64.93	66.97
$\Delta q/(m^3/m^2)$	0.016	0.018	0.017	0.017	0.017	0.018	0.018
$x(q=\frac{V}{a})/(m^3/m^2)$	0.016	0.034	0.051	0.068	0.085	0.103	0.121
$y(\frac{\Delta\theta}{\Delta q})/(10^3 s/m)$	2.70	2.79	3.00	3.28	3.44	3.61	3.72
$x^2/(10^{-3} m^3/m^2)$	0.26	1.16	2.60	4.62	7.23	10.61	14.64
xy/s	43.2	94.86	153.00	223.04	292.40	371.83	450.12

$$\sum_{i=1}^{n}x_i=0.016+0.034+0.051+0.068+0.085+0.103+0.121=0.478$$

$$\sum_{i=1}^{n}y_i=(2.70+2.79+3.00+3.28+3.44+3.61+3.72)\times10^3=2.254\times10^4$$

$$\sum_{i=1}^{n}x_i^2=(0.26+1.16+2.60+4.62+7.23+10.61+14.64)\times10^{-3}=0.0411$$

$$\sum_{i=1}^{n}x_iy_i=43.2+94.86+153.00+223.04+292.40+371.83+450.12=1.63\times10^3$$

依据最小二乘法得

$$a=\frac{\sum_{i=1}^{n}x_i\sum_{i=1}^{n}y_i-n\sum_{i=1}^{n}x_iy_i}{(\sum_{i=1}^{n}x_i)^2-n\sum_{i=1}^{n}x_i^2}=\frac{0.478\times2.254\times10^4-7\times1.63\times10^3}{(0.478)^2-7\times0.041}=1.073\times10^4$$

$$b=\frac{\sum_{i=1}^{n}y_i-a\sum_{i=1}^{n}x_i}{n}=\frac{2.254\times10^4-1.073\times10^4\times0.478}{7}=2.49\times10^3$$

因为 $\frac{2}{K}=a$ 所以 $K=\frac{2}{a}=1.86\times10^{-4}(m^2/s)$

因为 $\frac{2}{K}q_e=b$ 所以 $q_e=0.232(m^3/m^2)$

3. 经验公式的精度

经验公式的精度高低取决于实验点的个数 n 和实验点围绕最佳实验曲线的分散程度 (y_i-y_i')。为了定量地概括这两个方面的效果，可用经验公式的标准误差来表示：

$$\sigma_y=\sqrt{\frac{\sum_{i=1}^{n}(y_i-y'_i)^2}{n-m}}$$

式中　y_i——第 i 点实验数据；

y'_i——第 i 点经验公式值；

n——实验点个数；

m——待定系数个数。

σ_y 越小，表示公式的精度越高，反之，精度越差。

【例 1-3】 试计算［例 1-2］拟合的经验公式的标准误差。

解： 由最小二乘法拟合得到的经验公式为

$$y=1.073\times10^4x+2.49\times10^3 \tag{1-66}$$

将实验值与经验公式计算值列于表 1-6 中。

表 1-6　实验值与经验公式计算值

x	0.016	0.034	0.051	0.068	0.085	0.103	0.121
$y_{实验值}\times10^{-3}$	2.70	2.79	3.00	3.28	3.44	3.61	3.72
$y'_{经验值}\times10^{-3}$	2.68	2.85	3.04	3.21	3.40	3.59	3.79
$(y-y')\times10^{-3}$	0.02	−0.06	−0.04	0.07	0.04	0.02	−0.07

所以

$$\sigma_y=\sqrt{\frac{\sum_{i=1}^{n}(y_i-y'_i)^2}{n-m}}$$

$$=\sqrt{\frac{[(0.02)^2+(-0.06)^2+(-0.04)^2+(0.07)^2+(0.04)^2+(0.02)^2+(0.07)^2]\times10^6}{7-2}}$$

$$=0.059\times10^3$$

由此可见 σ_y 相对较小，说明拟合公式的精度较高。

由于实验数据的变量之间关系具有不确定性，一个变量的每一个值对应的是整个集合的值。当 x 改变时，y 的分布也以一定的方式改变。在多种情况下，变量 x 和变量 y 之间的关系就称为相关关系。两变量间的线性相关的程度以线性相关系数来度量。

线性相关系数的定义：

$$R=\frac{\sum_{i=1}^{n}(x_i-\overline{x})(y_i-\overline{y})}{\sqrt{\sum_{i=1}^{n}(x_i-\overline{x})^2\sum_{i=1}^{n}(y_i-\overline{y})^2}} \tag{1-67}$$

式中

$$\overline{x}=\sum_{i=1}^{n}x_i/n$$

$$\overline{y}=\sum_{i=1}^{n}y_{i/n}$$

【例 1-4】 试计算［例 1-2］实验数据线性处理后的相关系数。

解： 因为 $\overline{x}=\sum_{i=1}^{n}x_i/7=(0.016+0.034+0.051+0.068+0.085+0.103+0.121)/7$

$=0.068$

$$\overline{y}=\sum_{i=1}^{n} y_i/7=(2.70+2.79+3.00+3.28+3.44+3.61+3.72)\times 10^3/7$$
$$=3.22\times 10^3$$

将$(x_i-\overline{x})$、$(y_i-\overline{y})$、$(x_i-\overline{x})^2$和$(y_i-\overline{y})^2$值列于表1-7中。

表1-7　$(x_i-\overline{x})$、$(y_i-\overline{y})$、$(x_i-\overline{x})^2$和$(y_i-\overline{y})^2$数据

$x_i-\overline{x}$	−0.052	−0.034	−0.017	0	0.017	0.035	0.053
$(y_i-\overline{y})\times 10^{-3}$	−0.52	−0.43	−0.22	0.06	0.22	0.39	0.50
$(x_i-\overline{x})^2$	0.0027	0.0012	0.00029	0	0.00029	0.0012	0.0028
$(y_i-\overline{y})^2\times 10^{-6}$	0.2704	0.1849	0.0484	0.0036	0.0484	0.1521	0.25

所以

$$R=\frac{89.29}{\sqrt{0.008472\times 9.578\times 10^5}}=0.991$$

由此可知，该套实验数据处理后相关系数为0.991，接近1。说明y与x为线性相关。由此可见，上述方法解得的待定系数是适宜的。

第四节　化工原理实验安全

一、实验室安全教育管理规定

① 学生首次进入实验室前，需接受实验室教师的安全教育。

② 学生进实验室前应接受安全考试，合格者签订责任书，方可进入实验室。

③ 实验中涉及水、电开关的情况下，学生应在教师指导下操作，严禁擅自操作。

④ 实验中涉及易燃化学品（如乙醇）的实验，在实验室严禁烟火。

⑤ 传热实验中使用高压高温蒸汽，操作中需戴防护手套，防止灼伤；同时蒸汽压不宜过高，防止泄露。

⑥ 学生在进入实验室时应注意观察安全通道，在意外事故时应及时有效疏散。

⑦ 实验室内外均备有灭火设备，学生应注意保护，不准随意挪位。

⑧ 注意观察洗眼器的位置。

⑨ 不允许穿拖鞋、带钉鞋进入实验室。

⑩ 女生不允许穿长裙进实验室。

梳长发进入实验室时，应将长发戴入帽内或盘在头顶。

二、实验室应急预案

1. 公布责任人及安全电话（见表1-8）

表1-8　实验室安全责任人及安全电话

实验室安全责任人及电话：	校园安全部电话：
	校医院电话：
实验室安全员及电话：	资源保障部电话：
系/所责任人及电话：	火警:119　医疗急救:120　匪警:110

2. 火灾处置方案

① 发现火灾人员要保持镇静，立即切断电源或通知相关部门切断电源，并迅速报告。相关负责人应立即到现场指挥。

② 对于初起火灾，抢险组应根据其类型，采用合适的灭火器具灭火。对于可能发生喷溅、爆裂、爆炸等危险的情况，应及时撤退。

a. 木材、布料、纸张、橡胶以及塑料等固体可燃材料引发的火灾，可采用水直接浇灭，但对珍贵图书、档案须使用二氧化碳、干粉灭火剂。

b. 易燃、可燃液体、气体和油脂类化学药品等引发的火灾，须使用大剂量泡沫或干粉灭火剂。

c. 带电电气设备火灾，应切断电源后再灭火，因现场情况及其他原因，不能断电，需要带电灭火时，应使用黄沙或干粉灭火器，不能使用泡沫灭火器或水。

d. 可燃金属，如镁、钠、钾及其合金等引发的火灾，应使用黄沙灭火。

③ 通信组迅速向保卫处、实验室负责人和本单位领导报告。说明火灾发生的时间、地点，燃烧物质的种类和数量，火势情况，报警人姓名、电话等详细情况。

④ 警戒组迅速疏散实验室内人员，集中至安全地带后清点人数。救护组立即启动现场救护，如有需要立即将伤员送至医院。

⑤ 扑救人员要注意人身安全。

3. 爆炸处置方案

① 实验室爆炸发生时，组长在其认为安全的情况下须及时切断电源和管道阀门。

② 应急小组负责安排抢救工作和人员安置工作。

③ 所有人员应听从安排，有组织地通过安全出口或用其他方法迅速撤离爆炸现场。

4. 泄漏处置方案

(1) 泄漏源控制

① 气瓶泄漏可通过关闭阀门，并采用合适的材料和技术手段堵住漏处。

② 化学品包装物发生泄漏，应迅速移至安全区域，并更换。

(2) 泄漏物处理

① 少量泄漏用不可燃的吸收物质包容和收集泄漏物（如沙子、泥土），并放在容器中等待处理。

② 大量泄漏可采用围堤堵截、稀释与覆盖、收容等方法，并采取以下措施：

a. 立即报告：通信组及时向学校报告。

b. 现场处置：抢险组在做好自身防护的基础上，快速实施救援，控制事故蔓延，并将伤员救出危险区，组织群众撤离，消除安全隐患。

c. 紧急疏散：警戒组建立警戒区，将无关人员疏散到安全地带。

d. 现场急救：救护组选择有利地形设置急救点，做好自身及伤员的个体防护，防止发生继发性损害。

e. 配合有关部门的相关工作。

(3) 泄漏处理时注意事项

① 进入现场人员必须配备必要的个人防护器具。

② 严禁携带火种进入现场。

③ 应急处理时不要单独行动。

5. 化学品灼伤处置方案

(1) 化学性皮肤灼伤

① 将伤者送离现场，迅速脱去被化学物污染的衣裤、鞋袜等。

② 根据其化学性质采取相应的处理措施，先用毛巾拭干，再用大量清水或自来水冲洗创面 10～15min。

③ 新鲜创面上不要任意涂抹油膏或红药水。

④ 视灼伤情况送医院治疗，如有合并骨折、出血等外伤要在现场及时处理。

(2) 化学性眼灼伤

① 迅速在现场使用洗眼器，或直接用流动清水冲洗。

② 冲洗时眼皮一定要掰开。

③ 如无冲洗设备，可把头埋入清洁盆水中，掰开眼皮，转动眼球洗涤。

6. 中毒处置方案

① 发生急性中毒应立即将中毒者送医院急救，并向院方提供中毒的原因、毒物名称等。

② 若不能立即到达医院，救护组可采取现场急救处理：吸入中毒者，迅速脱离中毒现场，向上风向转移至新鲜空气处，松开患者衣领和裤带；口服中毒者，应立即用催吐的方法使毒物吐出，严重者，须立即就医。

③ 应急人员一般应配置过滤式防毒面罩、防毒服装、防毒手套、防毒靴等。

7. 触电处置方案

① 首先要使触电者迅速脱离电源，越快越好，触电者未脱离电源前，救护人员不准用手直接触及触电者。使触电者脱离电源方法：

a. 切断电源开关。

b. 若电源开关较远，可用干燥的木棒、竹竿等挑开触电者身上的电线或带电设备。

c. 可用几层干燥的衣服将手包住，或者站在干燥的木板上，拉触电者的衣服，使其脱离电源。

② 触电者脱离电源后，应判断其神志是否清醒对症处理：

a. 触电者神志清醒，要有专人照顾、观察；出现轻度昏迷或呼吸微弱情况时，可针刺或掐人中、十宣、涌泉等穴位，并送医院救治。

b. 触电者无呼吸有心跳时，应立即采用口对口人工呼吸法；触电者有呼吸无心跳时，应立即进行胸外心脏挤压法进行抢救。

c. 触电者心跳和呼吸都已停止时，须交替采用人工呼吸和心脏挤压法等抢救措施。

③ 发现伤员应立即联系校医院救治，或拨打 120 急救电话。

第二章

测量仪表和测量方法

第一节　概述

化工生产的各个过程都是在一定的工艺条件下进行的。为了有效地进行生产操作和自动控制，要对生产中各种工艺参数，如压力、液位、流量、温度、物料成分等进行测量、调节和控制。

操作人员要正确地控制这些工艺条件，才能使生产安全、正常地进行，实现优质高产。这就需要通过化工仪表来实现。

本章重点介绍一些常用的压力、流量、温度、液位、成分测量仪表的结构、工作原理，以及选用、安装、使用的一些知识；结合笔者所在实验室（南京工业大学化工原理实验室）的一些自动控制系统，介绍一些常用的智能显示仪表、控制仪表和执行器；另外，对转速和功率的测量以及实验中用到的成分分析仪表也简略地作一些介绍。

一、 仪表分类

仪表是一个总名称，它的品种很多，为了便于学习和了解掌握它们，常常按照以下的几种不同分类方法将它们分类。

1. 按仪表所测的工艺参数分

① 压力测量仪表——压力常用符号“P”表示。操作人员在岗位操作记录表上、车间控制盘上的工艺模拟流程图中以及带控制点工艺流程图中，都可以看到用于表示压力（或真空）的这种符号。

② 流量测量仪表——流量常用符号“Q”和“M”表示。其中Q表示体积流量、M表示质量流量。

③ 液位测量仪表——液位常用符号“H”表示，也有用“L”表示的。

④ 温度测量仪表——温度常用符号“T”表示。

⑤ 成分分析仪表——物质成分常用符号“C”表示。

2. 按仪表功能分

① 指示式仪表——仪表只能显示出参数的瞬时值，用符号“Z”表示。在控制盘上的工艺模拟流程中，以及带控制点工艺流程图或仪表盘接线图中，常用此符号表示指示式仪表。

② 记录式仪表——仪表具有自动记录机构，可把被测工艺参数的变化与时间的关系记录下来，用符号“J”表示。

③ 积算式仪表——用符号“S”表示。

④ 调节式仪表——用符号“T”表示。

⑤ 标准仪表——用来校验的检测仪表或工业上的通用仪表。多为精密度较高的仪器。

3. 按仪表结构分

① 基地式仪表——将测量、给定、显示、调节等部分都装在一个壳体内，成为一个不可分离的整体，这种仪表在中小型化工厂中使用较多。

② 单元组合式仪表——将测量及其变送、显示、调节等各部分分别制成独立的单元，彼此之间采用统一的标准信号互相联系的仪表，称为单元组合式仪表。使用时，可按照生产上的不同要求，很方便地将各个单元任意组合成各种自动调节系统，通用性和灵活性都比较好。

4. 按仪表所用的能源分

一般有三种类型：①用压缩空气作为能源的，称为气动仪表；②用电力作为能源的，叫做电动仪表；③用高压液体（油、水）作为能源的，称为液动仪表。以上是单一能源式仪表，在实际中也有用两种能源的，如电液复合仪表、电气复合仪表等。

5. 按照化工生产过程分

化工仪表按其生产过程分成四个大类，即检测仪表（包括各种参数的测量和变送）、显示仪表（包括模拟量显示和数字量显示）、控制仪表（包括气动、电动控制仪表及数字式控制器）和执行器（包括气动、电动、流动等执行器）。

二、 测量控制过程

化工测量仪表品种虽然很多，所测的参数和仪表的结构原理也各不相同，然而从仪表测量过程的实质讲，却都有相同之处。例如弹簧管压力表之所以能用来测量压力，是根据弹簧管受压后变形，把被测压力转换成弹性变形位移，然后再通过机械传动放大变成压力表指针的偏转，并与压力刻度标尺上的测压单位相比较而显示出被测压力的数值；又如温度的测量是利用热电偶（或热电阻）的热电效应，把被测温度转换成直流电压（毫伏）信号，然后变为电压（毫伏）测量仪表上的指针位移，并与温度标尺相比较而显示出被测温度的数值，等等。

由上可见各种测量仪表不论采用哪一种原理，它们的共性在于被测参数都要经过一次或多次的信号能量形式的转换，变成便于测量的信号能量形式，最后由指针位移、数字形式或智能仪表显示出来。所以，各种测量仪表的测量过程实质上也是将被测参数与其相应的测量单位进行比较的过程，而测量仪表就是实现这种比较的工具。

测量结果显示、记录后，使操作者看到工艺参数的变化情况，以此依据用调节仪表进行下一步的调节和控制。

在自动化水平较高的化工厂，普遍采用计算机自动采集各种智能仪表的信号，用计算机向调节仪表发出指令进行自动调节。这就构成了自动检测、自动操纵、自动保护和自动控制这样四种自动化系统。

三、 测量仪表的基本组成

从化工生产中最常见的几大类被测参数即：压力、流量、液位和温度等来看，化工测量仪表的基本组成大致可以分为三大部分。

(1) 感受元件

一般安装在工艺管道和设备上，与被测介质直接接触，并起被测参数信号能量形式的转换作用，如孔板、热电偶等。

(2) 传送部分

大多数仅起测量参数的传送作用。如引压导管，导线等。

(3) 显示部分

对被测参数的显示形式有如下几种：指示、记录、累计积算、远传变送以及上、下限报警等。它有时也起被测参数信号能量的转换作用，有的还包括信号能量形式的再次转换，以适应远距离传送的需要，这时称它为变送器。

如表 2-1 所示。

表 2-1　常用测量仪表

被测参数	测量仪表			仪表名称
	测量	传送	显示	
p	弹簧管	机械传动放大机构	指针指示	压力表
V	孔板	引压导管	压差计	流量计
T	热电阻	导线	智能仪表	温度计

在生产实际中，人们习惯于将感受元件部分称做“一次仪表”，将显示部分称做“二次仪表”。

第二节　压力测量

在化工生产中要测量的压力（压强）的范围，往往从几毫米水柱起，直到几百兆帕。在不同工艺条件下各有它的特殊性，这就要求使用各种不同结构形式、工作原理的压力测量仪表，以满足生产上的各种不同的要求。

压力测量仪表按其转换原理的不同，大致可分为四大类：

① 液柱式压力计——将被测压力转换成液柱高度差进行测量。

② 弹性式压力计——将被测压力转换成弹性元件弹性变形的位移进行测量。

③ 电气式压力计——将被测压力转换成各种电量进行测量。

④ 活塞式压力计——将被测压力转换成活塞上所加平衡砝码的重量进行测量。

结合笔者所在实验室的测压仪表，只介绍前三种测压方法。

一、 液柱式压力计

（一） 原理

1. U形管压差计

其结构形式如图 2-1 所示，U 形管压差计在使用前，工作液处于平衡状态，当作用于 U 形管压差计两端的势能不同时，管内一边液柱下降，而另一边则上升，重新达到平衡状态。根据流体静力学原理，当两管分别作用压力 p 和 p_0 时，A-A 等压面的平衡方程式为

$$p+(H+h_1)\rho g=p_0+(H-h_2)\rho g+(h_1+h_2)\rho_i g \qquad (2\text{-}1)$$

$$p-p_0=g(h_1+h_2)(\rho_i-\rho) \qquad (2\text{-}2)$$

当 $\rho \ll \rho_i$ 时，则可得

$$p-p_0=\rho_i g(h_1+h_2) \qquad (2\text{-}3)$$

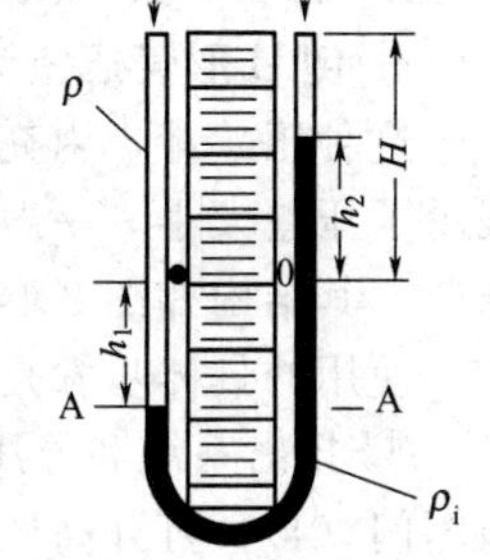

图 2-1　U 形管压差计

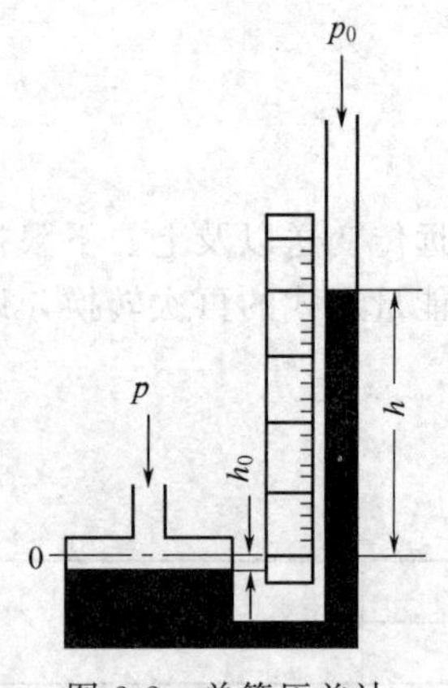

图 2-2 单管压差计

式中 ρ_i——管内指示液的密度，kg/m^3；

ρ——管路中流体的密度，kg/m^3；

h_1——被测流体相对于 0 点的高度，m；

h_2——指示液柱相对于 0 点的高度，m；

g——重力加速度，$9.81m/s^2$。

2. 单管压差计

由于 U 形管压差计需要两面读取液面高度，使用不方便，因此设计成一面读取液面高度的单管压差计，其原理如图 2-2 所示。从图中可以看出，它仍是一个 U 形管压差计，只是它两面管子的直径差得很大。在两面压力作用下，一边液面下降，另一边液面上升，下降液体的体积应当与上升液体的体积相等，故有

$$F_0 h_0 = Fh \tag{2-4}$$

式中 F_0——左边管的截面积，m^2；

F——右边管的截面积，m^2；

h_0——左边管中液面下降的高度，m；

h——右边管中液面上升的高度，m。

根据公式(2-3) 有

$$p = p_0 + \rho_i (h + h_0) g$$

由公式(2-4) 有 $h_0 = \frac{F}{F_0} h$ 代入上式得

$$p = p_0 + \rho_i h \left(1 + \frac{F}{F_0}\right) g \tag{2-5}$$

结构一定时，F 和 F_0 是定值，ρ_i 也是定值，故只要读取 h 值就可求得压力差 $p - p_0$，如已知 p_0 即可求得 p 值。一般 $F_0 \gg F$ 可以用修正值的办法将 $\left(1 + \frac{F}{F_0}\right)$ 值计入测量结果，要求不高时也可以忽略 $\frac{F}{F_0}$ 的值。例如当两管的直径分别是 $d = 5mm$、$D = 200mm$ 时，$\frac{F}{F_0} = \frac{d^2}{D^2} = \frac{25}{40000} = 0.000625$，这个数值很小，可以略去，由此而引起的误差为 0.00000625%。

3. 倾斜式压差计

这种压差计将单管压差计的小管与水平方向作 α 角度的倾斜，倾斜角度的大小可以作调节，这样可以把原来 R 大小的读数放大到 $R/\sin\alpha$，即 $R' = R/\sin\alpha$，其原理如图 2-3 所示。

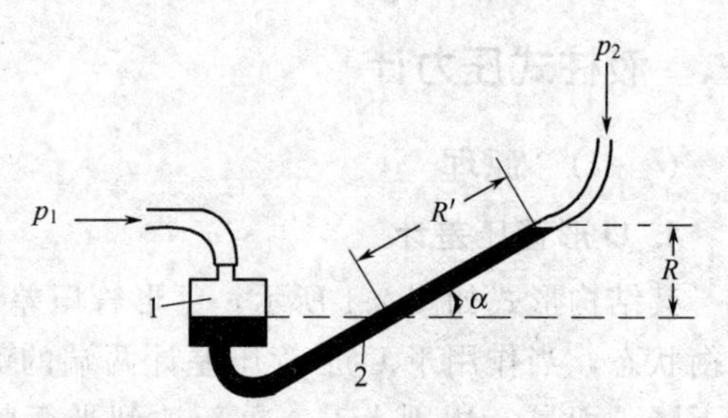

图 2-3 倾斜式压差计原理

1—杯；2—倾斜测量管

4. 倒 U 形管压差计

这种压差计，内充空气，待测液体液柱差表示了压差大小，一般用于测量液体小压差的场合。其结构如图 2-4 所示。

使用的具体步骤是：

① 排出系统和导压管内的气泡。方法为：关闭进气阀门（3）和出水活栓（5）以及平衡阀门（4），打开高压侧阀门（2）和低压侧阀门（1）使高位水槽的水经过系统管路、导压管、高压侧阀门（2）、倒 U 形管、低压侧阀门（1）排出系统。

② 玻璃管吸入空气。方法为：排空气泡后关闭阀（1）和阀（2），打开平衡阀门（4）、出水活栓（5）和进气阀门（3），使玻璃管内的水排净并吸入空气。

③ 平衡水位。方法为：关闭阀门（5）、（3），然后打开（1）和（2）两个阀门，让水进入玻璃管至平衡水位（此时系统中的出水阀门是关闭的，管路中的水在静止时U形管中水位是平衡的），最后关闭平衡阀门（4），压差计即处于待用状态。

笔者所在实验室的流体流动阻力实验采用倒U形管压差计作为测量压差的仪表之一。

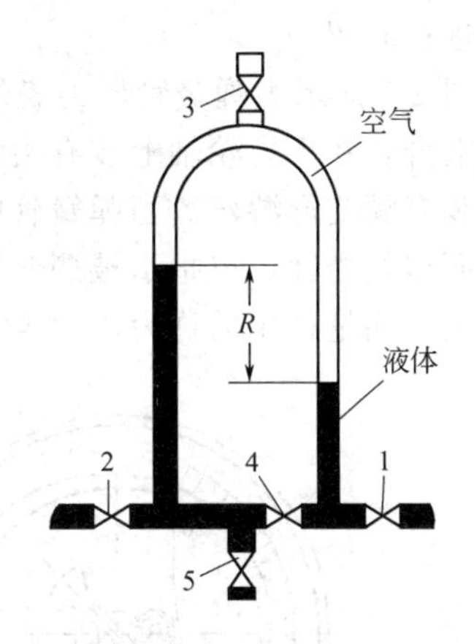

图 2-4 倒 U 形管压差计
1—低压侧阀门；2—高压侧阀门；
3—进气阀门；4—平衡阀门；
5—出水活栓

（二） 液柱式压力计的使用和维护

1. 使用注意事项

液柱式压力计虽然结构简单、价格便宜、使用方便，但它耐压程度较差，测量压力不大、结构不坚固、容易弄碎，指示值与工作液密度有关，因此操作人员在使用这种仪表时，必须注意以下几点：

① 被测压力不能超过仪表测量的范围，否则就会使工作液体冲走，特别是刚开车时，要控制压力不能突然加大。

② 被测介质和仪表工作液体不能发生化学反应或混合。当被测介质与工作液体（如水或水银）发生化学反应或混合时，应改换其他工作液体或加隔离液。

③ 液柱式压力计不应安装在过热、过冷或有振动的地方。这由于过热易使工作液体蒸发；过冷时工作液体又可能冻结；振动太大，会使玻璃管振断和破裂，造成测量误差甚至无法使用。因此，除注意仪表安放的地点外，一般来说，冬天常在水中加入少许甘油，或采用酒精、甘油、水的混合物作为工作液体以防止冻结。

④ 由于工作液体在玻璃管内产生毛细现象，因此在工作液体为水时，读取压力值时应看凹面处；工作液体为水银时，则应看凸面处。

⑤ U形管压差计或单管压差计都要求垂直安装；斜管式压差计则要求水平安装，因此在测量前应将仪表放平、再校正零点，或垂直放置后，再接通待测压力。若工作液面不在零位线上，可进行调零，这时调整仪表的零位器，或移动可变刻度标尺，或加注工作液体，使零位对好。

⑥ 若工作液体为水时可在水中加入一点红墨水或其他颜色液体，便于观察。

2. 维护

液柱式压力计在运行中，还要加强维护才能取得正确的读数。主要的日常维护有以下几项。

① 与大气连通的测量管口不能堵塞。

② 保持测量管和刻度标尺清晰，定期更换或清洗工作液体。

③ 要经常检查仪表本身和连接管线是否有渗漏现象。对于较脏或易老化的引压管线应定期清洗或更换。

④ 定期检查工作液体是否在零位。如工作液体蒸发或被冲跑，应及时添加，以保证仪表指示的准确性。

二、 弹性式压力计

这类压力计是基于弹性元件的变形而产生位移的原理进行测量的。下面以弹簧管压力表为例进行介绍。

图 2-5 所示为弹簧管压力表的结构，弹簧管的自由端经连杆与扇齿轮相连，扇齿轮与齿轮轴啮合，在小齿轮轴上装有指针。为了消除扇齿轮与小齿轮轴之间的齿侧间隙，在小齿轮轴上装有螺旋形游丝。当弹簧管中通入流体后，其自由端将产生位移，经连杆、扇齿轮、齿轮轴而传给指针，以指示被测介质的压力，其原理如图 2-6 所示。弹簧管压力表有两种，一种是用于测量正压的称为压力表，另一种是用来测量负压的，称为真空表。

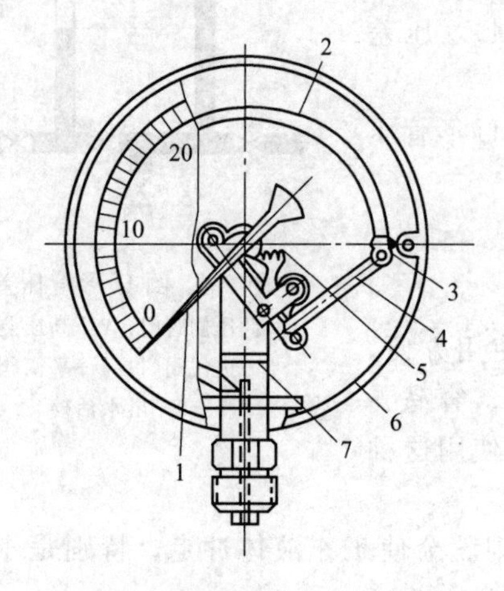

图 2-5 弹簧管压力表结构

1—指针；2—弹簧管；3—接头；4—拉杆；5—扇形齿轮；6—壳体；7—基座

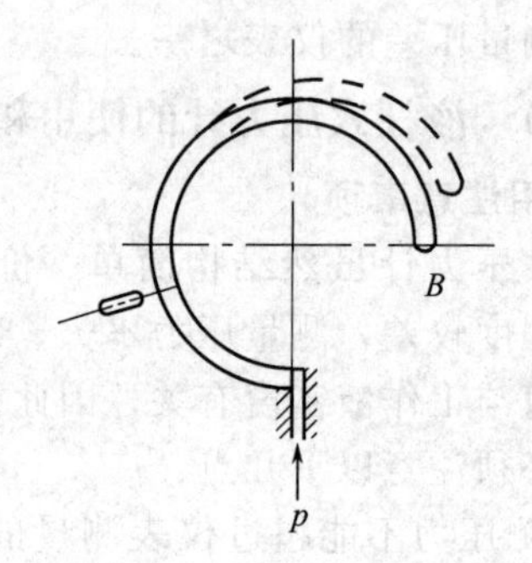

图 2-6 弹簧管的变形和自由端位移

三、电气式压力计

（一） 差压变送器

1. 差压变送器的发展

差压变送器的发展概况同其他各种电动调节仪表一样，差压变送器正处于一个崭新的变革时代。过去二十多年一直沿用的力平衡式差压变送器，是人们熟知的。它是利用深度负反馈原理来减小弹性元件模量随温度变化、弹性滞后以及非线性变形等因素的影响，从而保证测量精度的。因此，力平衡式变送器结构复杂、笨重，且存在着难以消除的静压误差。由于新材料的发展，出现了弹性模数和温度系数很小的弹性材料。特别是电子检测技术的发展使微小位移的检测成为可能，因而允许弹性材料变形小，这使非线性和弹性滞后所引起的变差进一步减小。这些都为开环式新型变送器的出现创造了条件。

目前，被广泛地应用于现场的电容式差压变送器就是其中的一种。这种变送器不仅在原理上发生了由闭环到开环的根本变化，而且具有结构简单、运行可靠、无静压误差、维护方便的特点。随着新技术的不断发展，其他各种新型的变送器和振弦式、扩散硅式变送器等也已研制成功，并应用于生产。

近几年，又相继推出了智能变送器。这些智能变送器中有的是新开发的测量机构，再配上微处理机；有的则是在原有变送器的基础上，配上微处理机，因此它们是微机和通信技术进入变送仪表的产物。智能变送器的信号转换精度高，环境温度变化的影响小，静压和振动的影响小，且量程比特别大。因此，一种规格仪表可满足各种测量范围的需要，使备表、备件数量大大减少。智能变送器的另一突出特点是具有通信功能，通过对智能现场通信器的简单键盘操作，可实现远程设定、变更和调校，除此之外，它还具有自诊断功能，这些都给使用和维护带来了极大的方便。

用智能差压传感变送器将压力转为电压信号，再将电压信号传输给通用智能仪表，通用智能仪表设定好所必需的参数，通过数字信号转换直接显示出压差值。

2. "1151" 差压传感器原理

在化工原理实验室中采用"1151"差压传感器。

"1151"差压传感器属于电容式差压变送器，是基于负反馈原理工作的，它的原理如图2-7所示。

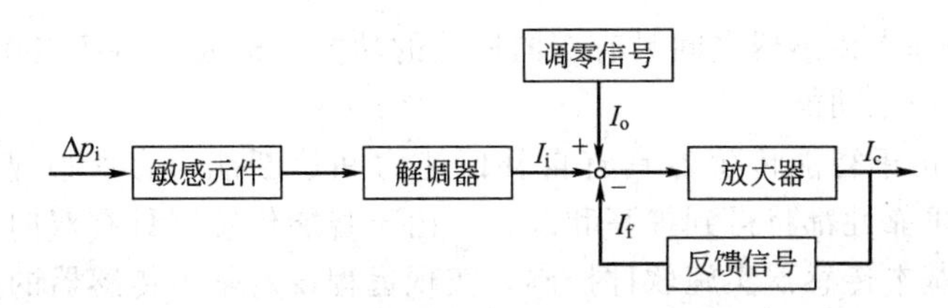

图 2-7 电容式差压变送器工作原理

被测差压 Δp_i 作用于差压电容式敏感元件使其电容量发生变化，该电容量的变化经解调器转换成直流电流 I_i，其与调零信号的代数和同反馈信号 I_f 相比较，差值送入放大电路进行放大，最后输出 4～20mA 电流信号 I_c。经简化电路可得如下关系式：

$$I_c = \Delta p_i K/\beta + I_o/\beta \tag{2-6}$$

式中 K——常数；

Δp_i——被测差压；

I_o——调零信号；

β——放大倍数；

I_c——输出电流。

式(2-6) 表明：

① 电容式差压变送器的输出信号 I_c 与被测差压 Δp_i 成正比例关系。

② 调整 I_o 可以改变仪表输出信号 I_c 的起始值，从而可以进行仪表的零点调整和零点迁移。

③ 调整量程信号实际是改变 β 值，从而改变变送器输出信号 I_c 与 Δp_i 之间的比例系数。

④ 当 β 值一定时，调 I_o 实际上是调截距；当 I_o 一定时调 β 值实际上是改变直线的斜率，同时也改变了截距。

3. "1151" 差压传感器调校

① 首先打开差压传感器泄放口（泄放螺钉，笔者所在实验室已换为排放考克），将气体和污液排尽。

② 当看见导出管中已无气泡和污液时，关紧考克（或上紧螺钉），严防泄漏。

③ 在没有液体流动（或没有压差输出）时，调整变送器后面的调零螺丝（Z），将显示仪表的显示值调到0。

④ 调节压差到最大，调节后面的量程调节螺丝（R），以改变增益，使显示值达到最大压差值。

⑤ 再调校零点，重复3步骤。

⑥ 再调增益，反复数次，直到零点和最大量程都没有迁移为止。

和"1151"配套的智能显示仪表将在后面介绍。

（二） 压力变送器

化工原理实验室普遍采用了智能压力变送器进行压力测量和传输，然后由智能巡检仪或计算机显示。

1. 智能压力变送器的新功能

① 自补偿功能：如非线性、温度误差，响应时间、噪声、交叉感应等的补偿。

② 自诊断功能：如在接通电源时进行自检，在工作中实现运行检查，诊断测试以确定哪一组件有故障。

③ 微处理器和基本传感器之间具有双向通信的功能，构成一闭环工作系统。

④ 信息存储和记忆功能。

⑤ 数字量输出由于智能传感器具有自补偿能力和诊断能力，所以基本传感器的精度、稳定性、重复性和可靠性都将得到提高和改善。由于智能传感器具有双向通信能力，所以在控制室内就可以对基本传感器实施软件控制，实现远程设定基本传感器的量程及组合状态。

2. 智能型压力变送器的分类及性能简介

智能型压力变送器主要分为两种形式：一种为带 HART 协议的智能型压力变送器；另一种为带 485 或 232 接口的数字和模拟同时输出的智能型压力变送器。

(1) 带 HART 协议的智能压力变送器

带 HART 协议的智能压力变送器的通信规程仍继续沿用 4～20mA 标准模拟信号。它是一种智能通信协议，与现有的 4～20mA 系统兼容，即在模拟信号上叠加一个专用频率信号，因此模拟与数字可以同时进行通信。

(2) 带 RS232 或 485 接口的智能型压力变送器

带 RS232 或 485 接口的智能型压力变送器如图 2-8 所示，它的原理：基本传感器的模拟信号经过 A/D（模拟/数字）转换及微处理器和 D/A 转换分出两路信号，一路为 4～20mA 模拟输出，另一路为数字信号。由于此类型智能压力变送器具有 RS232 接口，为异步通信协议接口，可以与许多通信协议兼容（如 PLC）。它的特点是具有计算机通信接口；异步通信协议可与许多协议兼容；变送器可与总线采取串联方式（最多可串接 256 台变送器），组网方便；频率输出精度高，可远传。

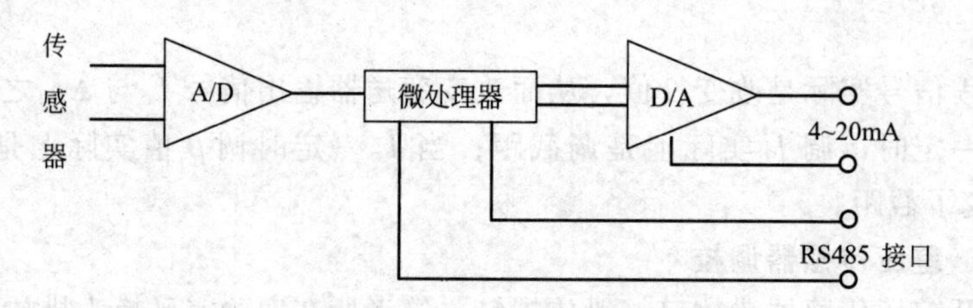

图 2-8 压力变送器原理

四、 使用压力表应注意的问题

1. 选择好测压点

取压点应尽量选在受流体流动干扰最小的地方，远离管子弯头、阀门或其他障碍物，一般距离为 40*d* 内左右，如果取压点距产生局部阻力的这些部件的距离达不到 40*d* 内，可以采用装整流板或整流管的办法。

2. 合理的取压口

由于在管壁上钻孔会扰乱流体在开孔处的流动型态，流体流经孔时，流线会向孔内弯曲，并在孔内产生旋涡，所以开孔直径不宜太大或太小，一般 $d=0.5\sim1\text{mm}$。

对于直径较大的管道或有正交流和涡流产生的场合可采用均压环，以消除管道各点的静压差或不均匀流动而引起的附加误差。均压环的结构如图 2-9 所示。

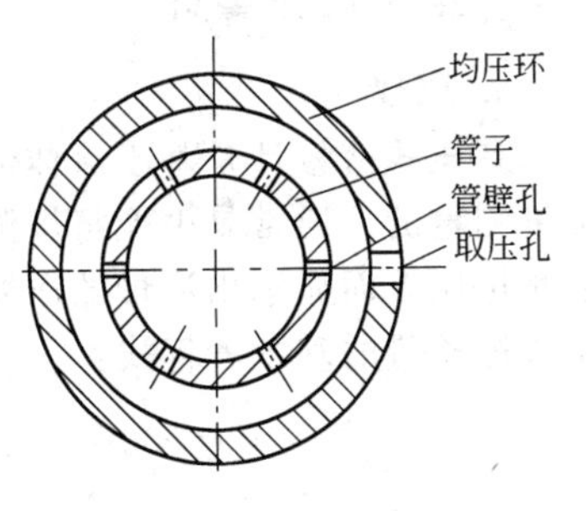

图 2-9 均压环结构

3. 压力表的选用

选用的依据主要有：①工艺生产过程对压力测量的要求。例如，压力测量精度、被测压力的高低测量范围以及对附加装置的要求等。②被测介质的性质。例如，被测介质温度高低、黏度大小、腐蚀性、脏污程度、易燃易爆性。③现场环境条件。例如，高温、腐蚀、潮湿、振动等。

除此以外，对弹性式压力表，为了保证弹性元件能在弹性变形的安全范围内可靠地工作，在选择压力表量程时必须考虑到留有足够的余地。一般，被测压力值应不超过满量程的 2/3。为保证测量精度，被测压力最小值应不低于全量程的 1/3 为宜。

4. 压力表的校验和产生误差的原因

压力表的校验主要是校验其指示值误差、变差和线性，并相应地进行零点、终点和非线性的调整。压力校验设备主要是活塞式压力计和精度在 0.5 级以上的标准压力表。弹性式压力表造成误差的原因主要是弹性元件的质量变化和传动——放大机构的摩擦、磨损、变形和间隙等。

5. 压力表的安装

除正确选定生产设备上的具体测取压强的地点外，安装时插入生产设备中的取压管内端面应与设备连接处的内壁保持平齐，不能有凸出物或毛刺，以保证正确地取得静压强。安装地点应力求避免振动和高温的影响。测量蒸汽压强时，应加装凝液管，以防止高温蒸汽与测压元件直接接触。对于有腐蚀性介质应加装充有中性介质的隔离罐。总之，针对被测介质的不同性质采取相应的防温、防腐、防冻、防堵等措施。取压口到压力表之间还应装有切断阀门，以备检修压力表时使用。需要进行现场校验和经常冲洗引压导管的情况下，切断阀可改用三通开关。引压导管不宜太长，以减少压力指示的迟缓。

第三节　流量测量

通常所讲的流量大小是指单位时间内流过管道某一截面的流体数量的大小，即瞬时流量。常用计量单位为吨/小时（t/h）、立方米/小时（m^3/h）、千克/小时（kg/h）、升/小时（L/h）等。在某一段时间内所流过的流体流量的总和，即各瞬时流量的累积值，称为总量。

流量仪表大致上可以分为三类：

① 速度式流量仪表：以测量流体在管道内的流速 u 作为测量依据。在已知管道截面积 A 的条件下，流体的体积流量 $V=uA$，而质量流量可由体积流量乘以流体的密度 ρ 得到。即 $G=V\rho$。属于这一类的仪表很多，如差压式孔板流量计、转子流量计、涡轮流量计等，在化工原理实验中用到的主要是以上三种流量仪表。

② 容积式流量仪表：以单位时间内所排出的流体固定容积 V 的数目作为测量依据。属于这类的流量仪表有盘式流量计、椭圆齿轮流量计等。

③ 质量式流量仪表：测量所流过的流体的质量。目前这一类仪表有：直接式和补偿式两种。它具有被测流体不受流体的温度、压力、密度、黏度等变化影响的特点。

一、 差压式流量计

1. 原理

差压式流量计是基于流体流动的节流原理，利用流体流经节流装置时产生的压强差实现流量测量的。通常是由能将被测流体的流量转换成压差信号的孔板、喷嘴等节流装置以及用来测量压差而显示出流量的压差计所组成。从伯努利方程式可以推导出节流式流量计不可压缩流体流量的基本方程式：

$$V_s = CA_0\sqrt{\frac{2}{\rho}(p_1-p_2)} \quad m^3/s \tag{2-7}$$

式中 p_1，p_2——节流件前后取位点压强，Pa；

ρ——介质密度，kg/m^3；

A_0——节流件喉部面积，m^2；

C——孔流系数，是用实验的方法测定的系数，对于标准节流件可以从表中查出孔流系数，不必自行测定。

在自动化高速发展的今天，差压式流量计已经由标准节流装置、差压变送器和智能显示仪表组成，并且可以和计算机控制系统直接通信。化工原理实验室的固体干燥实验中，风量的测量就采用了“孔板、差压变送器、智能显示仪表和计算机通信”的流量测量系统。

2. 常用的标准节流元件

(1) 孔板

标准孔板的结构形式如图 2-10 所示。它是一个带圆孔的板，圆孔与管道同心。特点是结构简单、易加工、造价低，但能量损失大于喷嘴和文丘里管（文氏管）。加工孔板时应注意进口边沿必须锐利、光滑，否则将影响测量精度。孔板材料一般用不锈钢、铜或硬铝。

(2) 喷嘴

标准喷嘴的结构如图 2-11 所示，其特点为测量精度高，加工困难。腐蚀性、脏污性被测介质对测量精度影响不大。能量损失仅次于文丘里管。

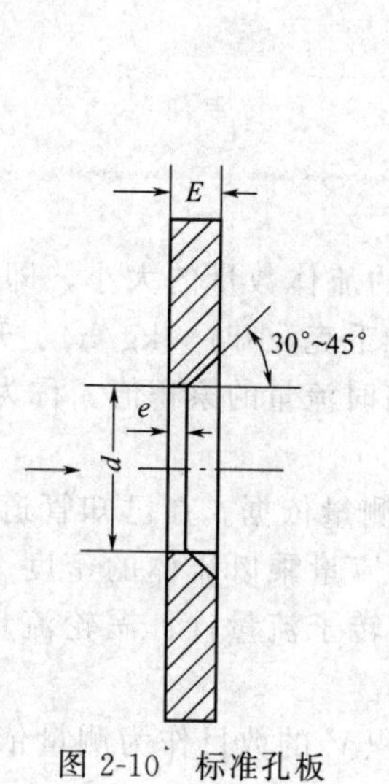

图 2-10 标准孔板

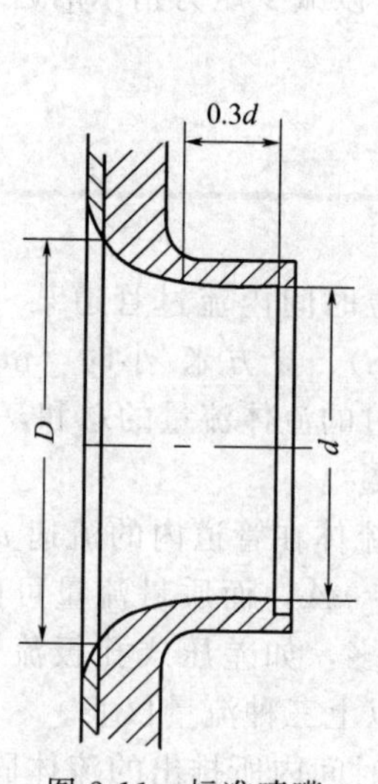

图 2-11 标准喷嘴

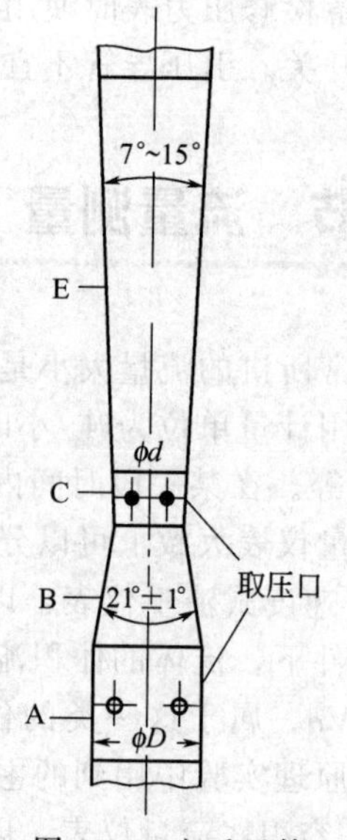

图 2-12 文丘里管

A—圆筒段；B—圆锥收缩段；
C—圆筒形喉部；E—圆锥形扩散段

(3) 文丘里管

文丘里管的结构如图 2-12 所示。它是由入口圆筒段 A、圆锥形收缩段 B、圆筒形喉部 C 和圆锥形扩散段 E 所组成。特点是：制造工艺复杂，价格贵，但能量损失最小。流体流过文丘里管后压力基本能恢复。

3. 标准节流装置的使用条件

① 被测介质应充满全部管道截面连续地流动。

② 管道内的流束（流动状态）应该是稳定的。

③ 被测介质在通过节流装置时应不发生相变。例如，液体不发生蒸发，溶解在液体中的气体不释放出来等。

④ 在离节流装置前后各有长 $2D$ 的一段管道的内表面上不能有凸出物和明显的粗糙与不平现象。

⑤ 在节流装置前后应有足够长度的直管段。

⑥ 各种标准节流装置的使用管径 D 的最小值规定如下：

孔板：$0.05 \leqslant m \leqslant 0.70$ 时，$D \geqslant 50\text{mm}$

喷嘴：$0.05 \leqslant m \leqslant 0.65$ 时，$D \geqslant 50\text{mm}$

文丘里喷嘴：$0.05 \leqslant m \leqslant 0.6$ 且 $d > 20\text{mm}$ 时，$D \geqslant 50\text{mm}$

文丘里管：$0.2 \leqslant m \leqslant 0.50$ 时，$100\text{mm} \leqslant D \leqslant 800\text{mm}$

m 为孔径与管径之比（开孔截面比值）。

4. 标准节流装置的选择原则

① 在允许压力损失较小时，可采用喷嘴、文丘里管和文丘里喷嘴。

② 在测量某些容易使节流装置污染、磨损和变形的脏污及腐蚀性等介质的流量时，采用喷嘴较孔板为好。

③ 在流量值和压差值都相等条件下，喷嘴的开孔截面比值 m 较孔板的小，在这种情况下，喷嘴有较高的测量精度，而且所需的直管段长度也较短。

④ 在加工制造和安装方面，孔板最简单，喷嘴次之，文丘里管和文丘里喷嘴最为复杂，造价也与此相似，并且管径愈大时，这种差别也愈显著。

5. 标准节流装置的安装

① 节流装置不论在空间的什么位置，必须安装在直管段上，应尽量避免任何局部阻力对流束的影响，例如在节流装置前后长度为 $2D$ 的一段管道内壁上，不应有任何突出部分（例如凸出的垫片，粗糙的焊缝、温度计套管等）；在节流装置的直管段前面如有各种阀门、弯头等局部阻力时，必须保证在节流装置前面有足够的直管段长度。

② 必须保证节流装置的开孔中心和管道中心线同心，节流装置的入口端面应与管道中心线垂直。

③ 在靠近节流装置和距离节流装置为 $2D$ 的两个管道截面上，应测量其实际内径。每个截面上至少测量两对互相垂直的直径，取测量结果的算术平均值作为管道的实际平均内径 D'。D' 与管道内径计算值 D 的最大偏差：$\Delta D = \dfrac{D - D'}{D'} \times 100\%$，当 $m < 0.3$ 时，ΔD 不应超过 $\pm 2\%$；当 $m \geqslant 0.3$ 时，ΔD 不应超过 $\pm 0.5\%$。

④ 节流装置在安装之前，应将表面的油污用软布擦去，但应特别注意保护孔板的尖锐边缘，不得用砂布或锉刀进行辅助加工。

6. 导压管的安装

① 引压导管应按最短距离敷设，它的总长度应不大于 50m，但不小于 3m。管线的弯曲

处应该是均匀的圆角。

② 应设法排出引压导管管路中可能积蓄的气体水分、液体或固体微粒等影响压差精确成分而可靠地传送其他成分。为此，引压导管管路的装设应保持垂直或与水平面之间成大于1∶10的倾斜度，并加装气体、凝液、微粒的收集器和沉淀器等，定期进行排除。

③ 引压导管应不受外界热源的影响，并应防止冻结的可能。

④ 对于黏性的有腐蚀性的介质，为了防堵、防腐，应加装充有中性隔离液的隔离罐。

⑤ 全部引压管路应保证密封、无渗漏现象。

⑥ 引压管路中应装有必要的切断、冲洗、灌封液、排污等所需要的阀门。

7. 差压式流量计的安装

差压式流量计的安装首先是安装地点周围条件（例如：温度、湿度、腐蚀性、振动等）的选择。其次，当测量液体流量时或引压导管中为液体介质时，应使两根导压管路内的液体温度相同，以免由于两边密度差别而引起附加的测量误差。

8. 差压式流量计使用中的测量误差

（1）被测介质工作状态的变动

如果实际使用时被测介质的工作状态（温度、压力、湿度）以及相应的介质密度、黏度等参数数值，与设计计算值有所变动时，按照原有的仪表常数 K 值乘以差压式流量计标尺上的指示值 N 所得到的流量指示值，显然将与流过节流装置的被测介质的实际流量值之间产生误差。

（2）节流装置安装不正确

例如，孔板的尖锐一侧应迎着流向，为入口端，而其呈喇叭形一侧为出口端，即孔板具有方向性，不能装反。除此之外，由于安装不正确而引起的测量误差，往往是由于孔板开孔中心和管道轴心线不同心所造成，管道实际内径和计算时所用的管道内径之间的差别，以及垫片等凸出物的出现、引压管路上的毛病等也是引起测量误差的原因。

（3）孔板入口边缘的磨损

孔板长期使用，其入口边缘的尖锐度会由于受到冲击、磨损和腐蚀而变钝，这样在相等数量的流体经过时所产生的压差将变小，从而引起仪表指示值偏低。

（4）节流装置内表面的结污和流通截面积的变化

在使用中，孔板等表面可能会黏结上一层污垢，或者由于孔板前后角落处日久而有沉淀物沉积，或者由于强腐蚀作用，这些都会使管道的流通截面发生渐变及引压导管管路的泄漏和脏污，造成流量测量的误差。

二、转子流量计

转子流量计具有结构简单，价格便宜，使用方便等特点，因此被广泛使用于化工、石油、医药等各个行业中，用来测量单相非脉动液体或气体的流量。

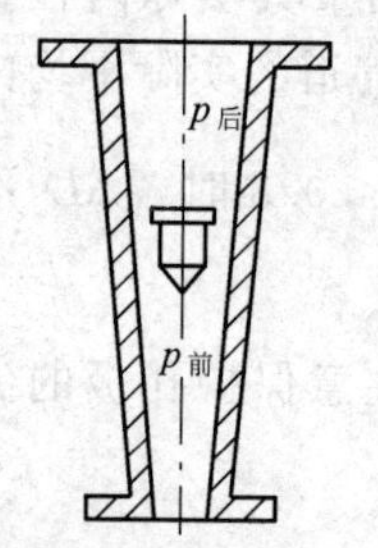

图 2-13　转子流量计

1. 原理与结构

转子流量计结构如图 2-13 所示，流量计的主要测量元件为一根小端向下、大端向上垂直安装的锥形玻璃管及在其内可以上下移动的浮子。当流体自下而上流经锥形玻璃管时，在浮子上、下之间产生压差，浮子在此压差作用下上升。当使浮子上升的力与浮子所受的重力、浮力及黏性力三者的合力相等时，浮子处于平衡位置。因此，流经流量计的流体流量与浮子上升高度，亦即与流量计的流通面积之间存在着一定的比例关系，浮子的位置高度可作为流量量度。

当转子承受压力差=转子重力-流体通过时转子的浮力时，即

$$\Delta p S_f = V_f \rho_f g - V_f \rho g$$

则
$$\Delta p = \frac{V_f \rho_f g - V_f \rho g}{S_f} \tag{2-8}$$

式中 Δp——转子前、后流体作用在转子上的静压力差，N/m^2；

S_f——转子的最大横截面积，m^2；

V_f——转子的体积，m^3；

ρ_f——转子材料的密度，kg/m^3；

ρ——被测流体的密度，kg/m^3；

g——重力加速度，m/s^2。

由节流式流量计不可压缩流体的流量基本方程式(2-8)可推导出转子流量计的流量公式(2-9)：将式(2-8)中的 Δp 代入式(2-7)得

$$V = C_R S_R \sqrt{\frac{2gV_f(\rho_f - \rho_g)}{S_f \rho}} \tag{2-9}$$

式中 S_R——环隙截面积，m^2；

C_R——转子流量计的流量系数，是转子形状和流体流过环隙的 Re 数的函数，其值可从转子的 $C_R \sim Re$ 曲线中查得。

流量计在出厂前均进行过标定，并绘有流量曲线，如改测其他流体时，则必须进行校正。

2. 转子流量计的读数

转子流量计中转子的形状有多种，如球形、梯形、倒梯形等。但无论形状如何，它们都有一个最大截面积。流体流动时，转子最大截面积所对应的玻璃管上的刻度值就是应该读取的测量值。

3. 转子流量计的使用特点

转子流量计的基本误差约为刻度最大值的±2%。它的有效测量范围，即量程比（最大流量与最小流量的比值）为10∶1或5∶1，而差压式流量计仅为3∶1，故转子流量计的量程比是比较大的。转子流量计在使用时的压力损失较小，转子位移随被测介质流量的应变反应较快。此外，转子流量计应垂直安装，不允许有倾斜。被测介质的流向应由下向上，不能相反。在正常情况下，转子是沿锥形管轴心线上下浮动的。摩擦和沾污会引起测量误差，转子上附有气泡和转子流量计锥形管的安装垂直程度都会带来附加的测量误差，使用时必须加以注意和避免。

三、涡轮流量计

涡轮流量计也是一种速度式流量仪表，它由变送器和显示仪两部分组成，测量精度比较高，反应较快，适用范围也比较广。

（一） 变送器结构与工作原理

变送器的结构如图2-14所示。它主要由壳体组件、叶轮组件、前后导向架组件、压紧圈和带放大器的电磁感应转换器所组成。

当液体流过变送器时，变送器内的叶轮借助于液体的动能而产生旋转，叶轮即周期性地改变电磁感应系统中的磁阻值，使通过线圈的磁通量周期性地发生变化而产生脉冲

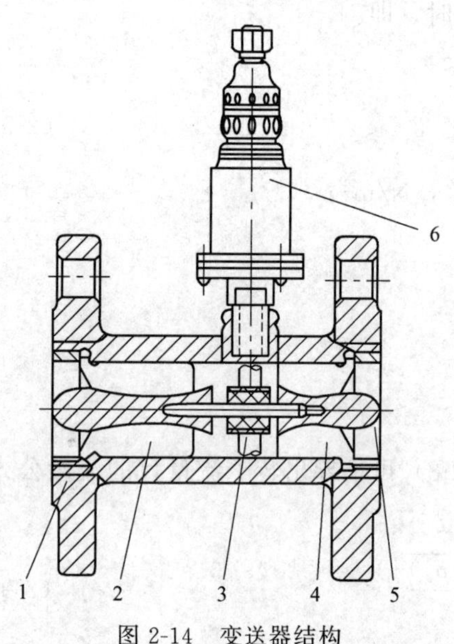

图 2-14 变送器结构

1—壳体组件；2—前导向架组件；3—叶轮组件；4—后导向架组件；5—压紧圈；6—带放大器的电磁感应转换器

电信号，经放大器放大后，送至二次仪表进行显示或累计。在测量范围内，叶轮的转速可看成与流量成正比，而信号脉冲的频率即是叶轮转动的频率，所以当测得频率 f 和某一时间内的脉冲总数 N 后分别除以仪表常数 ξ(次/L) 便可求得瞬时流量 q(L/s) 和总流量 Q(L)，即

$$q=f/\xi \tag{2-10}$$

$$Q=N/\xi \tag{2-11}$$

（二） 流量指示积算仪

与变送器配套使用的显示仪表是流量指示积算仪，被测流体流经流量（Q）变送器，经电磁转换发出微弱的脉冲信号（f），由前置放大器放大，经过整形器整形成前后沿陡峭的矩形脉冲，一路输送给单位换算单元，进行运算计数，累计出流体总量；一路输送给 F/I 转换单元，形成 0～10mA 的直流信号，进行瞬时流量显示和电流信号输出。

第一代流量积算仪是指针式的，如图 2-15 所示。这种积算仪表头指示的是瞬时流量值。

由于这类仪表目前已经逐步被淘汰，所以在这里不再给予详细介绍。现在使用比较多的是智能流量积算仪。

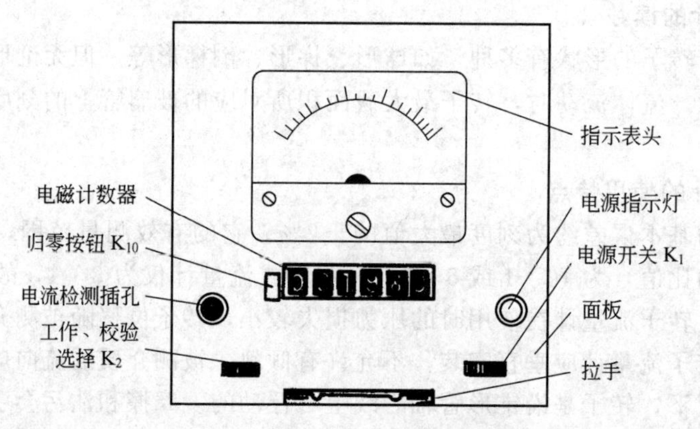

图 2-15 指针式流量指示积算仪

（三） 智能流量积算仪

1. 概述

智能流量积算仪采用单片微处理器控制，使仪表的系统稳定性、可靠性及安全性等都大为提高。具有多种输入信号功能，可满足各种不同的一次仪表要求的补偿方式，各通道输入信号类型可通过内部参数设定自由更改，具有极宽的显示范围，可对流体进行精度极高的积算控制，支持多机通信。分别从以下几方面给予介绍。

(1) 功能

可对质量流量自动进行计算和累积；可对标准体积流量自动进行计算和累积；可同时显示瞬时流量测量值及流量累积值（累积值单位可任意设定）；可切换显示瞬时流量测量值、差压测量值及频率测量值。

可设定流量小信号切除功能（瞬时流量小于设定值时流量不累积）；可设定流量定量控制功能［流量累积值大于（或小于）设定值时输出控制信号］。

可编程选择以下几种传感器形式：

① Δp——输入为差压式流量传感器；

② f——输入为频率式流量传感器；

③ G——输入为流量传感器（线性流量信号）。

(2) 信号

多种类型信号输入：电流 0～10mA 或 4～20mA；
电压 0～5V、1～5V（或 mV）；
频率 0～5kHz。

输入信号切换：流量输入信号 0～10mA(0～5V)、4～20mA（1～5V）通过内部参数设定可自动切换。

模拟量输出：直流电流 0～10mA 或 4～20mA 输出，负载 0～500Ω；
直流电压 0～5V 或 1～5V 输出（负载≤250Ω）。

输出信号切换：输出信号 0～10mA(0～5V)或 4～20mA(1～5V)。

(3) 显示

可选择高亮度 LED 数据码管显示。可显示通道的瞬时流量测量值、累积值、差压测量值及频率测量值等。

PV 显示瞬时流量值为整四位（0～9999 字）；

SV 显示累积流量值为整六位（0～999999 字）；

PV＋SV 显示累积流量值为整十位（0～9999999999 字）；

当前日期、当前时间显示；

累积流量满量程（满整十位）时自动清零。

(4) 通信

通信协议为二线制、三线制或四线制（如 RS485、RS323、RS422 等），亦可由用户特殊要求，波特率 300～9600bps 可由仪表内部参数自由设定。接口和主机采用光电隔离，提高系统的可靠性及数据的安全性。通信距离可达 1km，上位机可采集各种信号与数据，构成能源管理和控制系统。配用 WP 数据采集器和 WP 鲁班工控组态软件，可实现多台 WP 仪表与一台或多台微机进行联机通信，系统采用主-从通信方式，能方便地构成各种能源管理和控制系统。整个控制回路只需一根二（三、四）芯电缆，即可实现与上位机通信，上位微机可呼叫用户设定的设备号，随时调用各台仪表的现场数据，并可进行仪表内部参数设定。

2. WP-L90 智能仪表介绍

(1) 面板

以 WP-L90 智能仪表作为智能流量积算仪，它的面板及功能见图 2-16 和表 2-2。

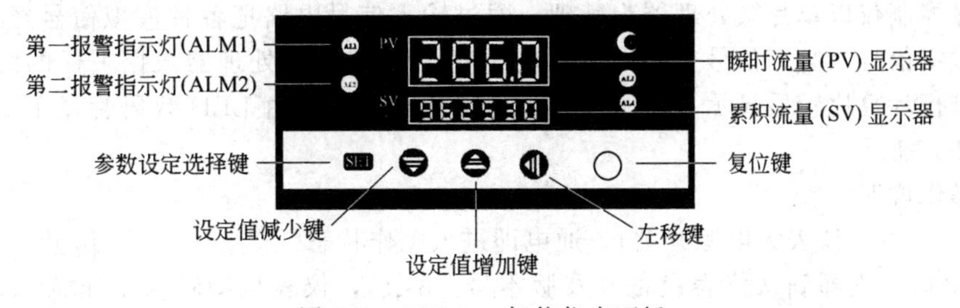

图 2-16　WP-L90 智能仪表面板

表 2-2 WP-L90 智能仪表面板功能介绍

名称		内容
显示器	瞬时流量(PV)显示器 (整四位显示)	·显示瞬时流量值 ·在参数设定状态下,显示参数符号 ·可设定为显示流量、压力补偿、温度补偿输入值
	累积流量(SV)显示器 (整六位显示)	·显示累积流量值 ·在参数设定状态下,显示设定参数值
	累积流量整十位显示器 (PV+SV)	·可设定仪表内部参数,使仪表显示整十位累积值(累积的百万位显示在 PV 显示器上)
操作键	SET 参数设定选择键	·可以记录已变更的设定值 ·可以按序变换参数设定模式 ·配合 ▼ 键可以实现累积流量值清零功能 ·配合 ◀ 键可实现设定小数点循环左移功能 ·配合 ▲ 键可进入仪表二级参数设定 ·配合 ▲ 键可进入仪表时间设定
	▼ 设定值减少键	·变更设定时,用于减少数值 ·测量值显示时,可切换显示各通道测量值 ·配合 SET 键可实现累积流量值清零
	▲ 设定值增加键	·变更设定时,用于增加数值 ·带打印功能时,用于手动打印 ·配合 SET 键可进入仪表二级参数设定 ·配合 SET 键可进入仪表时间设定
	◀ 左移键	·在参数设定状态下,可循环左移欲更改位 ·配合 SET 键可以实现小数点循环左移功能
	复位(RESET)键(面板不标出)	·用于程序清零(自检)
指示灯	(ALM1)(红) 第一报警指示灯 (定量控制输出指示灯)	·第一报警 ON 时亮灯 ·定量控制输出 ON 时亮灯(自动启动控制方式)
	(ALM2)(绿) 第二报警指示灯 (定量控制输出指示灯)	·第二报警 ON 时亮灯 ·定量控制输出 ON 时亮灯(手动启动控制方式)

(2) 工作原理

本积算控制仪以单片微处理器为基础，通过输入信号电路把各种模拟信号经 A/D 转换器转换成数字信号（频率信号直接由微处理器进行计数），微处理器根据采样的结果和数字设定内容进行计算比较后显示及控制输出。得出数字信号，由 LED 数码管显示。它的工作原理如图 2-17 所示。

(3) 操作说明

① 仪表上电（仪表无电源开关），通电即进入工作状态。

② 通电后，立即确认仪表设备号及版本号。3s 后，仪表自动转入工作状态，PV 显示测量值，SV 显示累积流量值。如要求再次自检，可按一下面板右下方的复位键（面板不标

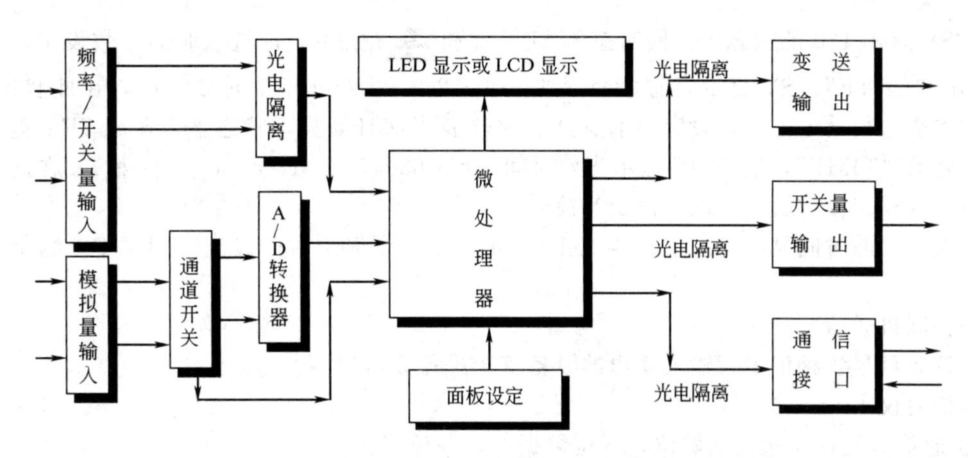

图 2-17　智能流量积算仪工作原理

出位置)。

③ 在显示状态下可转入参数设置状态，参数一次设定后会记忆储存在仪表芯片内，只要不改变仪表使用功能、信号输入、显示要求等，就不再进行设定。参数设定必须由专业技术人员设定，对于测量者来说不必掌握。所以，在此对如何进入参数设定不作介绍。

(4) 显示切换方式

PV 显示器可切换显示当前时间、瞬时流量测量值、差压输入测量值（流量输入测量值、频率输入测量值）或整十位累积值。

显示切换方法有两种：

① 设定显示：PV 显示固定的某通道测量值，DIP 的设定请参见仪表一级参数的设定。

② 切换显示：本机可由按压▼键来切换显示参数，切换方式以当前 DIP 设定值为准，每按一次▼键（相当于设定 DIP 减 1），则 PV 显示为 DIP 减 1 的参数值，一次巡回后即回至最初设定值。

例：当前 DIP 设定显示状态为瞬时流量测量值显示（DIP=2）

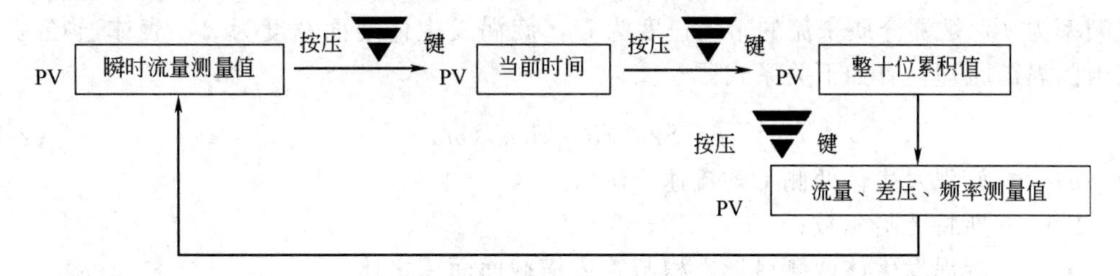

如设定 DIP=0，则 PV 显示器每 2s 轮流显示各通道测量值，显示如下：

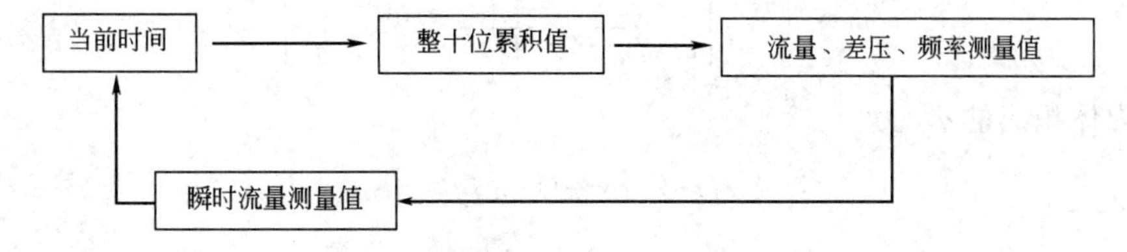

注：如当前通道无输入（被关闭），按压▼键则跳过当前通道，显示下一通道测量值。

(5) 时间设定

在仪表 PV 显示测量值状态下按压 SET 键进入一级参数，设定 CLK=130，在 PV 显示

CLK，SV 显示 130 的状态下，同时按压 SET 键和 ▲ 键 30s，即进入时间参数设定，仪表 PV 显示“DATE”，SV 显示当前日期（如：090720——2009 年 7 月 20 日），在此状态下，可参照仪表参数设定方法，设定当前日期。在仪表当前日期显示状态下，按压 SET 键，仪表 PV 显示“TIME”，仪表 SV 显示当前时间（如 183047——18 点 30 分 47 秒），在此状态下，可参照仪表参数设定方法，设定当前时间。

在仪表当前时间显示状态下，再次按压 SET 键，则退出时间设定，回至 PV 测量值显示状态。

(6) 联机通信

本仪表可与各种带串行输入输出的设备直接进行联机控制。

通信协议：

① 通信口设置：一位起始位，八位数据位，一位停止位。

② 软件协议：通信内部参数采用定点十六进制数，实时采样值采用四字。

笔者所在实验室泵性能测定、传热等实验中测量流量均用涡轮流量计。

3. 涡轮流量计的注意事项

① 要求被测介质洁净，减少对轴承的磨损，并防止涡轮被卡住，应在变送器前加过滤装置。

② 介质的密度和黏度的变化对指示值有影响。由于变送器的流量系数 ξ 一般是在常温下用水标定的，所以密度改变时应该重新标定。对于同一液体介质，密度受温度、压力的影响很小可以忽略温度、压力变化的影响。

③ 涡轮流量计要求水平安装，保证变送器前后有一定的直管段，一般入口直管段的长度取管道内径的 10 倍，出口取 5 倍以上。

四、涡街流量计

1. 工作原理

在流体中设置旋涡发生体（阻流体），从旋涡发生体两侧交替地产生有规则的旋涡，这种旋涡称为卡门涡街，如图 2-18 所示。旋涡列在旋涡发生体下游非对称地排列。设旋涡的发生频率为 f，被测介质来流的平均速度为 U，旋涡发生体迎面宽度为 d，表体通径为 D，根据卡门涡街原理，有如下关系式

$$f=Sru_1/d=Sru/(md) \tag{2-12}$$

式中 u_1——旋涡发生体两侧平均流速，m/s；

Sr——斯特劳哈尔数；

m——旋涡发生体两侧弓形面积与管道横截面面积之比。

$$m=1-\frac{2}{\pi}\left[\frac{d}{D\sqrt{1-(d/D)^2}}+\sin^{-1}\frac{d}{D}\right] \tag{2-13}$$

管道内体积流量 q_V 为

$$q_V=\pi D^2u/4=\pi D^2 mdf/(4Sr) \tag{2-14}$$

$$K=f/q_V=[\pi D^2 md/(4Sr)]^{-1} \tag{2-15}$$

式中 K——流量计的仪表系数，脉冲数/m^3（或 P/m^3）。

K 除与旋涡发生体、管道的几何尺寸有关外，还与斯特劳哈尔数有关。斯特劳哈尔数

为无量纲参数，它与旋涡发生体形状及雷诺数有关，图 2-19 所示为圆柱状旋涡发生体的斯特劳哈尔数与管道雷诺数的关系图。由图可见，在 $Re_{\mathrm{D}}=2\times10^{4}\sim7\times10^{6}$ 范围内，Sr 可视为常数，这是仪表正常工作范围。

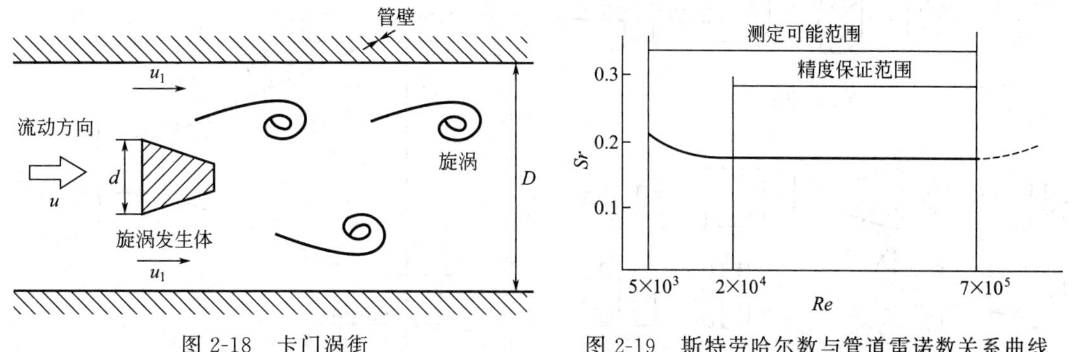

图 2-18　卡门涡街

图 2-19　斯特劳哈尔数与管道雷诺数关系曲线

$$q_{V\mathrm{n}}=\frac{f}{K}=\frac{pT_{\mathrm{n}}Z_{\mathrm{n}}}{p_{\mathrm{n}}TZ} \tag{2-16}$$

式中　$q_{V\mathrm{n}}$，q_V——分别为标准状态下（0℃或 20℃，101.325kPa）和工况下的体积流量，$\mathrm{m^3/h}$；

p_{n}，p——分别为标准状态下和工况下的绝对压力，Pa；

T_{n}，T——分别为标准状态下和工况下的热力学温度，K；

Z_{n}，Z——分别为标准状态下和工况下气体压缩系数。

由式（2-16）可见，涡街流量计（VSF）输出的脉冲频率信号不受流体物性和组分变化的影响，即仪表系数在一定雷诺数范围内仅与旋涡发生体及管道的形状尺寸等有关。但是作为流量计在物料平衡及能源计量中需检测质量流量，这时流量计的输出信号应同时监测体积流量和流体密度，流体物性和组分对流量计量还是有直接影响的。

2. 结构

VSF 由传感器和转换器两部分组成。传感器包括旋涡发生体（阻流体）、检测元件、仪表表体等；转换器包括前置放大器、滤波整形电路、D/A(数/模)转换电路、输出接口电路、端子、支架和防护罩等。近年来智能式流量计还把微处理器、显示通信及其他功能模块亦装在转换器内。

旋涡发生体是检测器的主要部件，它与仪表的流量特性（仪表系数、线性度、范围度等）和阻力特性（压力损失）密切相关，对它的要求如下。

① 能控制旋涡在旋涡发生体轴线方向上同步分离；

② 在较宽的雷诺数范围内，有稳定的旋涡分离点，保持恒定的斯特劳哈尔数；

③ 能产生强烈的涡街，信号的信噪比高；

④ 形状和结构简单，便于加工和几何参数标准化，以及各种检测元件的安装和组合；

⑤ 材质应满足流体性质的要求，耐腐蚀，耐磨蚀，耐温度变化；

⑥ 固有频率在涡街信号的频带外。

已经开发出形状繁多的旋涡发生体，它可分为单旋涡发生体和多旋涡（包括双旋涡）发生体两类，如图 2-20 所示。单旋涡发生体的基本形有圆柱、矩形柱和三角柱，其他形状皆为这些基本形的变形。三角柱形旋涡发生体是应用最广泛的一种，如图 2-21 所示。为提高涡街强度和稳定性，可采用多旋涡发生体，不过它的应用并不普遍。

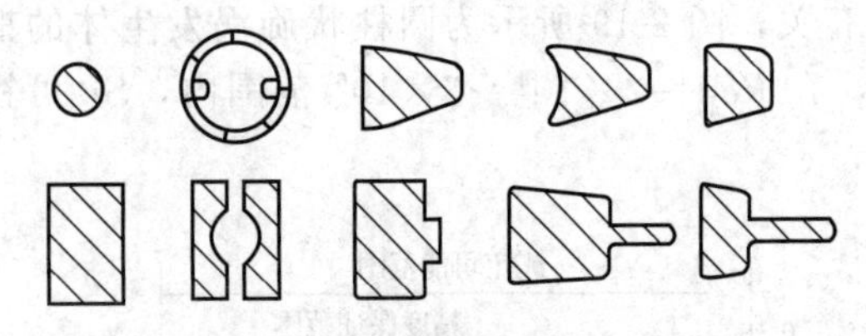

(a) 单旋涡发生体

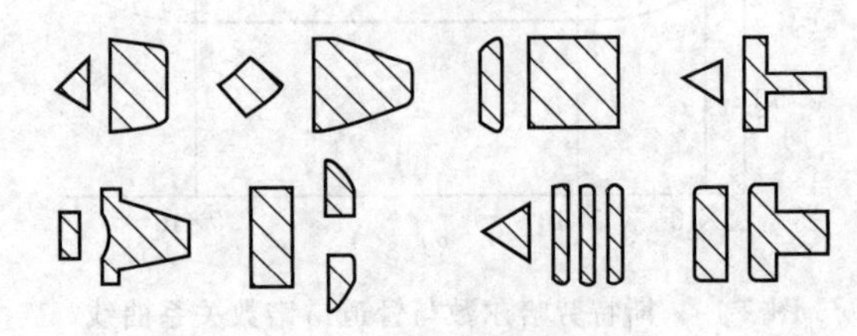

(b) 双、多旋涡发生体

图 2-20　旋涡发生体

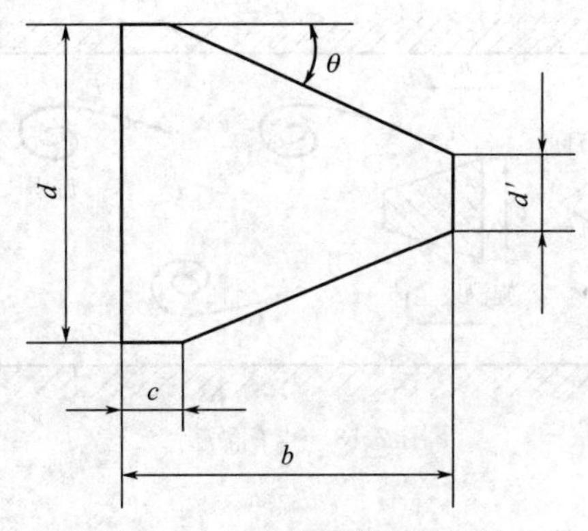

图 2-21　三角柱形旋涡发生体

$d/D=0.2\sim0.3$；$c/D=0.1\sim0.2$；

$b/d=1\sim1.5$；$\theta=15°\sim65°$

3. 检测元件

流量计检测旋涡信号有 5 种方式。

① 用设置在旋涡发生体内的检测元件直接检测发生体两侧压差；

② 旋涡发生体上开设导压孔，在导压孔中安装检测元件检测发生体两侧压差；

③ 检测旋涡发生体周围交变环流；

④ 检测旋涡发生体背面交变压差；

⑤ 检测尾流中旋涡列。

根据这 5 种检测方式，采用不同的检测技术（热敏、超声、应力、应变、电容、电磁、光电、光纤等）可以构成不同类型的 VSF，不同检测方式应配备不同特性的前置放大器。

4. 安装注意事项

VSF 属于对管道流速分布畸变、旋转流和流动脉动等敏感的流量计，因此，对现场管道安装条件应充分重视，遵照生产厂使用说明书的要求执行。

VSF 必须保证上、下游直管段有必要的长度。

电气安装应注意传感器与转换器之间采用屏蔽电缆或低噪声电缆连接，其距离不应超过使用说明书的规定。布线时应远离强功率电源线，尽量用单独金属套管保护。应遵循“一点接地”原则，接地电阻应小于 10Ω。整体型和分离型都应在传感器侧接地，转换器外壳接地点应与传感器“同地”。

五、电磁流量计

1. 工作原理

电磁流量计是根据法拉第电磁感应定律进行流量测量的流量计。

当导体在磁场中作切割磁力线运动时，在导体中会产生感应电势，感应电势的大小与导体在磁场中的有效长度及导体在磁场中作垂直于磁场方向运动的速度成正比。同理，导电流体在磁场中作垂直方向流动而切割磁力线时，也会在管道两边的电极上产生感应电势。感应电势的方向由右手定则判定，感应电势的大小由下式确定：

$$E_x = BDu \tag{2-17}$$

式中　E_x——感应电势，V；

B——磁感应强度，T；

D——管道内径，m；

u——流体的平均流速，m/s。

然而体积流量 q_V 等于流体的平均流速 u 与管道截面积 $(\pi D^2)/4$ 的乘积，代入式(2-17)得：

$$q_V = \left(\frac{\pi D}{4B}\right) E_x \tag{2-18}$$

由式（2-18）可知，在管道直径 D 已定且保持磁感应强度 B 不变时，被测体积流量与感应电势呈线性关系。若在管道两侧各插入一根电极，就可引入感应电势 E_x，测量此电势的大小，就可求得体积流量。

传感器将感应电势 E_x 作为流量信号，传送到转换器，经放大，变换滤波等信号处理后，用带背光的点阵式液晶显示瞬时流量和累积流量。转换器有 4～20mA 输出，报警输出及频率输出，并设有 RS-485 等通信接口，并支持 HART 和 MODBUS 协议。

2. 结构

电磁流量计（见图 2-22）主要由磁路系统、测量导管、电极、外壳、衬里和转换器等部分组成。

① 电磁流量计磁路系统：其作用是产生均匀的直流或交流磁场。直流磁路用永久磁铁来实现，其优点是结构比较简单，受交流磁场的干扰较小，但它易使通过测量导管内的电解质液体极化，使正电极被负离子包围，负电极被正离子包围，即电极的极化现象，并导致两电极之间内阻增大，因而严重影响仪表正常工作。当管道直径较大时，永久磁铁相应也很大，笨重且不经济，所以电磁流量计一般采用交变磁场，且是 50Hz 工频电源激励产生的。

② 测量导管：其作用是让被测导电性液体通过。为了使磁力线通过测量导管时磁通量被分流或短路，测量导管必须采用不导磁、低电导率、低热导率和具有一定机械强度的材料制成，可选用不导磁的不锈钢、玻璃钢、高强度塑料、铝等。

图 2-22　电磁流量计

③ 电极：其作用是引出和被测量成正比的感应电势信号。电极一般用非导磁的不锈钢制成，且被要求与衬里齐平，以便流体通过时不受阻碍。它的安装位置宜在管道的垂直方向，以防止沉淀物堆积在其上面而影响测量精度。

④ 外壳：应用铁磁材料制成，是分配制度励磁线圈的外罩，并隔离外磁场的干扰。

⑤ 衬里：在测量导管的内侧及法兰密封面上，有一层完整的电绝缘衬里。它直接接触被测液体，其作用是增加测量导管的耐腐蚀性，防止感应电⑥ 势被金属测量导管管壁短路。衬里材料多为耐腐蚀、耐高温、耐磨的聚四氟乙烯塑料、陶瓷等。

⑥ 转换器：由液体流动产生的感应电势信号十分微弱，受各种干扰因素的影响很大，转换器的作用就是将感应电势信号放大并转换成统一的标准信号并抑制主要的干扰信号。其

任务是把电极检测到的感应电势信号 E_x 经放大转换成统一的标准直流信号。

3. 安装方法

电磁流量计简单说是由流量传感器变送器组成的。电磁流量计的安装要求是一定要安装在管路的最低点或者管路的垂直段，但是一定是在满管的情况下，对直管段要求是前 $5D$ 后 $3D$，这样才能保证电磁流量计的使用和对精度的要求。

电磁流量计的测量原理不依赖流量的特性，如果管路内有一定的湍流与漩涡产生在非测量区内（如：弯头、切向限流或上游有半开的截止阀）则与测量无关。如果在测量区内有稳态的涡流则会影响测量的稳定性和测量的精度，这时则应采取一些措施以稳定流速分布：增加前后直管段的长度；采用一个流量稳定器。

第四节　温度测量

测温仪表通常分为接触式与非接触式两大类，前者感温元件与被测介质直接接触，后者感温元件不与被测介质相接触。其分类如下所示：

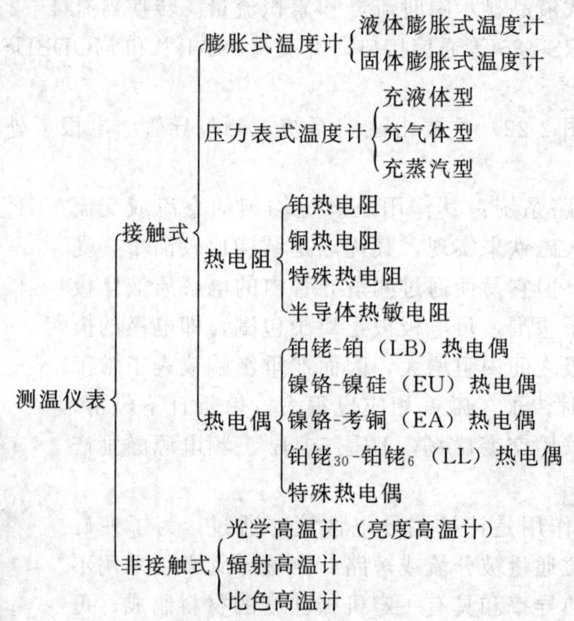

一、膨胀式温度计

常用的有玻璃液体温度计，它的测温原理应用了液体在受热后体积发生膨胀的性质。

$$V_{t_2}-V_{t_1}=V_{t_0}(\alpha-\alpha')(t_2-t_1) \tag{2-19}$$

式中　V_{t_1}，V_{t_2}——液体在温度分别为 t_1 和 t_2 时的体积，m^3；

V_{t_0}——同一液体在 0℃时的体积，m^3；

α——液体体积膨胀系数；

α'——盛液容器的体积膨胀系数。

由式(2-19) 可知，膨胀系数 α 愈大，液体的体积随温度升高而增加的数值也愈大，因此，选用 α 系数数值大的工作液体可提高这种温度计的测量精度。利用膨胀式温度计的原理可制成电接点式温度计。此温度计可起到测温和控温的双重作用。

电接点式温度计中有两条金属丝。一条是铂丝，其一头焊在玻璃温泡内，另一头烧结在玻璃外壳上作引出线用；另一条是钨丝，外面套有螺旋状的铂丝，铂丝的一端烧结在玻璃外壳上作钨丝的引出线，钨丝的另一端固定在指示铁上，操作人员可利用温度计顶端的磁钢旋动螺杆，使指示铁处在对应于给定温度的分度线上。当温度上升到给定值时，两铂丝便通过水银柱形成闭合回路，使信号器或中间继电器动作起来。温度计有两个标尺，上标尺用于调节温度的给定值，下标尺用于读数。所以电接点式温度计除能指示温度外，还可以调节控制温度。实验室里的水浴恒温就是用电接点式温度计控制的。

下面对液体温度计测量误差进行分析。误差的主要来源是：零点位移，温度计的插入深度不够，液柱断裂，温度惰性，分度误差，标尺位移，读数误差等。

为克服零点位移，厂方一般在温度计出厂前都采取了一定的措施。温度计的插入深度一般要求将液柱全部地插入被测介质，若工作条件不能满足其要求时，必须加以修正，这是因为液柱的露出部分和插入部分的所在温度不同，体积的膨胀量有一定的差异，液柱露出部分的修正值可按下式计算：

$$\Delta t=\beta h(t-t_1) \tag{2-20}$$

式中 Δt——液柱露出部分的修正值，℃；

β——工作液体与玻璃的相对膨胀系数，1/℃；

h——液柱露出的高度，℃；

t——温度计指示值，℃；

t_1——环境温度，℃。

温度计的惰性，主要是工作液的黏附性会降低温度计的灵敏度，若液柱的高度不随温度而连续变化出现跳动现象，这时就要轻弹温度计后再读数。

读数误差，读数时读者的视线应与标尺垂直，否则便会引起视差，对水银温度计是按凸出凹月面的最高点读数，对酒精等有机液体温度计则按凹月面的最低点读数。

玻璃液体温度计的校验方法如下。

① 冰点以下的校验：先将温度计插入酒精溶液内，然后加入干冰使其达到零点以下，所需温度由加入干冰的量来调整。校验用温度计一般采用二等标准温度计。

② 冰点的校验：应在冰水共存的条件下进行，因机制冰含有杂质，故其冰水共存时的温度不是真正的零点温度，因此在校验一等与二等标准温度计时，应在由蒸馏水制成的冰水中进行。

③ 95℃以下校验：在普通水溶液中进行，介质为一般自来水。

④ 100～300℃的校验：因为水在常压下于100℃沸腾，所以95℃以上的校验应在油浴中进行，选择油介质时要考虑油的黏度及闪点。对于100～200℃的校验一般用变压器油；200～300℃的检验则用52# 机油。

二、热电阻温度计

热电阻温度计的测温范围多为－200～500℃。在特殊情况下，测量的低温端可测到平衡氢的三相点（13.81K），甚至更低些，高温端可测到1000℃。其测温特点是精度高，适于测低温。

热电阻温度计的作用原理是根据导体（或半导体）的电阻值随温度变化而变化的性质，将电阻值的变化用显示仪表反映出来，从而达到测温的目的。热电阻温度计是由热电阻、连接导线和二次显示仪表三部分所组成。

与热电阻配套的二次仪表有：不平衡电桥、温度变送器，前者的代表是动圈式仪表，后者的代表是 AI 通用智能仪表和 WP 系列多路巡检仪。

1. 不平衡电桥

动圈式仪表的测量机构实际上是一个电磁式的毫伏计表头，它要求的输入信号是毫伏信号，因此，当用热电阻来测温度时，就得设法将电阻随温度的变化值转换成毫伏信号，然后与动圈仪表相配，以指示出被测对象的温度，用来将电阻随温度的变化值转换成毫伏信号的方法之一是不平衡电桥，其电路如图 2-23 所示。

由电阻 R_0、R_2、R_3、R_4 及热电阻 R_1 组成不平衡电桥。为了方便起见，取 $R_3=R_4$；$R_1+R_2=R_{t_0}+R_t+R_0$；其中 R_{t_0} 是对应于仪表刻度始点时的热电阻值，R_1 是热电阻与仪表之间每根接线的电阻值。当被测温度为仪表刻度始点温度时（即 $R_t=R_{t0}$），电桥达到平衡，流过动圈表头的电流为零；当被测温度增高时，热电阻值增大，电桥失去平衡，此时就有不平衡电流流过表头，仪表指针所指示的位置即为被测温度。所测温度越高，桥路输出的不平衡电压越高，流过动圈的电流也越大，仪表指针的偏转也将越大。

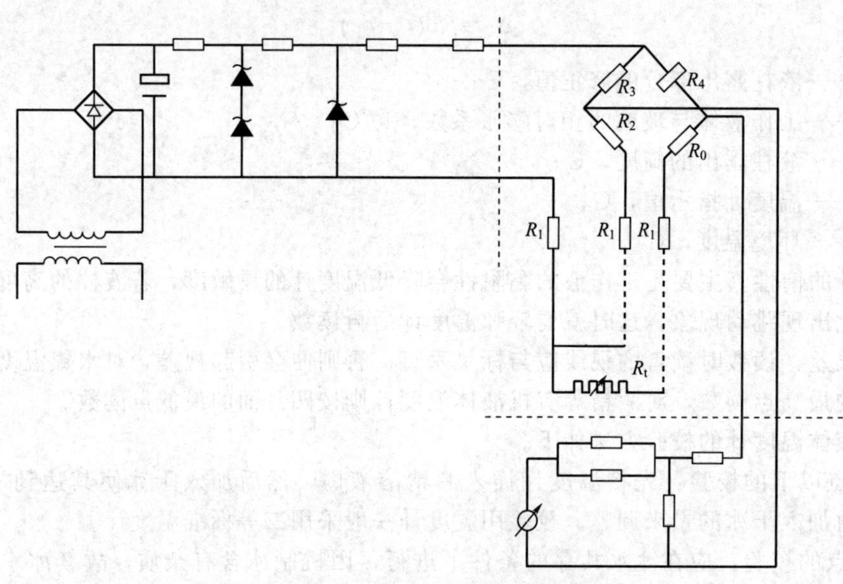

图 2-23　不平衡电桥电路示意图

2. 智能温度显示仪

智能温度显示仪具有温度变送和显示功能。

温度（温差）变送器，能与常用的各种热电偶和热电阻配合使用，将某点的温度或某两点的温差转换成相应的 0～10mA 直流电流输出。

温度变送器主要由测量桥路以及电压（毫伏）-电流（毫安）变换器两部分组成。测量桥路根据测温元件（热电偶或热电阻）的不同而不同，但输出总是一个相应于温度的毫伏电压。电压-电流变换器仅将该毫伏电压转换成相应的 0～10mA 直流电流输出，故其电路不随测温元件的不同而变化。

AI 系列仪表可将仪表的测量值对应为任意范围的线性电流输出，可作为一台有显示及温度变送输出功能的仪表使用。其设置参见本章第九节。

化工原理实验室的实验装置中大都采用 Pt100 铂电阻测温，由 AI 智能仪表变送和显示，并且向计算机通信。

3. 热电阻的校验

为了使测温准确，首先必须对电阻体进行校验，看其电阻值与温度变化的关系是否准

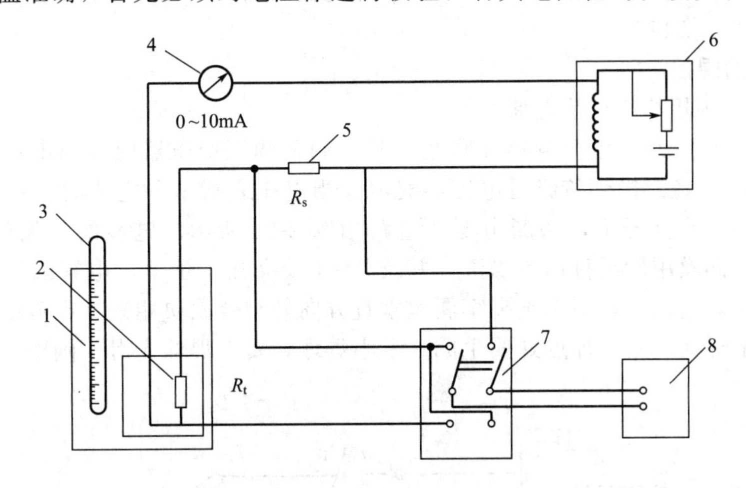

图 2-24 校验热电阻的接线图

1—加热恒温器；2—被校验电阻体；3—标准温度计；4—毫安表；
5—标准电阻；6—分压器；7—双刀双掷切换开关；8—电位差计

确。校验方法如下：按图 2-24 接线，将电阻放在恒温器内，使它达到被校验温度并保持恒温，然后调节分压器使毫安表指示约为 4mA（注意：电流不可过大，一般不超过 6mA，否则会因热电阻产生的热量过大，影响测量精度），将切换开关投向标准电阻 R_s 端，读出电位差计示值 U_s，再立即将开关投向被测电阻 R_t 端，读出电位差计示值 U_t。

按 $R_t=\frac{U_t}{U_s}R_s$ 公式求出 R_t 值（指同一校正点），经多次测量取平均值，与标准电阻的分度值校对，看其是否超差。如不超差，则该校正点的 R_t 值即为合格。

三、 热电偶温度计

1. 热电偶工作原理

热电偶是由两根不同的导体或半导体材料连接成闭合回路，如图 2-25 所示。

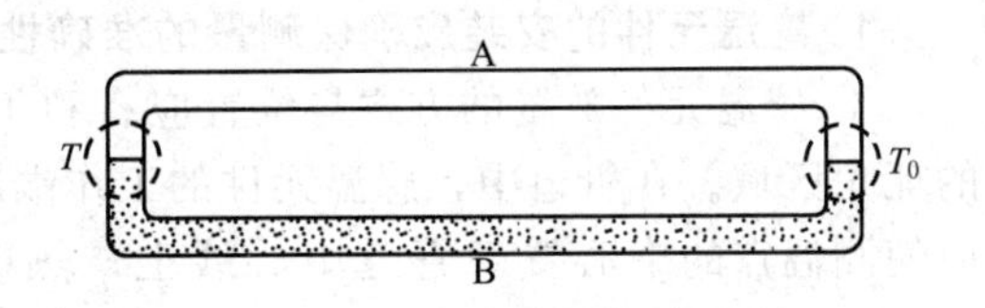

图 2-25 热电偶回路

T—工作端（测量端或热端）温度；
T_0—自由端（参比端或冷端）温度

若热电偶的两端处在不同的温度，则在热电偶的回路中便会产生热电势。若保持热电偶的冷端温度 T_0 不变，则热电势 E 便只与 T（热端温度）有关，也就是在热电偶材料已定的情况下，它的热电势 E 只是被测温度 T 的函数，即

$$E_{AB}(T,T_0)=f(T)-f(T_0) \tag{2-21}$$

当 T_0 保持不变，为某一常数时，则

$$E_{AB}(T,T_0)=f(T)-C=\varphi(T) \tag{2-22}$$

2. 显示

与热电偶配套的显示仪表：①动圈表和电位差计，属于第一代仪表（指针式）；②数字毫伏表，属于第二代仪表（数字式）；③温度变送器（智能温度显示仪表），是近年来随着计

算机发展而出现的智能仪表。

显示仪表要求输入量为毫伏信号，因此当热电偶测温时，它与仪表的测量线路可直接相连，而不需附加变换装置。

3. 热电偶的焊接

① 气焊：必须用焰心焊热电偶丝。

② 电弧焊：将一组大电介电容并联在一起．调节调压变压器使输出电压适当，一般为50V左右，合上K经二极管整流对电容器充电。当电压表指示一定值时（一般直径不太粗的热电偶丝为30V）打开K，切断电源，电路如图2-26所示：电容的一端连接一个夹子，把热电偶的两根偶丝用砂纸打掉绝缘漆，并绞3～4绞夹在夹子上，电容的另一端连接一金属块，在电容充好电以后，用夹子夹牢偶丝垂直方向并与金属块相碰，在放电的瞬间产生火花将两电偶丝熔焊在一起。焊点处要生成一个小焊球，要求焊球光滑、圆整，不能发黑、起泡、歪斜。

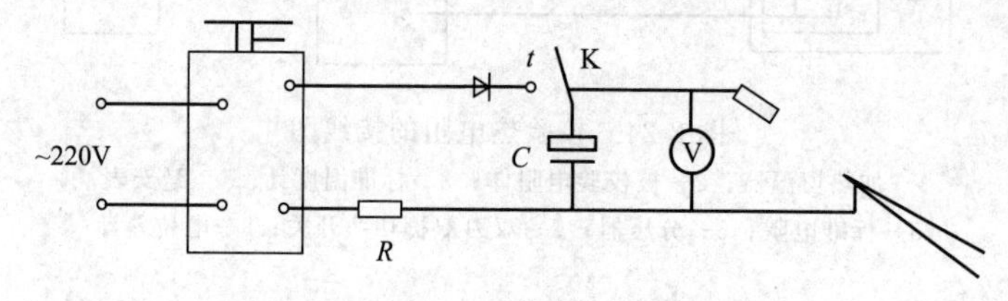

图2-26　热电偶丝电弧焊接示意图

4. 热电偶的校验

校验方法是：将被校的几对热电偶与标准水银温度计拴在一起，尽量使它们接近，放在液浴（100℃以下用水浴，100℃以上用油浴）中升温。恒定后，用测温仪精确读出温度计数值。各对热电偶通过切换开关接至电位差计（高精度），热电偶使用一个公共冷端，并置于冰水共存的保温瓶中，读取毫伏数值。每个校验点温度的读数多于4次，然后取热电偶的电势读数的平均值，画出热电偶分度表。根据毫伏数值便可在表中查出相应的温度值（℃）。

四、接触式温度计的安装

1. 感温元件的安装应确保测量的准确性

① 感温元件放置的方式与位置应有利于热交换的进行，不应把感温元件插至被测介质的死角区域。在管道中，感温元件的工作端应处于管道中流速最大之处。例如膨胀式温度计应使测温点的中心置于管道中心线上；热电偶保护套管的末端应越过流束中心线约5～10mm；热电阻保护管的末端应越过流束中心线，铂电阻约为50～70mm，铜电阻约为25～30mm。

② 感温元件应与被测介质形成逆流，即安装时感温元件应迎着介质流向插入，至少须与被测介质流向成90°角。不能与被测介质形成顺流，否则易产生测量误差。

③ 避免热辐射所产生的测温误差。在温度较高的场合，应尽量减少被测介质与管（设备）壁表面之间的温度差。在安装感温元件的地方，应在器壁表面包一层绝热层，以减少热量损失，提高器壁温度。

④ 避免感温元件外露部分的热损失所产生的测温误差。随着感温元件插入深度的增加，测温误差减小。

2. 感温元件的安装位置

① 凡安装承受压力的感温元件，都必须保证其密封性。

② 在介质具有较大流速的管道中，安装感温元件时必须倾斜安装，以免受到过大的冲蚀，最好能把感温元件安装于管道的弯曲处。

在化工原理实验室中广泛采用智能仪表变送和显示热电偶、热电阻的温度，将会在后面介绍智能仪表时讲到这一功能。

第五节　功率测量

一、 功率表测量法

1. 功率表结构

此方法可用来测量电动机输入的电功率，D26-W 型功率表的电路原理如图 2-23 所示。其动作原理与电磁系仪表相似，仅以两只固定线圈 S 代替电磁系仪表的磁钢，动圈 M 位于固定线圈之内，当仪表通电以后“S”与“M”均产生磁场，两磁场相互作用，促使可动部分产生偏转，因而可借固定转轴上的指针直接读出被测的量。

2. 功率表使用注意事项

① 使用时仪表应水平放置，尽可能远离强电流导线和强磁性物质，以免增加测量误差。

② 仪表指针如不在零位时，可利用表盖上的调节螺钉调整至零位。

③ 根据所需测量范围选择接线，如图 2-27(b) 中 I* 与 I 两个端子横向（串联）连接可测低量限，竖向（并联）连接可测高量限。

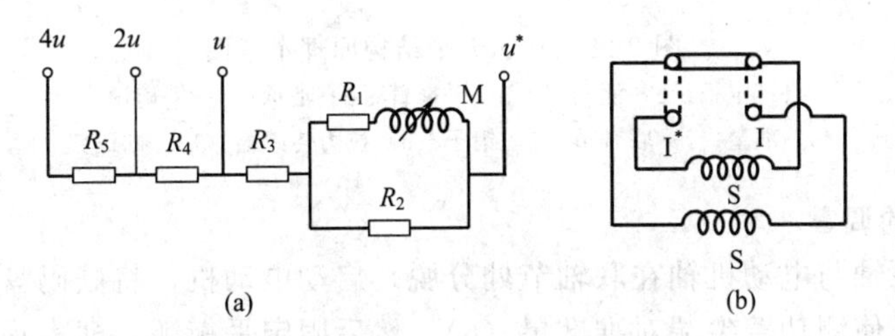

图 2-27　D26-W 型功率表电路示意图

④ 测量时如遇仪表指针反方向偏转时，应改变换向开关的极性，即可使指针顺方向偏转，切忌互换电压接线，以免使仪表产生误差。

⑤ 所测的功率值可由仪表的指示值按下式计算：

$$P=C\alpha \tag{2-23}$$

式中 P——功率，W；

C——仪表常数，即刻度每格所代表的瓦［特］数，列于表 2-3 中；

α——仪表偏转后指示格数。

表 2-3　功率表仪表常数 C 值　　单位：W/格

额定电流/A	额定电压/V						
	75	150	300	600	125	250	500
0.5	0.25	0.5	1	2	0.5	1	2

续表

额定电流/A	额定电压/V						
	75	150	300	600	125	250	500
1	0.5	1	2	4	1	2	4
2	1	2	4	8	2	4	8
2.5	1.25	2.5	5	10	2.5	5	10
5	2.5	5	10	20	5	10	20
10	5	10	20	40	10	20	40
20	10	20	40	80	20	40	80

二、 马达天平测量法

1. 马达天平的结构

如图 2-28 所示，它在交流电动机外壳（定子）的两端加装滚珠轴承（4），使外壳能自由转动，在外壳水平方向上装有测功臂（2）和平衡臂（3），平衡臂上有平衡锤（5）。

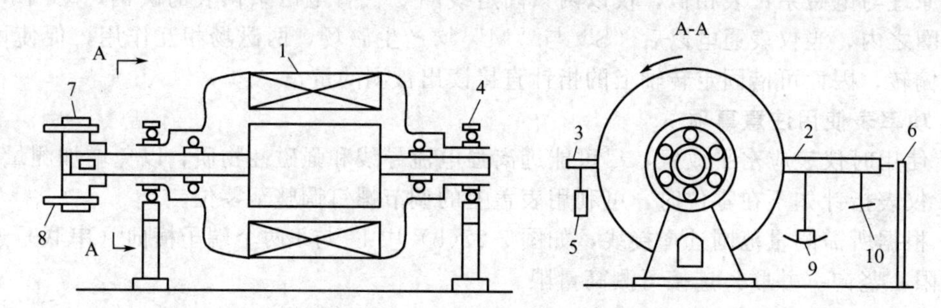

图 2-28 马达天平结构原理示意图

1—定子；2—测功臂；3—平衡臂；4—轴承；5—平衡锤；
6—准星；7—联轴节；8—销子；9—拉力传感器；10—砝码盘

2. 马达天平的调零

调零时，将泵轴与电动机轴在联轴节处分脱，启动电动机，将砝码盘挂在测功臂上，调整平衡锤的位置，使测功臂尖端对准准星（6），然后固定平衡锤，即表示电动机处于零负荷下的状况。固定好平衡锤后，将联轴节（7）中的销子（8）插入，使泵轴与电动机轴连成一体，调零完成。这项任务一般由实验室工作人员事先完成。

3. 砝码称重的操作

经调零后，启动电动机并带动泵轴转动时，反作用力会使电动机的外壳反向旋转，如图 2-28 中箭头所示。反向转矩的大小必与正向转矩相同，在某一恒定流量下，这时若在砝码盘（10）上加入适量的砝码（或者调节拉力传感仪），使测功臂尖端对准准星，根据所加砝码的质量 m（或拉力传感器显示的质量 m）和力臂的长度 L 由式(2-24) 算出转矩：

$$M=mgL=9.81mL \tag{2-24}$$

式中 M——转矩，N·m；

m——测功臂上所加砝码质量（或拉力传感器显示仪表的读数），kg；

L——测功臂长，m。

根据测得的转速，按式(2-25) 计算出泵的旋转角速度

$$\omega=2\pi n/60 \tag{2-25}$$

式中　ω——角速度，rad/s；

n——转速，r/min。

由式(2-26) 算出轴功率

$$N = M\omega = 9.81mL \times \frac{2\pi n}{60} = \frac{mLn}{0.9734} \tag{2-26}$$

式中　N——轴功率，W。

在泵性能实验中，若装置的马达天平测功臂长为 0.4867m，则

$$N = \frac{mn}{2} \tag{2-27}$$

例如，当 $m=0.433$kg，$n=2920$r/min 时，则

$N=0.433\times2920/2=632\text{W}=0.632\text{kW}$

第六节　转速的测量

一、概述

转速是指要求测量的，具有旋转运动的对象在单位时间内旋转的圈数，其单位为 s^{-1}或 r/min (rpm)，且 1rpm＝(1/60)s^{-1}。转速测量在实验、维修及实际生产中经常使用。转速的测量方法有许多，各种方法原理及应用场合不同。

二、测量方法

1. 机械离心式转速计测转速

质量为 m 的重锤在离心力 $mr\omega^2$ 作用下使下部的轴套上升或下降，转速不同，离心力不同，轴套位置不同。通过齿轮机械转动指针，显示转速（图 2-29）。这种方法测量必须是接触式测量，分为固定式和手持式，如手持式转速表就是这种转速计。

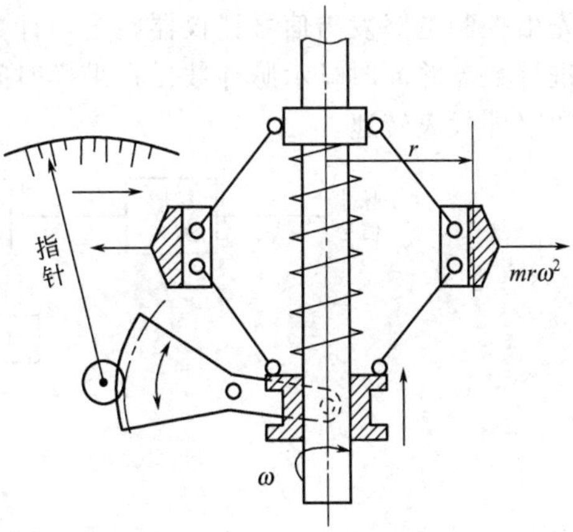

图 2-29　离心式转速计

2. 用光电传感器测转速

它由光源、光电盘、光敏二极管、检波放大电路与数显装置等组成（图 2-30）。光电盘随转轴一同转动，光敏二极管将光电盘透射来的光信号转换为电信号，然后通过计数脉冲的频率，即可在数显装置上读出旋转轴的转速。

3. 用电磁传感器测转速

这种测速系统由电磁传感器、齿盘、整形放大电路与数显装置组成（图 2-31），齿盘上带有均匀分布的齿牙，当旋转轴带动齿盘旋转时，即齿盘有角位移时，磁路中磁阻变化。在感应线圈内产生感应电动势，经放大、整形后输出方波电脉冲信号，每一凸起部分发出一个脉冲。电磁传感器输出脉冲信号后，通过传输线接到计数器上整形计数后用数字形式显示被

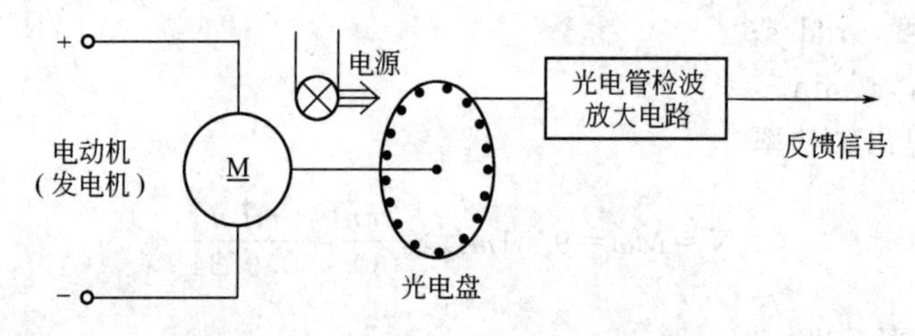

图 2-30　光电传感器结构示意图

测转速。

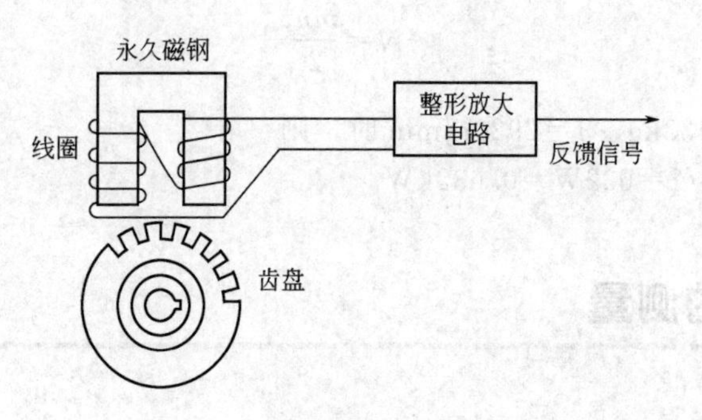

图 2-31　电磁传感器结构示意图

4. 频率计

频率计原理如图 2-32 所示，其中振荡器和分频器产生标准采样时间间隔，仪器工作时首先由控制电路发出信号让仪器归零，计数门关闭；采样时间开始，计数门打开，信号进入十进计数器并同时显示脉冲数目；采样时间结束，控制电路令计数门关闭。这时显示器显示的数字即代表转速。

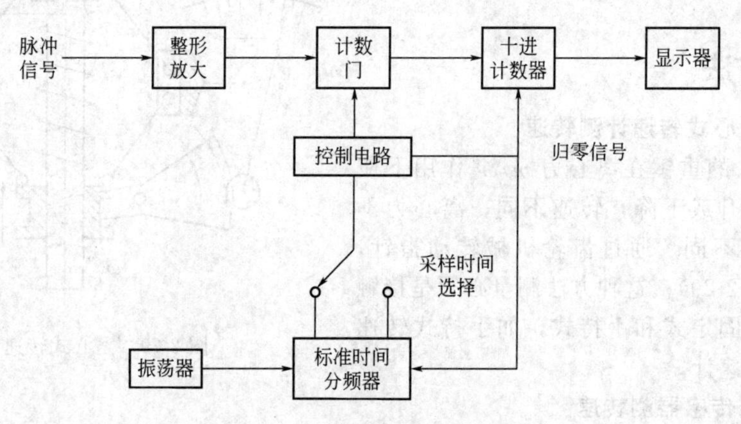

图 2-32　频率计原理框图

水泵实验中转速测量采用的是电磁传感器，由导磁的齿盘和绕有线圈的磁极组成，齿盘与泵轴一起转动，每个齿经过磁极时都使齿盘与磁极之间的气隙磁阻发生变化，磁极上的绕阻中感生一个脉冲电势。转速愈高，脉冲频率愈高，脉冲频率以输入频率计，最终由智能显示仪表显示转速高低，所显示的数字即代表泵轴的转速。

三、 智能显示仪表

采用智能仪表如“PID 自整定数字/光柱调节仪”作为转速显示仪表。

仪表将光电传感器输入的电流信号经过单片机积算直接输出转速值，光柱显示控制仪集数字仪表与模拟仪表于一体，可对测量值进行数字量显示（双LED数码显示），并同时和计算机通信。

转速显示仪表的型号是C40，它的仪表面板如图2-33所示。

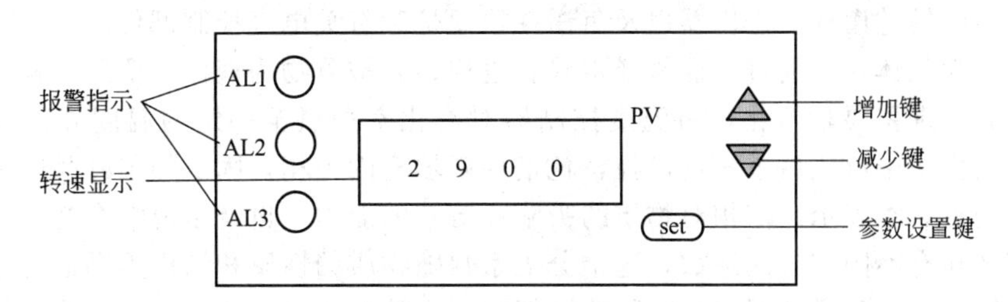

图2-33 C40仪表面板

仪表无电源开关，接入电源即进入工作状态。仪表在接入电源后，可立即确认仪表设备号及版本号。3s后，仪表自动转入工作状态，PV显示测量值。

第七节 成分分析仪

成分分析所涉及的物理原理、化学原理和被测对象很广，混合物中各组分的任何物理性质的差别都可作为分析的基础。化工原理实验室中常用的分析仪器主要是气相色谱仪、奥氏分析仪、二氧化碳气敏电极。

一、 气相色谱仪

（一） 气相色谱仪组成

气相色谱基本流程如图2-34所示，大体分为以下三个方面。

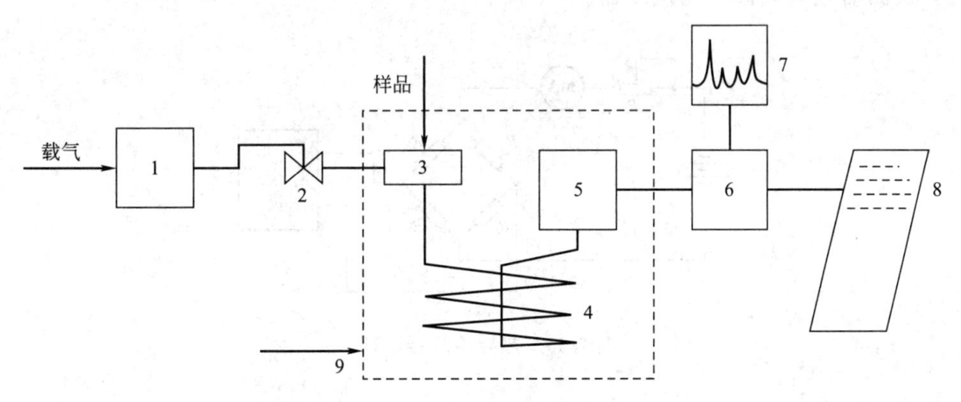

图2-34 气相色谱基本流程

1—载气净化器；2—调节阀；3—进样器；4—色谱柱；5—检测器；6—微处理机；7—记录仪；8—打印报告；9—色谱恒温炉

1. 气流系统

气相色谱是以气体做流动相的色谱分析（分离）仪器，这个气体通常称载气。气流系统主要是载气和检测器用的助燃气与燃烧气等控制用的阀件，测量用的流量计、压力表以及净化用的干燥管、脱氧管。

载气由高压钢瓶供给，经过减压阀减压输出。由净化器中的吸附剂加以净化，以除去水分和杂质。载气进入仪器后，由稳压阀将载气的压力稳定，再经过稳流阀使流量恒定。经过转子流量计、压力表分别显示流量和压力，然后进入汽化室进样器。

2. 分离系统

包括分离用的色谱柱、进样器以及色谱柱恒温炉和有关电气控制部件。

若被测物为气体，可通过六通阀经定量管进样；若被测物为液体，要经过样品处理后方可进样。样品处理主要是汽化，由温度控制器对汽化室加热至一定的温度并保持此温度恒定。样品在汽化室中汽化后进入色谱柱，色谱柱内填充固定相，固定相与样品间的相互作用用分配系数表示，它表示固定相对物质的吸附和溶解的能力，也就是说混合物各组分在固定相和流动相之间有不同的分配系数，这个分配系数随物质的性质和结构不同而有差异。分配系数较小的组分，也就是被固定相吸附或溶解的能力较小的组分，移动速度快；反之，分配系数大的组分移动速度慢。只要组分之间分配系数有差异，混合物在两相中经过反复多次的分配，差距会逐渐地拉大，最后分配系数较小的组分先流出，分配系数较大的组分后流出，从而混合物的各组分得到了分离。

3. 检测、 记录和数据处理系统

包括检测器、记录器、积分仪、微处理机及有关电气部件。

通过检测器来实现非电量转换，以热导检测器为例，热导检测器的主要部分是热导池，它由金属块体做成。热导池上有四个孔，孔内插有热敏元件，热敏元件一般是由铼钨丝做成惠斯登电桥，如图 2-35 所示。其中两个臂为参考池，即图中 R_1、R_3，另二臂为测量池，即图中 R_2、R_4。热导池被温度控制器加热并恒定，当被测气体从色谱柱后流入检测器时，被测气体和载气（测量池）的热导率与纯载气（参考池）的热导率是不同的，因此在热敏元件上带走了不同的热量，引起其阻值的改变，从而破坏了桥路平衡的条件，在电桥线路上就产生了一个信号（不平衡电势），使非电量转变成了电量，经过放大后送到记录仪留下了样品浓度的函数图形，这就是色谱峰。可通过求峰面积的方法或者由色谱数据处理算出样品浓度。另一检测器是氢焰离子化检测器。

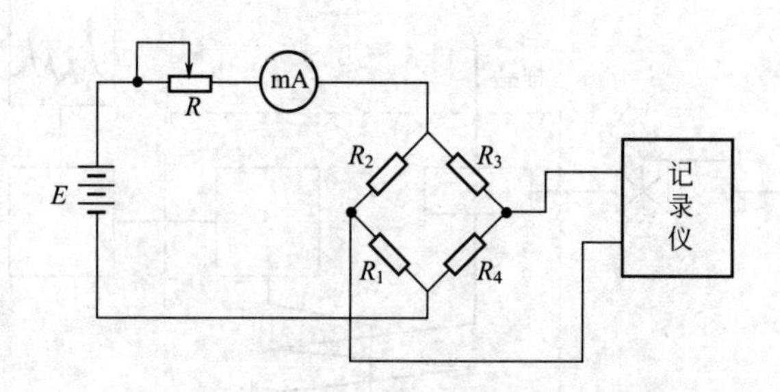

图 2-35　热导检测器原理

（二） 气相色谱操作使用方法（以 SP-6800A 气相色谱为例）

SP-6800A 是由单片机控制的有较高性能价格比的气相色谱仪，具有热导池（TCD）、氢焰离子化（FID）两种检测器，色谱柱有填充柱和毛细管柱，可以进行恒温及程序升温操作。

第一部分　键盘及其操作

温度及检测器（除调零外）由键盘控制。

打开电源总开关，显示器显示 READY，表示自检完成，微机正常，可进入键盘操作。

1. 键盘介绍

(1) 功能键

“温度参数”键用于设定温度参数，采用循环方式，一键可设定多个参数。

“程序参数”键用于设定程序升温参数，采用循环方式，一键可设定多个参数。

“加热”键用于启动加热，并循环显示四点温度，用于恒温操作。

“停止”键用于停止加热。

“显示”键用于固定显示某一路温度。

“程序”键用于启动程序升温过程。

“FID 衰减”键用于设定氢焰检测器输出衰减。

“灵敏度”键用于设定氢焰灵敏度。

“TCD 衰减”键用于设定热导输出衰减。

“TCD 桥流”键用于设定热导桥流。

“·”键用于设定升温速率。

“TCD 极性”键用于改变热导输出信号极性。

“FID 极性”键用于改变氢焰输出信号极性。

(2) 指示灯

加热灯：表示处于加热状态。

恒温灯：当已设定路数实际温度均处于设定点温度的±0.5℃以内时，恒温灯亮。

报警灯：当任一路实际温度超过设定温度 15℃以上时，报警灯亮。

初始灯：表示处于程升初始段。

升温灯：表示处于程升线性升温段。

终温灯：表示处于程升终温段。

(3) 显示器

由 8 位 16 段的显示器组成，显示字符意义如下：

OVEN. 或 OVE. 表示柱室。

DETE. 或 DET. 表示氢焰检测器。

INJE. 或 INJ. 表示汽化室。

AUXI. 或 AUX. 表示热导检测器。

I. TIM. 表示程升初始时间。

RATE. 表示升温速率。

F. TEM 表示程升终温。

F. TIM 表示程升终止时间。

F. ATT 表示氢焰放大器输出衰减。

SENS. 表示氢焰放大器灵敏度。

T. ATT. 表示热导控制器输出衰减。

CURR. 表示热导检测器的桥流。

HALT. 表示处于停止加热状态。

2. 操作

(1) 温度参数的设定及检查

按“温度设定”显示：DETE.—×××。

此后可按氢焰检测器的温度，如按“0”“9”“5”显示：DETE.—095。

设定检测器温度为 95℃。

再按“温度参数”显示：INJE.—×××，可同上设定汽化温度。

再按“温度参数”显示：AUXI.—×××，可同上设定热导池温度。

再按“温度参数”显示：OVEN.—×××，可同上设定柱室温度。

再按“温度参数”又显示：DETE.—095。

(2) 程升参数的设定及检查

按“程升参数”显示：I. TM1—×××，可设定初始时间 1（min）。

再按“程升参数”显示：RAT1—×××，可设定升温速率，如设定为 0.5℃/min，可以按“0”“0”“.”“5”，注意只有第二位数字输入完以后小数点键才起作用。

再按“程升参数”显示：F. TE1—×××，可设定终温 1。

再按“程升参数”显示：F. TM1—×××，可设定终时 1。

再按“程升参数”显示：RAT2—×××，可设定升温速率 2。

再按“程升参数”显示：F. TE2—×××，可设定终温 2。

再按“程升参数”显示：F. TM2—×××，可设定终时 2。

再按“程升参数”显示：RAT3—×××，可设定升率 3。

再按“程升参数”显示：F. TE3—×××，可设定终温 3。

再按“程升参数”显示：F. TM3—×××，可设定终时 3。

注意：

① 温度最大为 399℃在最高位输入 4 以上数字时，微机均以 0 对待，这样可防止误设。

② 数字键输入，采用左进入方式，输入 2 位或 1 位数时，前面必须输入 0。

③ 初时、终时以分钟为单位，最大数字为 250。

④ 如仅进行 1 阶或 2 阶程序升温，应将上一阶升温速率设定为 000 即可，如做 1 阶程序升温，即须设定 RAT2＝000。

(3) 恒温操作

在设定完各点温度值后，按“加热”键即可（同时加热灯亮），各路都恒温后，恒温灯亮。

注意：升温过程中，也可造成恒温灯短时亮，只有温度稳定后，恒温灯才一直亮着，才可以进行分析。

(4) 程升操作

设定完各项参数后，先按“加热”键使柱室处于初温并恒定，然后按“程升”键，即开始程序升温过程。

注意：①一旦开始程升过程，不准按“加热”键，但可按“显示”键，观察柱室温度；②在程升过程中，不准修改程升参数。

(5) 停止加热

按“停止”键，停止加热，加热灯灭，程升指示灯灭，但保留设定参数。

(6) 检测器控制

① FID 检测器控制　按“FID 衰减”，显示 F. ATT—×××，表示氢焰的输出衰减，如设定衰减为 1/64，可顺按“0”“6”“4”，显示 F. ATT—064；再按“FID 衰减”，即切换为 1/64。

注意：输出衰减为 2 的倍数，可设定为 1、2、4、8、16、32、64、128。如输入数字为其他数时，当再按“FID 衰减”后，显示数字仍为以前衰减值（即刚输入的数字不对，按无效处理）。

氢焰输出衰减初始化值为×1，按“灵敏度”显示：SENS——×，表示 FID 灵敏度状态。对应关系：1——10^1，2——10^2，3——10^3，4——10^4。

例如设定为 10^3。

可按“灵敏度”“3”“灵敏度”即切换为 10^3。

注意：灵敏度仅可设定为 1、2、3、4，当输入其他数字时，再按“灵敏度”仍显示以前的状态。灵敏度初始值为 4（10^4）。

按“FID 极性”显示不变化，改变氢焰输出信号极性。

② 热导检测器控制

热导衰减：操作类同氢焰衰减，见上。其初始化值为×1 档。

热导桥流：按“热导桥流”显示：CURR.—×××表示热导桥流（mA）。

如设定为 177mA 可按“热导桥流”＋“1”＋“7”＋“7”＋“热导桥流”，即设定为 177mA。

注意：桥流最大设定为 200mA，200mA 以上不能设定；初始化值为 0mA；按“TCD 极性”可改变热导输出信号的极性。

说明：6800A 具有掉电参数保护功能，温度、程升及检测器灵敏度、衰减一旦设定后，不受关机影响，下次开机后，只需按“加热”即可运行。

第二部分　热导检测器的使用及注意事项

热导检测器采用半扩散结构，100Ω 铼钨丝，恒流源供电，内置前置放大。

1. 使用注意事项

① 载气中应无腐蚀性物质，注意气路净化。

② 使用前应先通载气 10～30min，将管路的气体赶去，防止铼钨丝氧化，未通载气时，严防设置桥流，否则会烧坏铼钨丝。

③ 不能用气体直接吹热导检测器，或有较大的气体流冲击。

④ 不允许有强烈机械振动。

⑤ 不能将 TCD 处于风口处，否则影响基线。

⑥ 如果停机，应先关电源，等到热导检测温度降至 100℃以下时，再关气源，这有利于铼钨丝寿命。

⑦ 在灵敏度足够的情况下，应降低桥流使用，这样可提高仪器稳定性，增加 TCD 寿命。

⑧ TCD 的气体流速量应在检测器的放空处，用皂泡流量计测量，一般气体流速在 50mL/min 时，灵敏度较佳。

⑨ 使用不同载气时，不同温度下，桥电流允许值见表 2-4。

表 2-4　桥电流允许值

温度/℃ 桥电流/mA 载气	100	150	200	250	300
H_2	200	175	150	100	75
N_2	125	100	75	50	25

2. 使用方法

① 先通载气：调节两个载气支路上稳流阀，使热导放空处流速一致。

② 打开电源开关，选择桥流及衰减。

③ 设定柱室、汽化室及热导温度，启动加热。

④ 待恒温后（恒温灯亮），打开记录仪或色谱工作站，用仪器面板上的 TCD 调零电位器（粗、细调）将基线调至 0.5mV 处，待基线稳定后进行分析。

⑤ 灵敏度及稳定性测试

测试条件：

色谱柱：5%SE-30，Chromosorbw，Aw，DMCS担体，60～80目，柱长2m，不锈钢柱；柱温100℃，汽化100℃，热导检测器100℃；桥流175mA，衰减×1；样品苯，进样量0.3μL。

稳定性：记录仪置于5mV挡，175mA桥流×1衰减挡时，基线漂移≤记录仪量程3%/h。

灵敏度：
$$S=\frac{1.065h(W_1/2)KF}{dW}\text{mV}\cdot\text{mL/mg} \tag{2-28}$$

式中 h——峰高值，mV；

$W_1/2$——以分表示的半宽；

F——载气流速，mL/min；

W——进样量，mg；

d——相对密度；

K——记录色谱峰时的输出衰减数和记录基线时输出衰减数之比。

例如：苯峰高3.8mV，半宽0.058min，柱后流速50mL/min，进样0.3μL，进样时输出衰减64，苯相对密度0.88。

$$S=\frac{1.065\times50\times64\times0.058\times3.8}{0.88\times0.3}=2845\text{mV}\cdot\text{mL/mg}$$

（三） 六通阀

分析液体时，采用微量进样器注射进样。当进行气体分析时，要采用六通阀进样，如图2-36所示。

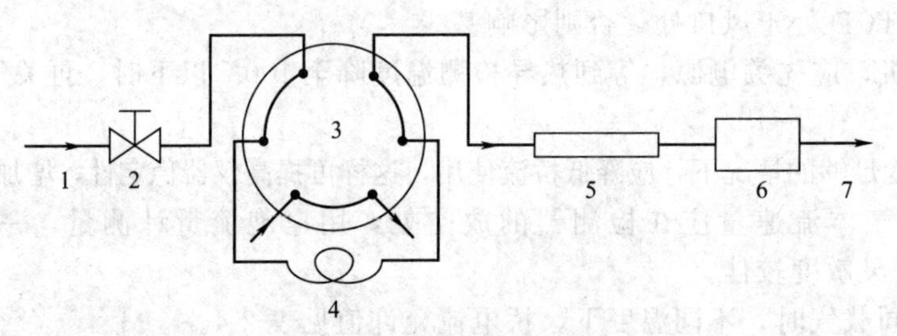

图2-36 六通阀气路流程

1,7—载气；2—稳流阀；3—进样六通阀；4—定量管；5—色谱柱；6—检测器

（四） 色谱工作站

1. 概述

色谱工作站是根据色谱分析仪进样实验所采集的数据，即色谱柱流出物通过检测器系统时所产生的响应信号对时间或者载气流出体积的曲线图、数据、实验结果，对样品进行分析的计算机系统工作站。

色谱工作站由计算机、数据采集卡、通信线、信号线、启动开关组成。

2. 相关概念

① 色谱图：色谱柱流出物通过检测器系统时所产生的响应信号对时间或者载气流出体积的曲线图。

② 色谱峰：色谱柱流出组分通过检测器系统时所产生响应信号的微分曲线。

③ 基线：峰的起点与终点之间所连接的直线。

④ 峰高：从峰的最大值到峰基线的距离。

⑤ 峰宽：在峰两侧拐点处所作切线与峰基线相交两点之间的距离。

⑥ 数据采集：在采集数据的过程中，分析仪器所输出的信号在采集器中由模拟信号转化为数字信号。数字信号传送到N2000色谱工作站并保存在信号数据文件中。

⑦ 积分：积分是从信号曲线上确定峰并计算其大小。积分是定量计算必不可少的。N2000色谱工作站积分时，先是辨别每一个峰的开始及结束时间，并用“|”符号标记这些点，同时寻找这些峰的顶点，确定保留时间，建立基线，计算峰面积、峰高及峰宽。这些过程由积分参数表、时间表、手动积分事件表控制。

⑧ 定量：使用峰面积或峰高来确定样品中化合物的浓度，包括以下过程：弄清并鉴别所分析的化合物；建立分析含有这种化合物样品的方法；分析含有已知化合物浓度的一个或几个标准样品，以获得该浓度下的响应，并计算出响应因子；分析未知浓度的化合物样品，以得到未知浓度的响应；将未知浓度的样品与标准样品进行比较，并利用标准样品的校正因子来确定未知样品中化合物的浓度。

为了获得未知样品响应与标准样品的有效比较，必须在相同的条件下采集和处理数据。

⑨ 校准：校准是通过进样分析指定的准备好的标准样品，来确定计算绝对组分浓度的响应因子的过程。

⑩ 重复次数：同一浓度的标准样品平行进样的次数

⑪ 校准点数：由一个校准不同样品浓度的校准点组成。

⑫ 标准样品：也称校准样品或标准混合物，是含有用于定量的已知数量的化合物样品。标准样品可从国家标准试剂供应商处买到。

⑬ 标准曲线：是从一个或多个标准样品中获得的化合物的数量与响应数据的图形表示。

⑭ 报告：报告包含所分析样品的质及量的信息。报告可以直接打印，或在屏幕上显示，报告可包括运行中所测峰的详细信息及所得的信号图。

⑮ 组分表（即ID表）：工作站组分表就是用来鉴别峰，判定组分名称，进行非归一法计算时的依据。

3. 在线操作

N2000工作站的基本操作方法：进入N2000工作站→编辑实验方法→选择积分方法及参数→编辑组分表→校正曲线→修改谱图显示内容→数据采样→编辑报告→打印报告。

① 进入工作站：点击桌面开始菜单，拉出程序菜单，点击N2000型在线色谱工作站下的串口设置图标，设置串口。然后再点击在线色谱工作站即可进入工作站。

② 用鼠标点击打开通道1或打开通道2，并单击OK按钮。

③ 输入实验信息：进入N2000型在线色谱工作站后，选择所需打开的采样通道出现一个输入实验信息对话框，工作站系统自动调入一个缺省方法，可以用中文输入实验信息，包括实验标题、实验者、实验单位、实验简介，另外工作站还自动填好实验时间和实验方法。

④ 编辑实验方法：第一次使用，可以根据实际情况，结合工作站给出的缺省方法进行修改，然后另存为一个方法文件。下次只要重新打开这个方法就可以了。

用鼠标点击方法菜单、选择一个喜欢的文件保存方式、用鼠标点击下方的第二个积分菜单，选择好积分参量（即使用什么作为积分对象）及积分方法。

分析参数包括峰宽、斜率、样品重量、漂移、最小面积、时间变参、锁定时间、停止时间。建议直接使用系统提供的默认参数。

编辑组分表：很简单，只要点击谱图按钮，当点击谱图弹出对话框时，选择一个谱图文件.DAT 并点击打开按钮。打开目标谱图文件，按下 Shift 键，用鼠标单击选中所要计算的色谱峰，然后单击插入按钮，工作站就会弹出一个对话窗口，并自动将时间等参数填好，只要输入空白的组分名、范围及其他就可以了，点击删除和修改功能键还可以轻松删除或修改已经输入的组分表信息。

注意：增加或修改了组分表以后，一定要单击一下采用按钮。

⑤ 进行曲线校正：单击校正按钮、单击组分含量，弹出组分含量表对话框，根据需要输入样品（包括标样）组分含量，单击 OK 按钮即可；在输入一组组分含量后，还必须加入标样图。

单击加入标样按钮，选择一个标样图谱.DAT 文件并打开这个文件样图。当弹出对话框时，点击所选择的样标谱图即可。

还可以输入另一组组分含量，并加入标样，其操作与第一组组分含量输入相同。单击校正完毕按钮，便可完成曲线校正了。

单击谱图显示、修改以下内容：时间显示范围、电压显示范围、谱图显示颜色（包括谱图颜色、基线颜色、分割线颜色、注释颜色）、注释内容的选择，单击采用。

⑥ 编辑报告：其中报告内容包含了实验报告上是否要显示积分方法、积分表、时间程序表、组分表、积分结果等。

谱图显示包含了网格显示、基线显示、注释内容选项（包括峰名、峰高、保留时间、含量、峰面积和无注释）。

⑦ 采样：一共有四个方法可供选择。

最简单的方法是按下相应通道的遥控开关；

第二个方法应该是用鼠标单击右上角的相应通道的采样按钮；

第三个方法是单击数据采集菜单，再单击谱图监视窗口右边的“采集数据”；

第四个方法是按热键 F5 键（通道 1）、F7 键（通道 2）。

当设置的停止时间到了，或在单击停止采样时，工作站就自动将谱图及实验信息保存在依照所设置的文件保存方式而生成的 ORG 文件和相应 DAT 数据文件里，并弹出一个对话窗口提示。当不需要保存谱图时，只要单击放弃采集就可以了。

如果想先看看色谱仪输入的信号，在先单击数据采集按钮以后，再单击查看基线按钮即可。

4. 离线色谱工作站

① 比较谱图：分开显示谱图与合并显示、谱图的对齐、两个谱图相加减的功能。

② 手动积分：手动画基线、强制改变峰类型（单峰/重叠峰/拖尾峰）、移动起点/移动结束点、增加分割线/删除分割线、添加峰、前向水平基线/后向水平基线、添加负峰/删除负峰。

③ 模拟显示：积分完成后的报告，可以采用不同的比例显示。

二、二氧化碳液相浓度的气敏电极分析法

（一）原理

二氧化碳气敏电极是基于界面化学反应的敏化电极，实际上是一种化学电池，它以平板玻璃电极为指示电极，以 Ag-AgCl 为外参比电极，这对电极组装在一个套管中，管中盛有电解质溶液（电极内充液），管底部紧靠选择性电极敏感膜。装有透气膜使电解液与外部试液隔开，如图 2-37 所示。

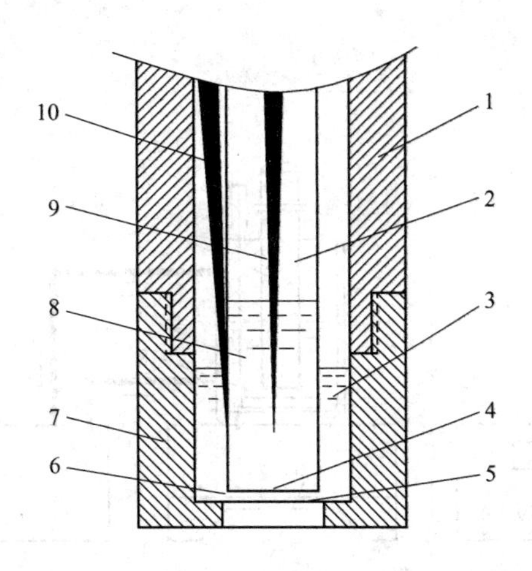

图 2-37　CO_2 气敏电极示意图

1—电极管；2—pH 玻璃电极；3—电极内充液；4—玻璃电极敏感膜；5—透气膜；
6—电解质溶液薄层；7—可卸电极头；8—离子电极内参比溶液；
9—内参比电极；10—Ag-AgCl 外参比电极

测定试液中 CO_2 时，向试液中加入适量的酸，使 HCO_3^- 转化成 CO_2 气体，CO_2 气体扩散透过透气膜，进入气敏电极的敏感膜与透气膜间的极薄液层内，使得 $NaHCO_3$ 电解质溶液平衡发生移动，由玻璃电极测得其 pH 值的变化，从而间接测得试液中 CO_2 浓度。

CO_2 气敏电极与 Ag-AgCl 电极组成如下工作电池：

根据理论分析，此时电池的电动势为

$$E=K-(2.303RT/F)\lg[HCO_3^-] \tag{2-29}$$

可见，在一定的实验条件下，溶液中 HCO_3^- 浓度的对数值与电池的电动势 E 呈线性关系。为此，可配制一系列已知 HCO_3^- 浓度的溶液，测出其相应的电动势，然后把测得的 E 值对 lg［HCO_3^-］值绘制标准曲线（或回归成 E 与 lg［HCO_3^-］的线性关系），在同样条件下测出对应于欲测溶液的 E 值，即可从标准曲线上查得试液中的［HCO_3^-］（或由回归方程求得）。

（二） 测试装置与方法

1. 测试仪器

PHS-3C 型酸度计（上海雷磁分析仪器厂）。

502 型 CO_2 气敏电极（江苏电分析仪器厂）。

501 型超级恒温槽。

电磁搅拌器，玻璃夹套杯，50℃精密温度计。

2. 装置流程

CO_2 气敏电极测量装置流程如图 2-38 所示。

3. 实验用药品

NaCl（分析纯），$NaHCO_3$（分析纯），浓硫酸（化学纯），柠檬酸三钠，AgCl 晶体。

4. 试验方法

(1) 溶液配制

① 电极内充液　准确称取 0.8401g$NaHCO_3$（室温干燥 24h）和 5.844gNaCl（100℃干燥），溶于 AgCl 饱和液中。配制成 1000mL 溶液。

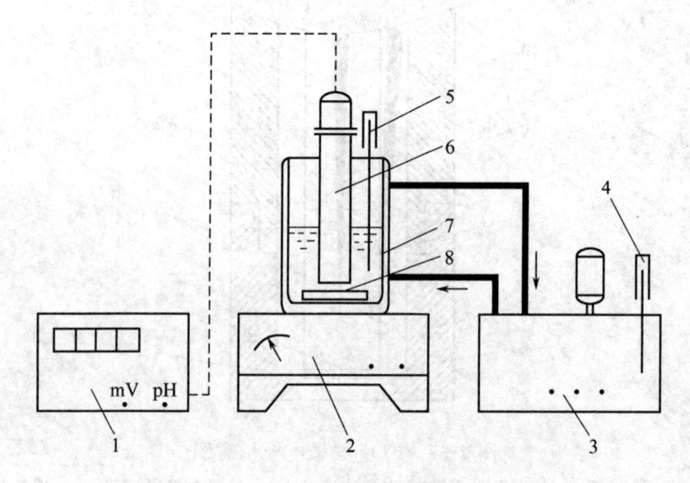

图 2-38 CO_2 气敏电极测量装置流程

1—PHS-3 型酸度计；2—电磁搅拌器；3—超级恒温槽；4—接触温度计；
5—精密温度计；6—气敏电极；7—玻璃夹套杯；8—搅拌棒

② $NaHCO_3$标准液 准确称取 8.401g$NaHCO_3$（室温干燥 24h），溶于去离子水中，并稀释成 1000mL，即成 10^{-1}mol/L 溶液，然后逐级稀释成 10^{-2}～10^{-6}mol/L 的 $NaHCO_3$标准液。

③ 0.5mol/L H_2SO_4溶液 量取 98%浓硫酸 27.2mL，用水稀释成 1000mL 即可配得。

④ 0.333mol/L 柠檬酸三钠溶液 称取 148.5g 柠檬酸三钠，溶于 1000mL 水中。

(2) 电极预处理

① 取出玻璃平板电极浸泡在去离子水中，活化 24h 以上。但要注意，Ag-AgCl 电极在活化时不要浸入水中。

② 活化后的玻璃平板电极用去离子水和电极内充液冲洗，套管亦先后用去离子水和电极内充液冲洗，然后往其中加入一定的内充液，装好电极。

③ 将电极置于去离子水中反复冲洗直至 $E \geqslant 450$mV，这时取出电极，吸干水分，电极方可使用。

(3) 试验方法

取 25mL 试液置于玻璃夹套杯中，开动恒温水浴和电磁搅拌器，并向杯中注入 2.5mL 0.333mol/L 柠檬酸三钠溶液，等温度稳定后，再向杯内加 5mL 0.5mol/L H_2SO_4溶液，等酸度计所显电动势（mV）降至最低时，记下该读数值，这就是所要测得的数据。

倒去杯内试液，用去离子水冲洗玻璃夹套杯和电极，使电极的电动势 $E \geqslant 450$mV，用滤纸吸干电极套管外壳及膜外的水分，再测另一试液。

测量大量试样时，应尽可能先测低浓度，后测高浓度，这样可以缩短平衡时间。

（三） 数据处理

① $E \sim \lg[CO_2]$ 的关系：按上述实验方法，在每次开始实验前，由实验室人员测定 30℃时 $NaHCO_3$标准液的电动势（mV），并回归出 $E \sim \lg[CO_2]$ 关系式，并存于吸收实验的数据处理程序中，供实验者使用。

② 将实验测得试样的电动势（mV）代入回归方程，即可求得液相中 CO_2浓度。

③ 计算示例如下。

【例 2-1】 已知 30℃条件下，$NaHCO_3$ 标准液的回归方程为 $E=-45.5\lg[CO_2]+230.5$mV，试问当吸收塔塔底液相试样在 30℃相同条件下测得的电动势为 346mV 时，其浓度为多少？

解：代入上述回归方程得

$$\lg[CO_2]=\frac{346-230.5}{-45.5}=-2.538$$

由于液体低浓度，取液体密度为 1000kg/m³，分子量为 18kg/mol，则塔底液相的摩尔比为

$$X=10^{-2.358}/(1000/18)=5.21\times10^{-5}$$

第八节 控制器

化工原理实验室中用到的控制器有温度控制器、流量控制器、回流比控制器、液位控制器等。

一、温度控制器

目前实验室中使用的控温仪品种比较多，主要有可控硅温度控制器、导电表、智能仪表温度控制器等。

（一）可控硅温度控制器的组成

控制器主要由如下三部分组成：

(1) XCT-160 动圈式温度指示调节仪

它由两部分组成，即测量指示部分与调节部分。测量部分：测量元件（热电偶或热电阻）感温产生毫伏信号，由表头指针指示出测量元件感受的温度值。调节部分：主要是一个电流输出 PID 调节放大器，它由阻容反馈网络、电子调谐位移偏差检测高频振荡器和直流放大器组成。

(2) ZK-1 可控硅电压调整器

它是一个单结管触发器。将 XCT-190 调节仪输送来的具有 PID 调节规律的电流信号，转换为具有同样调节规律的移相触发脉冲。

(3) 可控硅主回路

主回路是由两个可控硅相反地并联在一起，接成如图 2-39 的形式，两个可控硅分别在电流的正负半波轮流工作，当 A 点电位高于 B 点电位时，对 KP_1 输入正向触发脉冲，它就导通，负载上就得到电流方向如图中箭头(1) 所示，当 B 点电位高于 A 点电位时，在相应时间对 KP_2 加入正向触发脉冲，KP_2 就导通，负载上又得到一个电流，方向如图中箭头(2) 所示，这样负载上就得到交流电。交流电的大小跟可控硅的导通角有关。图中 RLS 为快速熔断丝，为防止可控硅过流，用 R、C 串联作可控硅的过压保护。

（二）控温器的调整和使用

① 将 XCT-160 的给定指针调至所需控温值。

② 接通电源开关（这时指示按钮开关红灯亮，同时 XCT-160 的绿灯亮）。

③ 用手按一下指示按钮开关绿灯（这时指示按钮开关红灯灭，指示按钮开关绿灯亮），表示可控硅主回路已经接通。

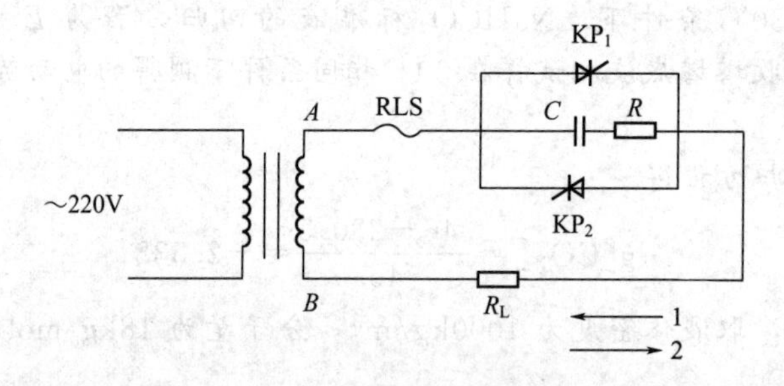

图 2-39　可控硅主回路简图

④ 将 ZK-1 电源接通，电源指示灯亮，再将拨动开关倒向手动，调节手动调节，开始时用小电流预热，否则容易损坏可控硅，约 5min 后调节手动调节 2s 至最大，快速加热，然后将开关拨向自动挡，让其自动控温。

（三） 智能仪表温度控制器

智能仪表将热电阻或热电偶测得的信号直接换算成温度，并且通过面板显示。通过设置目标值和上下限，智能仪表向可控硅电压调整器发出控制信号，使得可控硅自动调节加热电压，以达到温度恒定的目的。

二、液位控制器

（一） 液体检测技术的基本概念

物位测量包括液位测量和料位测量。液位测量是其中最重要的部分。是一门测量气-液、液-液或液-固分界面位置的测量技术。它包括对测量对象（被测介质及其容器、环境条件）、测量方法和测量仪表的研究。

对被测介质的研究，主要是要了解它的电导率、密度、介电常数、声速、声阻抗、黏度、透光性能、表面张力系数、流动情况以及液体表面的一些特性。还要研究被测对象的工况，如压力、温度、湿度及其变化情况、辐照情况、腐蚀情况、液体容器的几何形状和液体的相对位置及变化规律等。

液位检测包括液位、液位差、相界面的连续测量，定点信号报警、控制，多点测量以及液位巡回检测等方面的拉术。

液位检测技术是基于液位敏感元件在液位发生变化时，把相应的能够表示液位变化且易于检测的物理量变化值检测出来。这个物理量可能是电量参数或机械位移，也可能是诸如声速、能量衰减变化、静压力的变化等。再把这些电量的或非电量的物理量变化值采用相应的、最简便可靠的信号处理手段转换成能够用来显示的信号。

当被测液体的液位发生变化时，与之相关的物理参数将要发生一定程度的变化。但是，由于液体的性质及其容器的特性不同，各物理参数的变化程度将有所不同。例如：有的参数变化明显；有的变化不太明显，甚至看不出有什么变化。因此，需要选用最合适的、能够获得最大信号量的物理参数作为液位测量仪表的检测信号，并根据被测液体和测量对象不同采用不同的测量方法。譬如：液位变化时，插入液体中的物体因浸没情况不同会产生浮力变化；插入液体中的单电极（对外壳）、双电极会产生电容量的变化或电阻量的变化；在高频馈电的情况下会产生电感量的变化。因此，在设计、安装、使用液位计时要考虑到：置放在某一高度的超声波探头会发生反射回波声速的变化；浸没于液体中的压力敏感元件会产生静压的变化；贴于容器壁的超声波发、收探头间会发生接收波能量大小的变化；置于侧壁的放射源和接收器间会产生接收能量强弱的变化等。同时还要考虑到：被测对象的压力、温度、湿度以及辐照、腐蚀情况；当时的科学技术水平（包括电量和非电量的测量技术、材料情况、工艺水平）、仪表的成本以及用户的经济能力等。究竟选择哪种测量方法及其测量仪表合适，要根据具体的情况、权衡各种因素的利弊关系、综合利用它们的有利条件来决定。

（二） 液位测量方法

根据所选液位敏感元件的不同，可以有很多种液位测量方法（不下二十余种）。主要分为直接液位测量法和间接液位测量法。直接液位测量法是以直观的方法检测液位的变化情况，虽所用器具结构简单，但方法原始，不能满足工业自动化的要求。因此，间接液位测量法得到了广泛的应用。按照液位敏感元件与被测液体的接触形式又可以分为接触测量和非接触测量两大类。

用目测的方法观察液位的变化，例如常见的玻璃管或玻璃板式液位计，以及利用热变色物质制作的变色玻璃管（板）液位计，都属于直接测量法。间接液位测量法是通过测量与液位变化有关的物理参数的变化值来实现液位高度的测量。它能够远传，便于显示和记录，可以实现巡回检测和计算机技术，因而成为工业自动化不可缺少的检测技术。

间接测量法分接触测量和非接触测量两大类。接触测量的特征是仪表的液位敏感元件直接与被测液体接触，其结构有杆式、绳索式、跟踪式、浮沉式、电容式、电阻式、电感式等液位测量仪表。这类仪表的特点是传感器与被测液体接触的测量部件较大较长，或者带有可动部件、容易被液体沾污或粘住，尤其对于杆式结构来说还需要有较大的安装空间，给液位计的安装和检修带来了一定的困难。

非接触测量是借助于超声波、γ射线、微波、激光等新技术发展起来的液位测量技术，尽管尚存在着线路复杂、售价较贵等缺点，但是出于传感器结构简单、安装方便、无可动部件和适用于特殊条件下的液位测量，特别适用于冶金、化工、原子能等工业中带有强酸强碱、强腐蚀、强辐照条件下的液位测量，因而近年来得到了迅速发展。

接触测量和非接触测量液位仪表是液位测量仪表中的两大分支，它们各施所长、相辅相成，分别向通用的和特殊条件下应用的液位仪表两个方面发展。

液位测量仪表的显示方式依输出量的方式不同可分为数值量输出显示方式和模拟量输出显示方式及信号报警显示方式。

（三） 差压变送器法测量控制液位

1. 测量

把液位高度测量转变为液体的静压力测量，测量液体静压力的方法很多：电容差压式、吹气、射流测量液体静压力的方法，其他方法不再赘述，在此只介绍电容式差压变送器测量方法。

从 20 世纪 70 年代起，随着新材料、新工艺及电子技术的飞快发展，出现了新的微位移电动调节式电动差压变送器，取代了力平衡式差压变送器。其中电容式差压变送器就是一种新型位移式差压变送器，它分为一室结构和二室结构。如图 2-40 所示。

图 2-40(a) 所示为一室结构，是平板电容式，在膜片中心装有机械的传动机构，设计比较陈旧。

图 2-40(b) 所示为二室结构，采用了液体传压和以球形电极作为单向过压保护，结构简单可靠。同时，还运用了金属玻璃共熔技术、弹性膜片预张紧技术以及真空蒸发镀膜

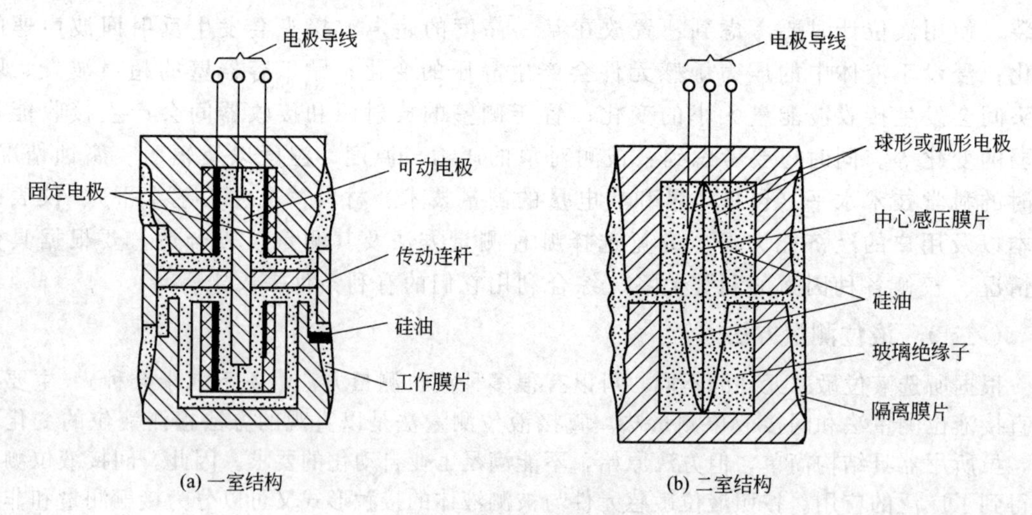

图 2-40　电容式差压变送器

工艺，使这一变送器具有体积小、重量轻、精度高、可靠性好、易互换和维修量少等特点。

由于中心膜片产生位移使得电容产生变化，变化量通过转换放大电路转换为 4～20mA DC 标准信号。差动电容测量电路由高频振荡器供电。

2. 控制

采用差压传感器测量方法，其输出的电流信号传输给智能仪表，由智能仪表经过积算直接显示出液位。

该智能仪表还具有控制功能，即可以根据液位值的设定，自动向电磁阀发出开启或关闭信号，从而保证塔釜具有一定的液位量。

化工原理实验室的精馏塔塔釜的液位测量，首先采用直接液位测量，即安装玻璃液位管，用肉眼直接观察液位。然后采用差压传感器法自动控制塔釜的出料，以达到保证一定液位的作用。

（四） 探针液位测量法

1. 测量

探针液位测量法是电阻式液位测量法的一个重要组成部分。由于它能够获得极高的测量精度，因此在液位的精密测量中得到了广泛应用。

作为液位测量仪表的敏感元件，如何选择探针材料以及它的几何形状、光洁程度（以粗糙度表示）、结构尺寸是极为重要的问题。

探针的材料要求致密、光洁，还要求耐化学腐蚀和耐电蚀。一般选用不锈钢丝、铂丝或钨丝。

采用探针跟踪的方法测量液位可以获得极高的测量精度；为了说明探针跟踪测量法的工作原理，先观察针形探针触水和离开水面时的情况，见图 2-41。

当针形探针缓慢地接触水面时，针尖与水面不是一点接触，而是水沿着探针的尖端上升、在针尖附近的液面高度高于其他部分的液面高度，这是由于探针与水有浸润现象而产生毛细管作用的结果。

当缓慢地提升探针时，虽然它的末端已高于液面，由于液体与探针之间附着力的作用，液体不能马上脱开探针，一直到附着力小于探针带起的液体的重力时，探针才脱开液面。此时探针的位置已经离开液面达几毫米高度，确定出探针上提并脱离液体时离开液面的距离，

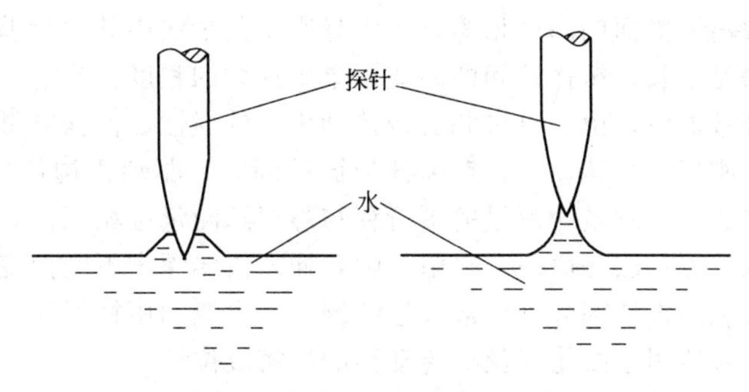

图 2-41　探针触水和离开水面情况

是要研究和解决的问题。这个距离称为探针液体表面张力距离系数，这一系数的大小取决于探针的几何形状、粗糙度以及液体的黏度、纯度等因素。

当探针缓慢地向液面移动并刚一接触液面时，由于电机及驱动系统的惯性，探针不能马上停止移动，还要移动一段距离，这段距离称为惯性距离系数。

探针测量液位的方法可以分为单向测量法、静跟踪测量法、动跟踪测量法，反冲探针测量法以及锥体尖针复合探针测量法。

单向测量法的工作原理是人为地使探针离开水面再下降寻找水面，一伺触水探针便停止移动，计量出探针的实际位置便完成了一次测量，几次测量的平均值便代表了水位的实际高度。

单向测量法获得较高的测量精度的关键在于每次探针上提的高度要求相等，电机及驱动系统的速度要一致，还要求电机有良好的制动特性。

静跟踪测量法要采用两根针形探针，系统的平衡状态是长针触水，短针不触水。当长短针都触水时，探针向上移动；长短针都不触水时，探针向下移动。静跟踪测量的精度取决于系统的传动精度和电气线路的控制灵敏度，还取决于探针的几何形状和水质的稳定性。

采用双探针静跟踪测量液位时，可以得到较高的测量精度，但是如何减小测量回差是一个关键问题。正确地调整长短针的高度差，可以把回差控制在很小的数值范围内。当两探针的高度差等于探针差距系数时，可以满足这一条件。探针差距系数 η 等于两倍的探针惯性距离系数和探针表面张力距离系数 A 之和，即

$$\eta=2\varepsilon+A \tag{2-30}$$

式中，η 为探针差距系数；ε 为探针惯性距离系数；A 为探针表面张力距离系数。

静跟踪测量法的不灵敏区较大，其值等于探针惯性距离系数与探针表面张力距离系数和的两倍，即

$$H=2\varepsilon+2A \tag{2-31}$$

正确地调整长短针的高度差可以把回差控制到很小的程度，但是不灵敏区仍然较大，这对于高精密液位测量仪表是不相称的，因此液位的精密测量多用动跟踪测量法所代替。

动跟踪测量法的特点是探针在液面下动态跟踪，探针时而触水进行测量，时而离开液面，以便保持准备测量的状态。探针动态跟踪液面的升降，始终在液面上下跳动。它克服了静跟踪测量法的不灵敏区较大的缺点，用时间盲区补偿了距离的不灵敏区。同时，为了克服探针从距离液面不同高度处向液面追踪时，由于系统的惯性而造成探针的插入深度不同的影响。

动跟踪测量的读数方法是从探针下行追踪液面后上下跳动第二次接触液面时算起，这样

就能够保证探针每次离开液面的高度相等，等于静跟踪测量法中的探针差距系数。

反冲探针测量法是把长、短探针间的距离调整到这样的程度：当液位上升，驱动机构使探针向上移动并离开液面时，由于电机和机械传动机构的惯性，使探针继续向上移动，直到长针离开液面时探针刚好停止移动。长针离开液面的同时，驱动机构使探针下降寻找液面，长针再次接触液面完成一次测量。测量的下行程与静跟踪测量法相同。

锥体尖针复合探针测量法是由一个电阻值随着插入液体深度不同而变化的锥体部分加上一个针形探针组成，利用锥体部分进行液位连续测量，也能利用针形探针进行单向测量和动跟踪测量。此种方法最适用于鼓轮钢丝绳传动型的精密液位计。

2. 控制

将三根探针放在不同的液位高度，上、下探针和中间探针分别加上 24V 电压，此 24V 电压和电磁阀（控制液体排放）相连。当液位升至上探针时，电磁阀接通 24V 电压，阀门自动打开，排放液体、液面降低；当液面降至下探针时，24V 电压断开，电磁阀关闭，液位不再下降。这样液位将始终保持在一定的高度。

化工原理实验室中的吸收塔塔釜液封的高度控制即采用此种方法。

三、 电动调节阀

在工业自动化调节系统中，流量自动调节系统占 30%～40%，视装置而定。这个比例数是目前化工、石油化工中以及气态和液态产品在管道中输送和重复加工时的情况。

图 2-42 所示为流量自动调节系统的原理。

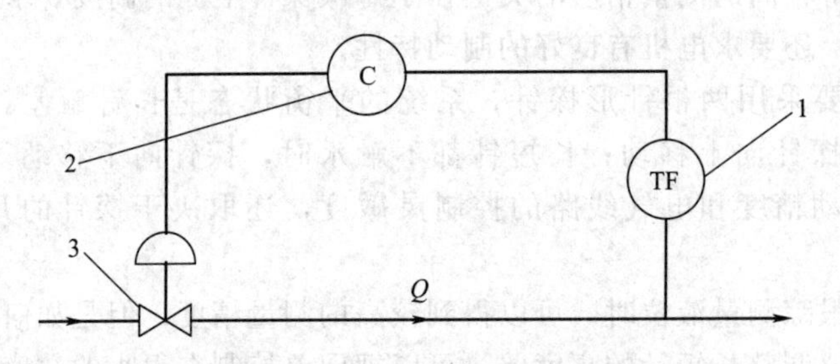

图 2-42 流量自动调节系统原理

1—流量变送器；2—智能流量控制仪；3—电动调节器

化工原理实验室中用到电动调节阀自动调节泵性能测定中的泵输出流量、给热系数测定中的冷水量自动调节。在此就“QSL 系列智能电动调节阀”作介绍。

（一） QSL 奇胜智能型直行程电动执行机构工作原理

① 输入信号 0～10mA/4～20mA/0～5V/1～5V 输入至 QSL 电动执行机构的智能放大器和来自位置信号发生组件产生的开度信号相比较并放大，向消除其偏差的方向驱动并控制电机转动。当其偏差值达到零时，电动机停止转动。输入信号按一定比例决定了输出轴的位置。

② QSL 执行机构由智能放大器、反馈组件、手轮、限位开关等组成。

③ 智能放大器电路原理见图 2-43，智能放大器以专用单片微处理器为基础，通过输入回路把模拟信号、阀位电阻值信号转换成数字信号，微处理器根据采样结果通过人工智能控制软件后，显示结果及输出控制信号。

（二） 智能伺服放大器的调整

1. 显示定义（图 2-44）

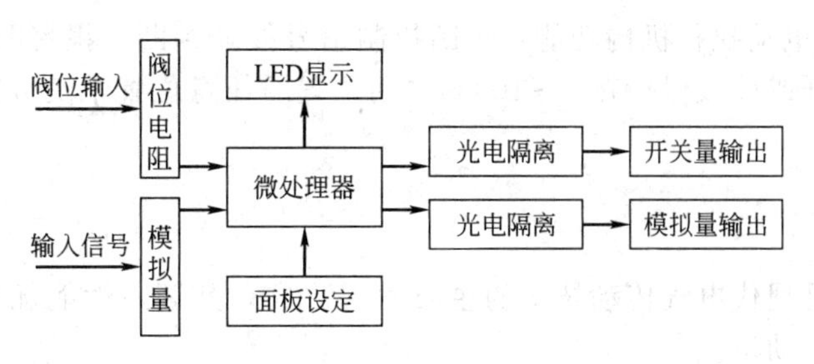

图 2-43　智能放大器电路原理

2. 按键定义

"SET"：设定键。

▶：设定状态时位移键。

▼：在设定状态，用于减小值；在手动状态，控制阀门关。

▲：在设定状态，用于增加值；在手动状态，控制阀门开。

在自动状态，用于显示切换，即输入信号或反馈信号。

"A/M"：在设定状态用于返回前一个参数的设定及手动、自动切换键。

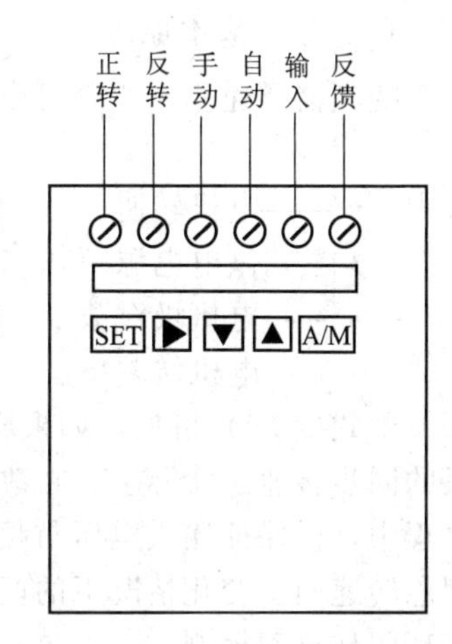

图 2-44　智能伺服放大器面板

3. 伺服放大器的调整步骤

接通电源：显示初始状态。

① 对于 A、B、C 型的放大器，在手动状态下（手动灯亮），用▲键或▼键，将阀门位置开至 50%（指机器位置），通过"A/M"键切换至自动状态（自动灯亮）按▲上升键，显示窗口数字是位置反馈值。将电位器脱离齿条后旋转电位器，至显示窗口显示 50.0 然后将电位器放回到齿条板上。

② 对于 K 型的放大器，将开关 K 拨至下方。在手动状态下（手动灯亮），用▲键或▼键，将阀门位置开至 50%（指机器位置），通过"A/M"键切换至自动状态（自动灯亮）按▲上升键，显示窗口数字是位置反馈值。将电位器脱离齿条后旋转电位器，至显示窗口显示 50.0 然后将电位器放回到齿条板上。在不接入信号的条件下进行调试。

（三） 智能电动调节阀

1. 概述

智能电动调节阀由 QSL 智能型电动执行器与优质的国产阀门相组合构成，是一种高性能的调节阀，适用控制各种高温、低温的高压差流体是一种压力平衡式调节阀，可广泛应用于电力、石油、冶金、化工、医药、轻工等行业自动控制系统中。

2. 信号

电动执行机构接收 0～10mA/4～20mA/0～5V/1～5V 等控制信号，改变阀门的开度，同时将阀门开度从隔离信号反馈给控制系统，实现对压力、温度、流量、液位等参数的调节。

3. 主要特点

① 配用 QSL 奇胜智能型直行程电动执行器，体积小、规格全、重量轻、推力大、操作方便，无调整电位器，可靠性高、噪声小。

② QSL 电动执行器采用一体化结构设计，具有自诊断功能，使用和调校十分方便。

③ 有数字显示窗口，可看到控制信号、反馈信号、电动/手操值。

④ QSL智能型电动执行机构功能：带断控制信号故障判断、报警及保护功能，即断信号时可使执行器或开或关或保持在0～100%之间预置的任意位置，及带阀门堵转故障判断、报警及保护功能。

四、变频器

变频调速传动是现代电气传动技术的主要发展方向，其调速性能优越、节能效果明显，已广泛应用于异步电动机。

（一）基本原理

变频器调速基本原理可由下式分析：

$$n=60(f/p)(1-s) \tag{2-32}$$

式中 n——电机转速；

f——供电电源频率；

p——电机极对数；

s——电机转差率。

由式(2-32)可见，如果均匀地改变电动机定子供电电源频率 f，可以平滑地改变电动机的同步转速。实际上，在改变 f 的同时，还需保证电机输出力矩不变，因此在电机调速过程中，应保证输入电压与频率的比为一常数。改变 f 的调速属于 s 不变，同步转速和电机理想转速同步变化情况下的调速。所以变频调速的调速精度、功率因数和效率都较高，易于实现闭环自动控制。

变频器的工作原理如图2-45所示，380V、50Hz三相电在变频器内经整流变成直流电源，再通过受控逆变器，转化为频率与电压比值为定值的变频电源。在变频器中，采用(PWM)调制技术使变频器输出电流波形近似正弦波。其外控信号为4～20mA或0～10V的直流信号，改变其大小，就可改变变频器输出电压及频率，从而改变电动机的转速。

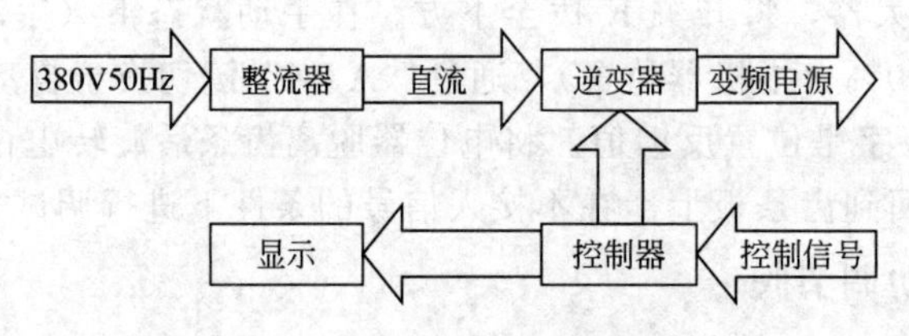

图2-45 变频器工作原理框图

（二）操作方法（以三菱FR-E500变频调速器为例）

1. 操作模式的种类

变频器能用于“外部操作模式”“PU操作模式”“组合操作模式”和“通信操作模式”。请根据操作模式准备必要的工具和零件。

(1) 外部操作模式（出厂设定，PR. 79“操作模式选择”=0）

出厂时，已设定PR. 79“操作模式选择”=0，接通电源时，为外部操作模式。

根据外部启动信号和频率设定信号进行的运行方法。

准备

·启动信号——开关，继电器等。

·频率设定信号——外部旋钮或来自外部的DC0～5V、0～10V或4～20mA信号以及段速等。

注意：只有启动信号不能运行，必须与频率设定信号一起准备。

(2) PU 操作模式（PR. 79“操作模式选择”＝1）

用选件的操作面板，参数单元运行的方法。

准备

·操作单元——操作面板（FR-PA02-02），或参数单元（FR-PU04）。

·连接电缆——请准备操作面板（FR-PA02-02）从变频器本体拆下使用和参数单元（FR-PU04）使用的两种情况。

·FR-E5P（选件）——请准备操作面板从变频器本体拆下使用的情况。

(3) 组合操作模式 1（PR. 79“操作模式选择”＝3）

启动信号是外部启动信号。

频率设定由选件的操作面板、参数单元设定的方法。

准备

·启动信号——开关、继电器等。

·操作单元——操作面板（FR-PA02-02）或参数单元（FR-PU04）。

·连接电缆——请参照（2）PU 操作模式。

·FR-E5P（选件）——请参照（2）PU 操作模式。

(4) 组合操作模式 2（PR. 79“操作模式选择”＝4）

启动信号是选件的操作面板的运行指令键。

频率设定是外部频率设定信号的运行方法。

准备

·频率设定信号——外部旋钮或来自外部的 DC0～5V、0～10V 或 4～20mA 信号。

·操作单元——操作面板（FR-PA02-02）或参数单元（FR-PU04）。

·连接电缆——请参照（2）PU 操作模式。

·FR-ESP（选件）——请参照（2）PU 操作模式。

(5) 通信操作模式（PR. 79“操作模式选择”＝0 或 1）

通过 RS-485 通信电缆将个人计算机连接 PU 接口进行通信操作。

FR-E500 变频器的启动支援软件包可以使用变频器设置软件（FR-SWO-SETUP-WE）。

2. 通电

通电前须检查下列项目：

(1) 安装检查

确认变频器正确地安装在适当的场所。

确认主回路和控制回路接线正确。

确认选件和外部设备选择和连接正确。

(2) 通电

当 POWER 灯亮显示正确，ALARM 灯灭，即通电完成。

3. 操作面板

选件操作面板（FR-PA02-02）可以进行运行、频率的设定、运行指令监视、参数设定、错误表示。在此不一一介绍，使用见变频器说明书。

五、 回流比控制装置

化工原理实验中的精馏塔回流比采用回流比控制装置来控制，如图 2-46 所示。

回流比控制装置由回流比分配器与控制器组成。

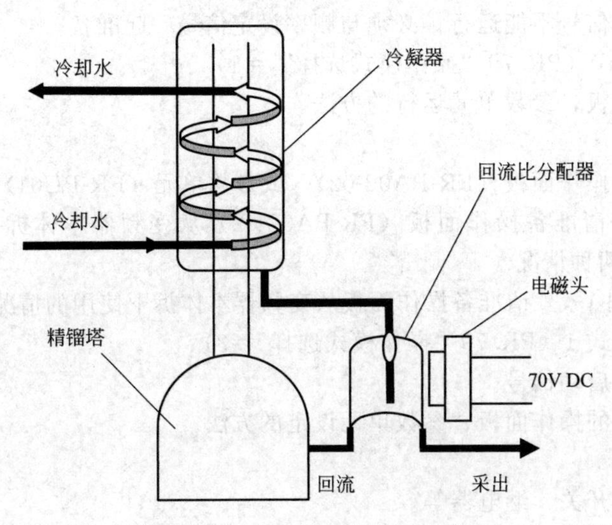

图 2-46　回流比分配器应用示意图

1. 回流比分配器

回流比分配器由玻璃制成，两个出口管分别用于回流和采出，引流棒为一根 ϕ4mm 的玻璃棒，内部装有铁芯，当电磁头线圈通电时，线圈形成磁场，产生 N 极和 S 极，随着电的通断，极性将改变，引流棒被吸向右边或排斥向左，实现回流和采出的管路改变。通断时间比正好代表回流比。通断的时间由智能仪表制作的回流比控制器来控制，可以通过参数设定来达到一定的回流比。

此回流分配器既可通过控制器实现手动控制回流比，也可通过计算机实现自动控制。

2. 回流比控制器

HLB-1 型数字回流比控制器是为精馏装置开发的产品（图 2-47），它采用美国 ATMEL 公司的大规模专用集成电路芯片、双面线路板设计、大数码管显示，并以晶体振荡器产生的信号为时间基准，使整机工作更为可靠，时间控制更为准确。控制器可通过 RS232 接口和计算机通信，既可以单机工作，也可以通过计算机对其进行操作。

3. 技术参数

① 供电电源：AC 220V 50Hz

② 触点容量：AC 220V 5A/AC 110V 10A

③ 触点寿命：100000 次

④ 外形尺寸：96mm×96mm×130mm

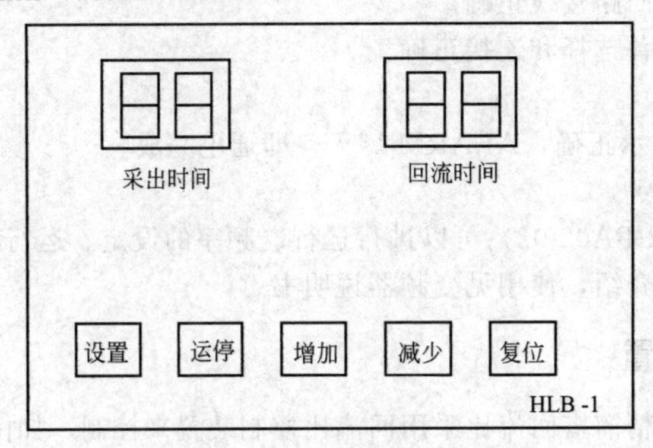

图 2-47　HLB-1 型数字回流比控制器外形图

⑤ 安装方式：面板卡入

⑥ 工作温度：0～40℃

⑦ 存储温度：－20～80℃

4. 使用说明

（1）显示器

显示器由四个数码管组成，正常工作时，左边两个显示的是馏出液采出时间，右边两个显示回流时间。

（2）按键

按键共有五个，从左往右依次为“设置”“运停”“增加”“减少”“复位”键。各键用法如下：

“设置”键：机器上电或复位时会自动处于设置状态。在运、停状态时，只有在停止状态下才能手动设置。进入设置状态后，有一位数码管会闪烁，此时可以通过按动增加或减少键对该位进行设置。每按一次设置键，数码管显示将从右到左依次移动一位，哪位闪烁，就可以设置哪一位。

“运停”键：在设置好采出时间和回流时间后，可以按动该键启动，进入运行状态，如果在运行状态下，按动该键则进入停止状态。

“增加”键：在设置状态下，某位在闪烁，按动此键可使这位数字增大，每按动一次增加 1。

“减少”键：在设置状态下，某位在闪烁，按动此键可使这位数字减少，每按动一次减少 1。

“复位”键：如果由于某种原因使机器发生死机或程序跑飞现象，可按动此键，恢复机器的正常功能。

5. 产品端子接线图及说明

控制器背面接线由上至下分别为：

J_c，J_o，J，RXD，TXD，COM，220V，220V

图 2-48 是控制器实际接线示意图。其中 J_c 和 J_o 两点为继电器常开触点，采出状态时闭合，回流状态时断开；在实际使用时最好在电磁头两端间加上一个放电二极管。图中两个标记“220V”符号的触点外接 220V 电源；RXD、TXD 和 COM 为和计算机通信时的接口。

6. RS232 协议

波特率：　　1200Bit/s

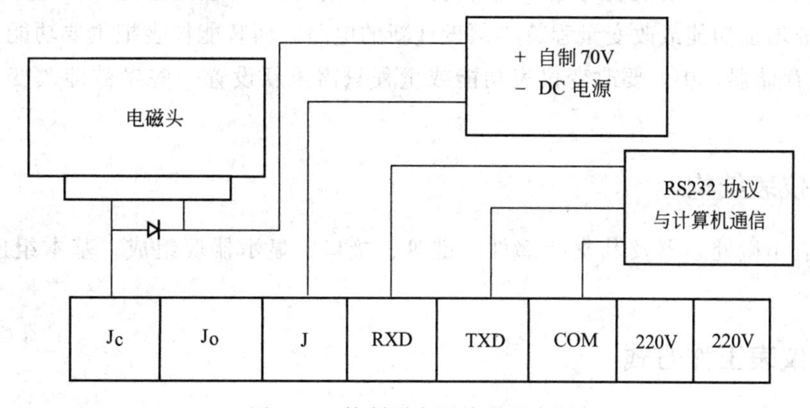

图 2-48　控制器实际接线示意图

停止位：　　　　一位

奇偶校验位：　　无

通信方式：控制器和计算机之间采用计算机主动一问一答方式，具体协议见表 2-5。

表 2-5　RS232 协议

计算机发出的指令	控制器返回的数据协议
01H	运停状态、采出时间、回流时间
02H＋运停状态	无
03H＋采出时间＋回流时间	无

从表 2-5 中可以看出计算机发出 01H 指令后，可以从控制器收到三个字节的返回数据，分别表示当前的运行、停止状态，采出时间和回流时间。其中运停状态位的数值为 00H 或 FFH，00H 代表当前控制器为运行状态，FFH 代表为停止状态。

计算机发出 02H 指令后必须紧跟再发出一个字节 00H 或 FFH，用以控制控制器的运行或停止。控制器收到计算机送来的 02H 及其后一个字节的指令后，就进行相应的处理。此时控制器不向计算机返回数据。

计算机发出 03H 指令后必须紧跟再发出两个字节，分别代表所须设置的采出时间和回流时间，如 03H、02H 和 04H。此时控制器也不向计算机返回数据。

第九节　智能仪表

一、 智能仪表简介

第一代仪表是指针式，如各种弹性元件式的压力表。随着数字电路的发展，出现了数字仪表，如数字电压表、数字温度表。20 世纪 80 年代以后，计算机得到广泛发展和应用，出现了内含微处理器的仪表，即仪表中含有一个单片计算机或微型机或 GP-IB（通用接口总线）接口，这类仪表功能丰富又很灵巧，被称为智能仪表（intelligent instruments）。

智能仪表并不是传统仪表与微处理器的简单结合。传统仪表是通过硬件电路来实现某一特定功能，要增加功能或改变量程就必须设计新的电路。而智能仪表把主要功能集中存放在 ROM（只读存储器）中，要改变仪表功能或量程只需重新设置一些参数即改变 ROM 中的软件内容。

二、 智能仪表结构

智能仪表由微处理器及其支持部件、键盘、接口、显示器等组成。基本组成如图 2-49 所示。

三、 智能仪表工作方式

智能仪表有本地和遥控两种工作方式。

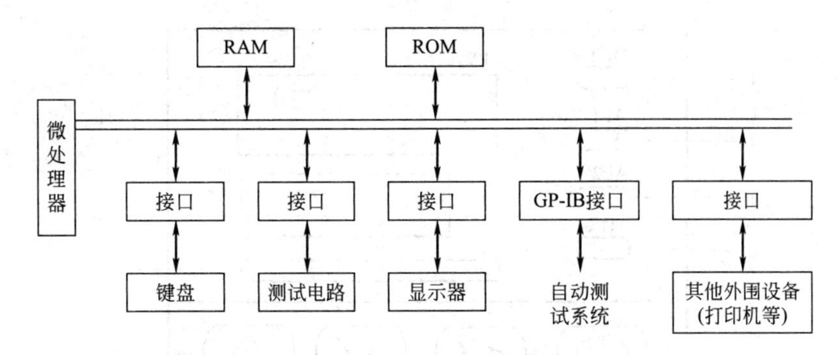

图 2-49　智能仪表的基本组成

本地工作方式：用户按面板上的键盘向仪器发布各种命令，指示仪表完成各种功能。仪表的控制作用由内含的微处理器统一指挥和操纵。

遥控工作方式：用户通过外部的微型机来指挥控制仪器，外部微型机通过接口总线GP-IB向仪表发送命令和数据，仪表根据这些命令完成各种功能。

四、 AI 全通用人工智能调节器

1. 特点

AI 全通用人工智能调节器适合温度、压力、流量、液位、湿度等的精确控制，它的主要特点如下：

① 人性化设计的操作方法，方便易学，不同功能档次的仪表操作相互兼容。

② 包含国际上同类仪表的几乎所有功能，通用性强，技术成熟可靠。

③ 全球通用的 85～264V AC 输入范围开关电源或 24V DC 电源供电，具备多种外形尺寸。

④ 输入采用数字小校正系统，内置常用热电偶和热电阻非线性校正表格，测量精确稳定。

⑤ 采用先进的 AI 人工智能调节算法，无超调，具备自整定（AT）功能。

⑥ 采用先进的模块化结构，提供丰富的输出规格，能广泛满足各种应用场合的需要。

2. 面板说明及操作

以 AI-708 型仪表为例，其面板如图 2-50 所示。

操作说明：

① 显示切换：按(◯)键可以切换不同的显示状态。

② 手动/自动切换：在显示状态②下，按 A/M 键，可以使仪表在自动及手动两种状态下进行无扰动切换。在显示状态②且仪表处于手动状态下，直接按(∨)键或(∧)键可增加及减少手动输出值。

③ 设置参数：在基本状态下按(◯)键并保持约 2s，即进入参数设置状态。在参数设置状态下按(◯)键，仪表将依次显示各参数。用(∨)、(∧)、(<)等键可修改参数值。按(<)键并保持不放，可返回显示上一参数。先按(<)键不放接着再按(◯)键可退出设置

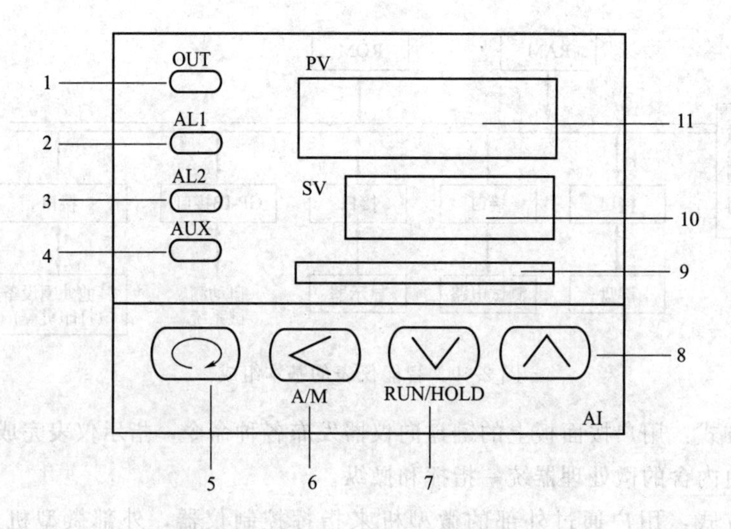

图 2-50 AI-708 型仪表面板

1—调节输出指示灯；2—报警 1 指示灯；3—报警 2 指示灯；4—AUX 辅助接口工作指示灯；5—显示转换（兼参数设置进入）；6—数据移位（兼手动/自动切换及程序设置进入）；7—数据减少键（兼运行/暂停操作）；8—数据增加键（兼程序停止操作）；9—光柱（选购件），可指示测量值；10—给定值显示窗；11—测量值显示窗

参数状态。如果没有按键操作，约 30s 后会自动退出设置参数状态。

3. 参数功能说明

AI 仪表在使用前应对其输入、输出规格及功能要求正确设置参数，只有配置好参数的仪表才能投入使用。

（1）主要参数功能（表 2-6）

表 2-6 AI 仪表主要参数功能

参数代号	参数含义	说明	设置范围
HIAL	上限报警	测量值大于 HIAL＋dF 值时仪表将产生上限报警，测量值小于 HIAL－dF 值时仪表将解除上限报警	－1999～＋9900℃
LOAL	下限报警	测量值大于 LOAL－dF 值时仪表将产生下限报警，测量值大于 LOAL＋dF 值时仪表将解除下限报警	－1999～＋9900℃
dF	回差（死区、滞坏）	用于避免因测量输入值波动而导致位式调节频繁产生/解除。dF 值越大，控制精度越低；dF 值越小，控制精度越高，但容易因输入波动而产生误动作	0～200℃
Sn	输入规格	Sn 用于选择输入规格，其数值对应一个输入规格，所对应的方式见表 2-3	0～37
dIP	小数点位置	dIP＝0，显示格式为 0000，没有小数，分辨率为 1。 dIP＝1，显示格式为 000.0，1 位小数，分辨率为 0.1。 依此类推。但改变小数点位置参数的设置只影响显示，对测量精度及控制精度均不产生影响	0～3
dIL	输入下限显示值	用于定义线性输入信号下限刻度值	－1999～＋9999℃

续表

参数代号	参数含义	说明	设置范围
dIH	输入上限显示值	用于定义线性输入信号上限刻度值	−1999～+9999℃
OP1	输出方式	表示主输出信号的方式，主输出上安装的模块类型应该相一致。 OP1=0，主输出为时间比例输出方式或位式方式。 OP1=1，0～10mA 线性电流输出。 OP1=2，0～20mA 线性电流输出。 OP1=3，三相过零触发可控硅。 OP1=4，4～20mA 线性电流输出。 OP1=5～7，位置比例输出。 OP1=8，单相移相输出	0～8
OPL	输出下限	通常作为限制调节输出最小值	0～110%
OPH	输出上限	限制调节输出最大值	0～110%
Addr	通信地址	用于定义仪表通信地址，在一条通信线路上的仪表分别设置一个不同的 Addr 值以便相互区别	0～100
dL	输入数字滤波	当因输入干扰而导致数字出现跳动时，可采用数字滤波将其平滑。dL 为 0，没有任何滤波；为 1，取中间值滤波，2～20 同时有取中间值滤波和积分滤波。dL 越大，测量值越稳定，但响应也越慢	0～20

(2) Sn 参数与输入规格的对应方式（表 2-7）

表 2-7 AI 仪表 Sn 参数与输入规格

Sn	输入规格	Sn	输入规格	Sn	输入规格	Sn	输入规格
0	K	7	N	26	0～80Ω 电阻	33	1～5V 电压
1	S	8～9	备用	27	0～400Ω 电阻	34	0～5V 电压
2	R	10	用户指定	28	0～20mV	35	−20～+20mV(0～10V)
3	T	11～19	备用	29	0～100mV	36	−100～+100mV (2～10V)
4	E	20	Cu50	30	0～20mV		
5	J	21	Pt100	31	0～1V(0～500mV)	37	−5～+5V (0～50V)
6	B	22～25	备用	32	0.2～1V(100～500mV)		

(3) 通信功能

AI 系列仪表可在 COMM（通信接口）位置安装 S 或 S4 型 RS485 通信接口模块，通过计算机可实现对仪表的各项操作及功能。除由用户自行开发的各种应用软件外，厂方也可提供 AIDCS 应用软件，它可运行在中文 WINDOWS 98/ME/NT2000/XP 等操作系统下。能实现对 1～200 台 AI 系列各种型号仪表的集中监控与管理，并可以自动记录测量数据及打印。计算机需要加一个 RS232C/RS485 转换器，无中继器时最多可直接连接 64 台仪表，如图 2-51 所示，加 RS485 中继器后最多可连接 100 台仪表，一台计算机用 2 个

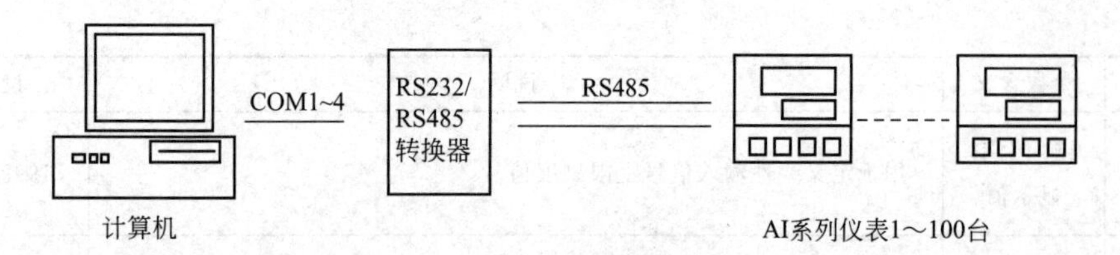

图 2-51 通信图

通信口则可各连接 100 台仪表。注意每台仪表应设置不同的地址。仪表数量较多时，可用 2 台或多台计算机，各计算机之间再构成局部网络。用户如果希望自行开发组态软件，要获得通信协议时，可向仪表销售员免费索取。市售各种国产组态软件均支持 AI 仪表通信。

仪表采用 AIBUS 通信协议，8 个数据位，1 或 2 个停止位，无校验位。数据采用 16 位求和校验，它的纠错能力比奇偶校验高数万倍，可确保通信数据的正确可靠。仪表在通信方式下可与上位计算机构成 AIFCS 系统。AI 仪表在上位计算机、通信接口或线路发生故障时，仍能保持仪表本身的正常工作。

4. AI 系列仪表常用工作方式

(1) 位式调节/报警仪表

位式调节（ON/OFF）是一种简单的调节方式，常用于一些对控制精度要求不高的场合作温度控制，或用于报警。

要实现二位调节仪表的功能，可选 AI-708T 或 AI-708 仪表，并在主输出（OUT）位置安装 1 个 W1 无触点输出模块或 L 继电器触点输出模块。位式调节仪表用于温度控制时，通常利用仪表内部的继电器控制外部的中间继电器再控制一个交流接触器来控制电热丝的通断达到控制温度的目的。

位式调节时的回差可由 dF 参数决定。AI 系列仪表作二位调节仪表时应设置：Ctrl＝0，OP1＝0，参数 CF 的 A 位可用于选择正/反作用调节方向，CF. A＝0 时，OUT 功能为加热控制或下限报警，CF. A＝1 时，OUT 功能为制冷控制或上限报警，仪表下显示窗 SV 为设定点。

除二位调节外，有时还需要用到三位、四位调节或增加报警输出，这时可利用仪表的报警功能，构成如上下限报警、上上限报警和下下限报警仪表。AI 系列仪表具备 HIAL、LOAL、dHAL、dLAL4 个报警设定点，通过对 ALP 参数编程后，可分别控制 AL1、AL2 及 AUX 位置的无触点开关或继电器触点开关输出，加上 OUT 位置，最多可构成 4 路报警或位式调节输出。HIAL、LOAL、dHAL、dLAL 等报警参数中不用的应设置为极限值（出厂时均已设置），以避免不必要的动作。M50、P、I、Ctl 等与 PID 人工智能调节有关的参数此时与仪表使用无关。

用位式调节的控制温度精度较低，如果有条件，将接触器换成可控硅，将 W1/L 等输出模块换成 K1/K2/K5 等可控硅触发模块，即可升级为 AI 人工智能方式控制，可降低干扰，延长设备寿命，节约能源并大幅度提高控制精度。

(2) 温度变送器/单显示仪表/程序给定发生器

AI 系列仪表可将仪表的测量值对应为任意范围的线性电流输出，可作为一台有显示及温度变送输出功能的仪表使用。可设置使用各种热电偶、热电阻输入，任意设置温度变送范围及输出电流规格。变送精度在 0～20mA 范围内误差小于 0.1mA，V6.5 版仪表采用的第二代模块由于温漂大大降低，其精度更高，参数设置如下：

设置 baud 参数为 0～220 之间，并在仪表辅助功能（COMM）部分安装 1 个线性电流输出模块，则仪表具有线性电流变送输出功能（但不能再增加计算机通信功能）。有关参数如下：

Sn，选择输入热电偶或热电阻规格。

dIL，选择要变送输出值下限，单位是℃。

dIH，选择要变送输出值上限，单位是℃。

Addr，对应测量值小于或等于 dIL 时仪表电流输出值，单位是 0.1mA。

bAud，对应测量值大于或等于 dIH 时仪表电流输出值，单位是 0.1mA。

例如：要求仪表具有 K 分度热电偶变送功能，温度范围 0～400℃，输出为 4～20mA。则各参数设置如下：Sn＝0、dIL＝0、dIH＝400、Addr＝40、bAud＝200。由此定义的变送器，当温度小于等于 0℃时，输出为 4mA，当温度大于或等于 400℃时，输出为 20mA，在 0～400℃之间时，输出在 4～20mA 之间连续变化。

如果设置 Ctrl＝0（位式控制），OP1＝1、2 或 4（线性电流输出），则仪表主输出也可作为变送输出，此时输出电流的定义由 OPL 及 OPH 定义。这样仪表将没有调节功能，但有报警功能，此方式的优点是还可以再增加计算机通信功能。此外，在这种设置下仪表下显示窗的显示被关闭，这样就如同一台单显示仪表一样，可作为高精度单显示仪表来使用。对于 AI-808P 型仪表，主输出被定义为变送输出时，输出对应的是给定值，仪表作为程序给定发生器使用，而其他型号仪表则和 COMM 一样输出测量值，仍作为变送器使用。

(3) AI 人工智能调节器

AI 系列仪表采用先进的 AI 人工智能算法，能实现前所未有高精度控制，先进的自整定（AT）功能使得大部分用户无需人为设置控制参数。AI-808/808P 具备自动/手动无扰动切换功能及手动自整定功能，功能比 AI-708 更完善。对于采用线性电流输出的场合，特别是执行机构为调节阀时，应采用 AI-808 为调节器。AI-808P 则具有程序控制功能，适合给定值需要按时间自动变化的场合。当参数 Ctrl 设置为 1～4 时，仪表用子 AI 人工智能调节各项功能。

利用模块化结构及强大的软件功能，仪表可提供非常齐全的调节输出模式如下：

SSR 电压输出（时间比例）：仪表 OUT 位置安装 G 模块，可驱动外接的固态继电器。

单相或三相过零可控硅触发信号输出（时间比例）：仪表 OUT 安装 K1/K2 模块，AL1 安装 K1 模块（仅三相输出时），可直接驱动外接的单、双向可控硅。

单相可控硅移相触发输出：在 OUT 位置安装 K5 模块，可直接触发外部可控硅进行移相调节。

线性电流输出：仪表 OUT 安装 X 或 X4 模块，输出 0～10mA、4～20mA、0～20mA 等电流信号驱动外接相应执行机构，如调节阀、变频器或 AIJK3 型三相可控硅移相触发器。

可控硅无触点开关（时间比例，只可控制交流信号）：仪表 OUT 安装 W1 或 W2 模块，可直接驱动 60A 以下的交流接触器，驱动大电流交流接触器时应加中间继电器。无触点开关控制交流接触器具有寿命长、干扰小等优点，是推荐采用的新型控制方式。

继电器触点开关（时间比例）：仪表 OUT 安装 L 模块，可驱动中间继电器再驱动交流接触器。继电器触点开关是传统的控制方法，其缺点是触点会烧蚀，火花干扰大，但控制直流的场合应使用继电器触点开关。

位置比例输出：仪表 OUT 和 AL1 安装 W1 或 L 等模块，可直接控制阀门电机正、反转。

用户应根据自己需要选择相应的输出，必须了解输出参数（OP1、OPL、OPH）的用法，并熟悉控制方式及自整定的操作（参数 Ctrl）。最好还能掌握控制参数（M50、P、t、Ctl）等的使用。

(4) 手动操作器/伺服放大器

AI-808 型仪表具备变送器、调节器、手动操作器和伺服放大器的功能，这 4 种功能可以全部同时使用，也可以单独使用其中一种或几种。当设置参数 Ctrl=5 时，将关闭仪表的调节功能，直接将测量值作为输出值，此时仪表可作为手操器或伺服放大器来使用，也可作为 DCS 系统的后备手操器使用。

仪表主输入信号（即调节器或 DCS 输出信号）规格仍由 Sn 编程决定，一般可从 2（－）、3（＋）输入（0～10mA 及 4～20mA 信号可由 100Ω 及 50Ω 电阻变为电压信号然后选 0～1V 及 0.2～1V 输入），而阀门位置反馈信号可从 1（＋）、2（－）端输入（0～10mA、4～20mA 线性电流输入可分别用 500Ω 及 250Ω 电阻变为电压输入，电位器信号可加 5V 电源转换为电压信号）。

设置 OP1 =1、2、4 时，仪表相当于手操器，由 OUT 输出电流信号至伺服放大器；设置 OP1 =5、6、7 时，仪表为位置比例输出，可作为手操器＋伺服放大器使用（接线图见位置比例输出说明）。AL1 作为输入信号异常报警输出；AL2 作为自动/手动状态输出；手动时，报警 2 位置的继电器吸合，常开触点转换为常闭触点，自动时，报警 2 位置继电器释放；AUX 可安装 12 模块，作为外部自动/手动切换开关输入。COMM 可作为通信或作为电流变送输出（由 bAud 参数的设定值决定），作为电流变送输出时，将输出对应测量 1、2 端的信号，这一信号通常为阀门位置反馈输入信号，它可作为提供给 DCS 系统或调节器的跟踪电流输出。

设置仪表 HIAL（上限报警）、LOAL（下限报警）可作为输入信号异常时报警输出，利用 dHAL（正偏差报警）、dLAL（负偏差报警）可作为 SV（阀位反馈信号）和 PV（调节器输出信号）不一致时报警。使用正、负偏差报警时，应将 Ctrl 参数设置为阀门电机行程时间，这样在阀门转动期间，即使 PV 和 SV 短时间不一致也不会产生报警。

如果 ALP 参数中没有定义 AUX 作为报警输出，则 AUX 可安装 L2 模块，作为外部开关量输入来控制自动/手动切换，外部开关由断开转为吸合时，仪表处于手动工作状态，外部开关吸合后，用仪表面板键盘仍可切换到自动状态。外部开关由吸合转为断开时，仪表切换到自动工作状态，但外部开关断开后，用仪表面板键盘仍可切换到自动状态。仪表面板键盘，外部开关量输入控制不受 run 参数中禁止进入手动状态的限制。

dIL 和 dIH 可分别设置为 0 和 100.0，以使输出显示值为百分比。

本手操器具备手动/自动无扰动双向功能，由手动向自动进行转换时，如果手动输出同调节器送来的自动输出值不同，则将从手动值向自动值缓变时，其时间常数由参数 t（单位为秒）决定，t 越大，变化越缓慢，如果设置 $t=0$ 时，取消缓变功能，此时当手动向自动转换时，将立即切换到自动输出值。

泵性能测定、传热等实验中都用到 AI 仪表作为手操器，达到自动/手动切换控制流量的目的。

5. 参数设置举例

以泵性能测定所使用的智能仪表为例。

泵性能测定实验仪表主要参数如下：

① 扭矩测量仪主要参数：sn=34，dip=0，dil=0，dih=3000，dl=8，adrr=1，baud=9600。

② 变频器自动调节仪主要参数：sn=33，dip=0，dil=0，dih=3000，addr=2，baud=9600，dl=1。

③ 流量自动调节仪主要参数：sn=33，dip=2，dil=0，dih=18，addr=3，baud=9600。

第三章

化工原理基础实验

实验一　流体力学实验

流体力学章节主要内容：流体的压强、黏度、流体静力学基本方程式、流量和流速、连续性方程式、伯努利方程式、雷诺数和流型、流体在圆管内的速度分布、流体流动阻力、管路计算、流速和流量的测定。

针对本章内容，设立实验一般有如下项目：

① 流体流动阻力测定实验，主要测定直管摩擦系数 λ 与雷诺数 Re 的关系以及局部阻力系数。

② 流体力学综合实验，包含测定直管摩擦系数 λ 与雷诺数 Re 的关系、测定局部阻力系数、流量计校正、流体输送。

③ 雷诺演示实验，主要是观察流体流型，验证流型划分的雷诺数范围。

④ 机械能分布演示实验，主要验证伯努利方程。

⑤ 流体静压强转换演示实验。

⑥ 流体流型演示。

实验项目以“流体流动阻力测定实验”“流体力学综合实验”最具代表性。

一、 流体流动阻力——泵性能曲线测定综合实验

1. 实验目的

① 测定流体流经直管和阀门、弯头时阻力损失和流体流动中能量损失的变化规律。

② 测定直管摩擦系数 λ 与雷诺数 Re 的关系，将所得的 $\lambda \sim Re$ 方程与经验公式比较［要求：层流段 $Re=0\sim2000$，测 4 个点，湍流段（$Re=10^4\sim10^5$），测 8 个点］。

③ 测定流体流经阀门和弯头时的局部阻力系数 ξ。

④ 测定恒定转速条件下离心泵的有效扬程（H）、轴功率（N）以及总效率（η）与有效流量（V）之间的曲线关系。

⑤ 测定改变转速条件下离心泵的有效扬程（H）、轴功率（N）以及总效率（η）与有效流量（V）之间的曲线关系。

2. 实验原理

(1) 流体流动阻力测定

流体在管内流动时，由于黏性剪应力和涡流的存在，不可避免地要消耗一定的机械能，这种机械能的消耗包括流体流经直管的沿程阻力和因流体运动方向改变所引起的局部阻力。

1）沿程阻力

流体在水平等径圆管中稳定流动时，阻力损失 h_f 表现为压力降低，即

$$h_f=\frac{p_1-p_2}{\rho}=\frac{\Delta p}{\rho} \tag{3-1}$$

影响阻力损失的因素很多，尤其对湍流流体，目前尚不能完全用理论方法求解，必须通过实验研究其规律。为了减少实验工作量，使实验结果具有普遍意义，必须采用量纲分析方法将各变量组合成特征数关联式。根据量纲分析，影响阻力损失的因素有：

① 流体性质——密度 ρ、黏度 μ；

② 管路的几何尺寸——管径 d、管长 l、管壁粗糙度 ε；

③ 流动条件——流速 u。

可表示为：

$$\Delta p=f(d,l,\mu,\rho,u,\varepsilon) \tag{3-2}$$

组合成如下的无量纲式：

$$\frac{\Delta p}{\rho u^2}=\Phi\left(\frac{du\rho}{\mu},\frac{l}{d},\frac{\varepsilon}{d}\right) \tag{3-3}$$

$$\frac{\Delta p}{\rho}=\varphi\left(\frac{du\rho}{\mu},\frac{\varepsilon}{d}\right)\frac{l}{d}\times\frac{u^2}{2} \tag{3-4}$$

令

$$\lambda=\varphi\left(\frac{du\rho}{\mu},\frac{\varepsilon}{d}\right)$$

则式(3-4) 变为：

$$h_f=\frac{\Delta p}{\rho}=\lambda\ \frac{l}{d}\times\frac{u^2}{2} \tag{3-5}$$

式中，λ 称为摩擦系数。层流（滞流）时，$\lambda=64/Re$；湍流时 λ 是雷诺数 Re 和相对粗糙度的函数，须由实验确定。

2）局部阻力

局部阻力通常有两种表示方法，即当量长度法和阻力系数法。

① 当量长度法　流体流过某管件或阀门时，因局部阻力造成的损失，相当于流体流过与其具有相当管径长度的直管阻力损失，这个直管长度称为当量长度，用符号 l_e 表示。这样，就可以用直管阻力的公式来计算局部阻力损失，而且在管路计算时. 可将管路中的直管长度与管件、阀门的当量长度合并在一起计算，如管路中直管长度为 l，各种局部阻力的当量长度之和为 $\sum l_e$，则流体在管路中流动时的总阻力损失 $\sum h_f$ 为

$$\sum h_f=\lambda\ \frac{l+\sum l_e}{d}\times\frac{u^2}{2} \tag{3-6}$$

② 阻力系数法　流体通过某一管件或阀门时的阻力损失用流体在管路中的动能系数来

表示，这种计算局部阻力的方法，称为阻力系数法。即

$$h_f'=\xi\frac{u^2}{2} \tag{3-7}$$

式中 ξ——局部阻力系数，无量纲；

u——在小截面管中流体的平均流速，m/s。

由于管件两侧距测压孔间的直管长度很短，引起的摩擦阻力与局部阻力相比，可以忽略不计。因此 h_f' 值可应用伯努利方程由压差计读数求取。

(2) 泵性能曲线测定

离心泵的性能曲线是选择和使用离心泵的重要依据之一，其性能曲线是在恒定转速下扬程 H、轴功率 N 及效率 η 与流量 V 之间的关系曲线，它是流体在泵内流动规律的外部表现形式。由于泵内部流动情况复杂，不能用数学方法计算这一性能曲线，只能依靠实验测定。

1）流量 V 的测定与计算

采用涡轮流量计测量流量，积算仪显示流量值 V（m^3/h）。

2）扬程 H 的测定与计算

在泵进、出口取截面列伯努利方程：

$$H=\frac{p_2-p_1}{\rho g}+z_2-z_1+\frac{u_2^2-u_1^2}{2g} \tag{3-8}$$

式中 p_1，p_2——泵进、出口的压强，Pa；

u_1，u_2——泵进、出口的流量，m/s；

z_1，z_2——泵进、出口的高度，m；

ρ——液体密度，kg/m^3；

g——重力加速度，m/s^2。

当进出口管径一致、真空表和压力表安装高度一致，上式即为：

$$H=\frac{p_2-p_1}{\rho g} \tag{3-9}$$

由式（3-9）可知：只要直接读出真空表和压力表上的数值，就可以计算出泵的扬程。注意：式（3-9）中 p_1 应代入一个负的表压值。

本实验中，还采用 Pt-100 铂电阻温度传感器测温，用负压传感器和压力传感器测量泵进、出口的负压和压强。

3）轴功率 N 的测量与计算

采用功率表测量电机功率 $N_{电机}$，用电机功率乘以电机效率即得泵的轴功率。

$$N=N_{电机}\eta_{电机} \tag{3-10}$$

式中 N——泵的轴功率，W。

注意：本装置电机效率为 81.3%。

4）转速 n 的测定与计算

泵轴的转速由磁电传感器采集，由数值式转速表直接读出，单位：r/min（rpm）。

在作性能曲线时泵轴的转速选恒定转速，一般为 2825r/min。

5）效率 η 的计算

泵的效率 η 为泵的有效功率 N_e 与轴功率 N 的比值。有效功率 N_e 是流体单位时间内自泵得到的功率，轴功率 N 是单位时间内泵从电机得到的功率，两者差异反映了水力损失、容积损失和机械损失的大小。

泵的有效功率 N_e 可用下式计算：

$$N_e = HV\rho g \tag{3-11}$$

故
$$\eta = N_e / N = HV\rho g / N \tag{3-12}$$

3. 实验装置与流程

(1) 实验装置

实验装置如图 3-1 所示主要由高位槽，不同管径、材质的管子，各种阀门和管件、转子流量计等组成。第一根为不锈钢光滑管（ϕ32mm×3mm），第二根为不锈钢强化管（ϕ32mm×3mm），分别用于光滑管和强化管湍流流体流动阻力的测定。第三根为不锈钢管

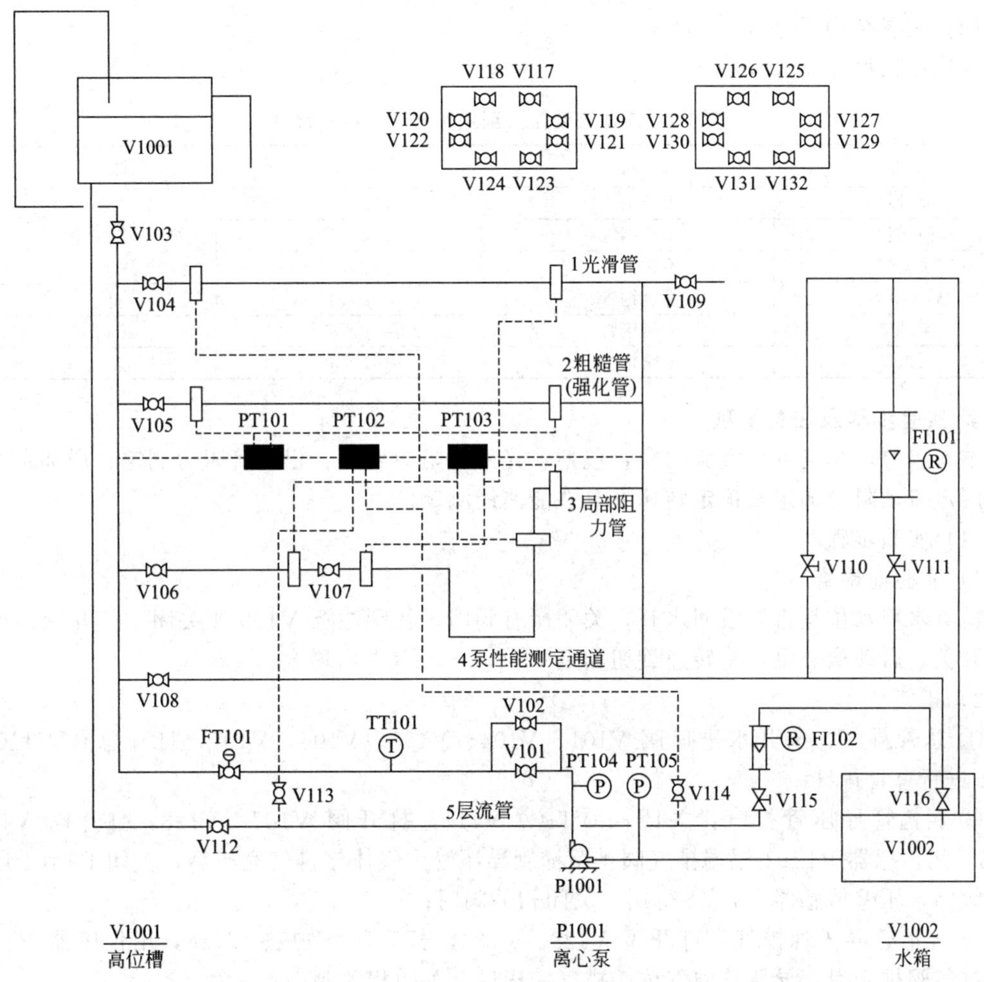

图 3-1 流体流动阻力——泵性能曲线测定综合实验流程图

V101 —水进口阀；V102 —自动流量调节阀；V103—高位水箱进水阀；
V104 —光滑管水进口阀；V105 —粗糙管水进口阀；V106 —局部阻力测试管水进口阀；
V107—闸阀；V108 —泵性能测定管路水进口阀；V109 —实验装置放空阀；V110、V111 —水出口调节阀；
V112 —层流管水进口阀；V113、V114—层流测压导管阀门；V115 —层流水管路出口调节阀；
V116 —系统排水阀（排空阀）；V117、V118 —光滑管和局部阻力测压管连接压差传感器阀门；
V119、V120—闸阀测压导管阀门；V121、V122—弯头测压导管阀门；
V123、V124 —光滑管和局部阻力测压管连接倒 U 形管压差计阀门；
V125、V126 —粗糙管连接压差传感器阀门；V127、V128 —光滑管测压导管阀门；
V129、V130 —粗糙管测压导管阀门；V131、V132 —粗糙管测压管连接倒 U 形管压差计阀门；
PT101、PT102、PT103—压差传感器；PT104、PT105—电子远传压力表；
FI101、FI102—转子流量计；FT101—涡轮流量计；TT101—介质温度传感器

（ϕ32mm×3mm），装有待测闸阀、弯头，用于局部阻力的测定。第四根为不锈钢管（ϕ45mm×3mm），用于泵性能测定时的通道。第五根为不锈钢管（ϕ12mm×2mm），和高位槽相连，用于层流阻力测定。

本实验的介质为水，由水箱储水循环使用，由离心泵输送。

水流量采用装在测试装置尾部的转子流量计和泵出口的涡轮流量计测量，直管段和闸阀的阻力分别用各自的倒U形管压差计或压差传感器和智能数显仪表测得。倒U形管压差计的使用方法参见第二章第二节“一、(一) 4.”。

(2) 装置结构尺寸

装置结构尺寸见表3-1。

表3-1　流体流动阻力测定实验装置结构尺寸

名称	材质	管径/mm	测试段长度/m
光滑管	不锈钢管	ϕ32×3	2.0
强化管	不锈钢管	ϕ32×3	
层流管	不锈钢管	ϕ12×2	
局部阻力	不锈钢管	ϕ32×3	—
泵进口	不锈钢管	ϕ48×3	
泵出口	不锈钢管	ϕ45×3	

4. 实验步骤及注意事项

本实验要求测定五个实验内容，包括：光滑管阻力测定、粗糙管阻力测定、局部阻力测定、层流流动阻力测定及恒定转速下泵性能曲线测定。

(1) 实验步骤

1）实验前检查

检查水箱水位是否淹没回水管，关闭所有阀门，特别注意V109要关闭。打开操作柜总电源开关，启动离心泵，将转速旋钮调至2000 r/min（向右增大）。

2）排气

① 总管排气：全开水进口阀V101、V104、V105、V106、V107，打开总阀V110和V111进行总管排气；

② 粗糙管导压管排气：关闭阀V110、V111，打开阀V127、V128，打开阀V125、V126，用传感器PT101尾端排气阀排粗糙管导压管内气体。排气完毕后，关闭PT101尾端排气阀门，压差传感器PT101待用，关闭相关阀门；

③ 光滑管导压管排气：打开阀V129、V130，打开阀V117、V118，用传感器PT103尾端排气阀排光滑管导压管内气体。排气完毕后，关闭相关阀门；

④ 局部阻力导压管排气：打开阀V119、V120，打开阀V117、V118，用传感器PT103尾端排气阀排光滑管导压管内气体，排气完毕后，关闭PT103尾端排气阀门，并关闭阀V119、V120；打开阀V121、V122，打开阀V117、V118，用传感器PT103尾端排气阀排弯管导压管内气体，排气完毕后，关闭PT103尾端排气阀门，PT103待用，并关闭相关阀门。

3）光滑管阻力测定实验

① 关闭阀V103、V105、V106、V108，仅留V104开，打开阀V127、V128、V117、V118；

② 通过管路出口调节阀V111调节流量，以转子流量计读数，最大流量6m^3/h，待稳定后（约30s）同样读取压差值，并记录流量、压差；依次类推至流量为1m^3/h；

③ 关闭 V104、V127、V128、V117、V118 阀门，光滑管阻力测定实验测定完毕。此时可以不停止泵，直接进入粗糙管阻力测定实验。

4）粗糙管阻力测定实验

① 打开阀 V105，打开阀 V129、V130、V125、V126；

② 通过管路出口调节阀 V111 调节流量，以转子流量计读数，最大流量 6 m^3/h，待稳定后（约 30s）同样读取压差值，并记录流量、压差；依次类推至流量为 1m^3/h；

③ 关闭 V105、V129、V130、V125、V126 阀门，粗糙管阻力测定实验测定完毕，此时可以不停止泵，直接进入局部阻力测定实验。

5）局部阻力测定实验

① 打开阀 V106，注意 V107 全开，打开阀 V119、V120、V117、V118；

② 调节管路出口调节阀 V111，测取若干点，读取流量、压差，并记录；

③ 关闭相关阀门，闸阀局部阻力测定实验完毕；

④ 打开阀 V121、V122，调节阀 V111，测取若干点，读取流量、压差，并记录；

⑤ 关闭相关阀门，弯头局部阻力测定实验完毕。

6）层流流动阻力测定实验

① 将离心泵转速调为约 1000r/min；

② 打开 V103，观察高位槽回流管是否保持回流（回流可以通过实验装置回水管尾端的玻璃管观察），当有流体回流后，调节 V103 使得回流液挂壁流下即可；

③ 打开 V112，调节 V115 至最大流量，进行层流的总管排气；

④ 关闭阀 V115，打开 V113、V114，用传感器 PT102 尾端排气阀排导压管内气体，排气完毕后，关闭 PT102 尾端排气阀门，PT102 待用；

⑤ 通过层流水管路出口调节阀 V115 调节流量，测取若干点，读取流量、压差，并记录；

⑥ 关闭相关阀门，层流流动阻力测定实验完毕；

⑦ 将转速慢慢调为零，关闭离心泵；

⑧ 关闭操作柜总电源。

7）恒定转速下泵性能曲线测定实验

① 检查水箱水位是否淹没回水管，确认所有阀门全部关闭，启动离心泵，将转速旋钮调至 2825r/min（向右增大）；

② 打开阀 V108、V110，调节流量，在仪表台上读出流量 V、电机功率 $N_{电机}$、转速 n、进口压力表读数 p_1 和出口压力表读数 p_2，并记录；

③ 在最大流量（约 14.5m^3/h）至最小流量之间测取 10 组数据，比如：第二个点流量拟取 13.5m^3/h，缓慢调节 V110，使流量稳定在确定值，然后再次读取流量 V，电机功率 $N_{电机}$，转速 n，水温 t，进口真空表读数 p_1 和出口压力表读数 p_2，并记录；

④ 待流量达到最小，即出口阀 V114 处于关闭，将转速缓慢调至 0；

⑤ 停止离心泵的运转；

⑥ 关闭总电源开关。

注意：实验过程中可以采用电动调节阀调节旋钮来代替流量调节阀 V101；在流量小于 6m^3/h 时，可以采用玻璃转子流量计读数；可以用触摸屏采集数据和导出数据。

(2) 实验注意事项

① 开启、关闭管道上的各阀门时，一定要缓慢开关，切忌用力过猛过大，防止测量仪表因突然受压、减压而受损（如玻璃管断裂，阀门滑丝等）；

② 确保水箱水位淹没回水管；

③ 实验结束后打开系统排水阀 V116（在水箱内），排尽水，以防锈和冬天防冻。

5. 实验报告要求

① 根据强化管实验结果，在双对数坐标纸上标绘出 $\lambda \sim Re$ 曲线。

② 根据光滑管实验结果，在双对数坐标纸上标绘出 $\lambda \sim Re$ 曲线，并对照柏拉修斯方程，计算其误差。

③ 根据局部阻力实验结果，求出闸阀全开时的平均 ξ 值。

④ 对实验结果进行分析讨论。

6. 思考题

① 在对装置做排气工作时，是否一定要关闭流程尾部的流量调节阀 V110、V111？为什么？

② 如何检验测试系统内的空气是否已经被排除干净？

③ 以水做介质所测得的 $\lambda \sim Re$ 关系能否适用于其他流体？如何应用？

④ 在不同设备上（包括不同管径），不同水温下测定的 $\lambda \sim Re$ 数据能否关联在同一条曲线上？

⑤ 如果测压口、孔边缘有毛刺或安装不垂直，对静压的测量有何影响？

⑥试从所测实验数据分析，离心泵在启动时为什么要关闭出口阀门？

⑦启动离心泵之前为什么要引水灌泵？如果灌泵后依然启动不起来，你认为可能的原因是什么？

⑧为什么用泵的出口阀门调节流量？这种方法有什么优缺点？是否还有其他方法调节流量？

⑨正常工作的离心泵，在其进口管路上安装阀门是否合理？为什么？

7. 实验数据记录及数据处理结果示例

流体流动阻力测定实验数据记录及计算结果见表 3-2、表 3-3。

表 3-2 流体流动阻力测定实验数据记录表

装置号：____# 管长 $L=2$m；工质温度 $t=$____℃

实验序号	流量/(m^3/h)	光滑管压差/kPa (管径 $D=0.026$m)	粗糙管压差/kPa (管径 $D=0.026$m)	闸阀(全开)阻力/kPa (管径 $D=0.026$m)	弯头阻力/kPa (管径 $D=0.026$m)
1					
2					
3					
4					
5					
6					
7					
8					
9					
10					

表 3-3 流体流动阻力测定实验计算结果

实验序号	流量/(m^3/h)	Re	$\lambda_{光滑管exp}$	$\lambda_{光滑管cal}$	$\lambda_{粗糙管exp}$	$\lambda_{粗糙管cal}$
1						
2						
3						
4						

续表

实验序号	流量/(m^3/h)	Re	$\lambda_{光滑管exp}$	$\lambda_{光滑管cal}$	$\lambda_{粗糙管exp}$	$\lambda_{粗糙管cal}$
5						
6						
7						
8						
9						
10						

流体流动阻力测定实验结果示例如图 3-2 所示。

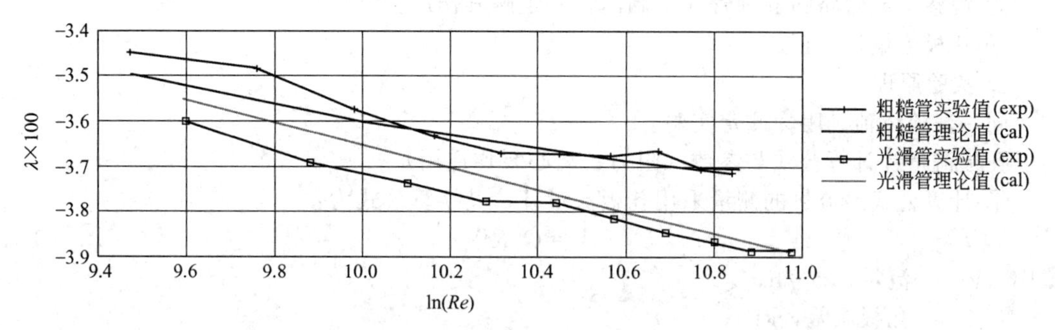

图 3-2 流体流动阻力测定实验结果示例

离心泵性能曲线测定实验数据记录及实验结果见表 3-4、表 3-5。

表 3-4 离心泵性能曲线测定实验数据记录

闸阀（全开）阻力系数实验值＝理论值＝90°弯头阻力

系数______实验值＝理论值＝装置号：______ 工质温度 t＝______℃

实验序号	流量/(m^3/h)	$p_{真空表}$/MPa	$p_{压力表}$/MPa	转速/(r/min)	电功率/kW
1					
2					
3					
4					
5					
6					
7					
8					
9					
10					
11					

表 3-5 离心泵性能曲线测定实验结果

实验序号	流量 V/(m^3/h)	扬程 H/m	轴功率 N/kW	效率 η
1				
2				
3				
4				
5				
6				
7				
8				
9				
10				

二、 流体力学综合实验

1. 实验目的

① 掌握流体流经直管和阀门时阻力损失的测定方法，通过实验了解流体流动中能量损失的变化规律。

② 测定直管摩擦系数 λ 与雷诺数 Re 的关系，将所得的 $\lambda \sim Re$ 方程与经验公式比较。

③ 测定流体流经阀门时的局部阻力系数 ξ。

④ 学会倒 U 形管压差计、Pt100 温度传感器和转子流量计的使用方法。

⑤ 观察组成管路的各种管件、阀门，并了解其作用。

⑥ 孔板流量计校正。

2. 实验原理

同一、流体流动阻力测定实验。

孔板流量计计算公式与参数（阻力、离心泵均适用）

① 计算公式　流量的测量采用孔板流量计，其换算公式为：

$$V = C_1 R^{C_2} \tag{3-13}$$

式中　V——流量，m^3/h；

R——孔板压差，kPa；

C_1，C_2——孔板流量计参数。

② 参数　见表 3-6。

表 3-6　孔板流量计参数

参数	1#	2#	3#	4#
C_1	1.55	1.59	1.66	1.75
C_2	0.51	0.51	0.51	0.51

3. 实验装置与流程

(1) 装置流程

实验装置流程如图 3-3 或图 3-4 所示，主要由水箱、泵，不同管径、材质的管子，各种阀门和管件、转子流量计等组成。第一根管为不锈钢光滑管；第二根管为粗糙管，分别用于光滑管和粗糙管湍流流体流动阻力的测定；第三根管为不锈钢管，装有待测闸阀，用于局部阻力的测定。

本实验的介质为水，由离心泵供给（其位头约为 25m），或由泵输送至高位槽使用，经实验装置后的水循环使用。

水流量采用装在测试装置尾部的转子流量计测量，直管段和闸阀的阻力分别用各自的倒 U 形管压差计或 1151 差压传感器和数显表测得。倒 U 形管压差计的使用方法见第二章第二节。

(2) 装置结构尺寸（表 3-7）

表 3-7　装置结构尺寸

名称	材质	管内径/mm	测试段长度/m
光滑管	不锈钢管	28	1.5
粗糙管	镀锌铁管	28	
局部阻力管	不锈钢管	28	—

4. 实验步骤及注意事项

(1) 实验步骤

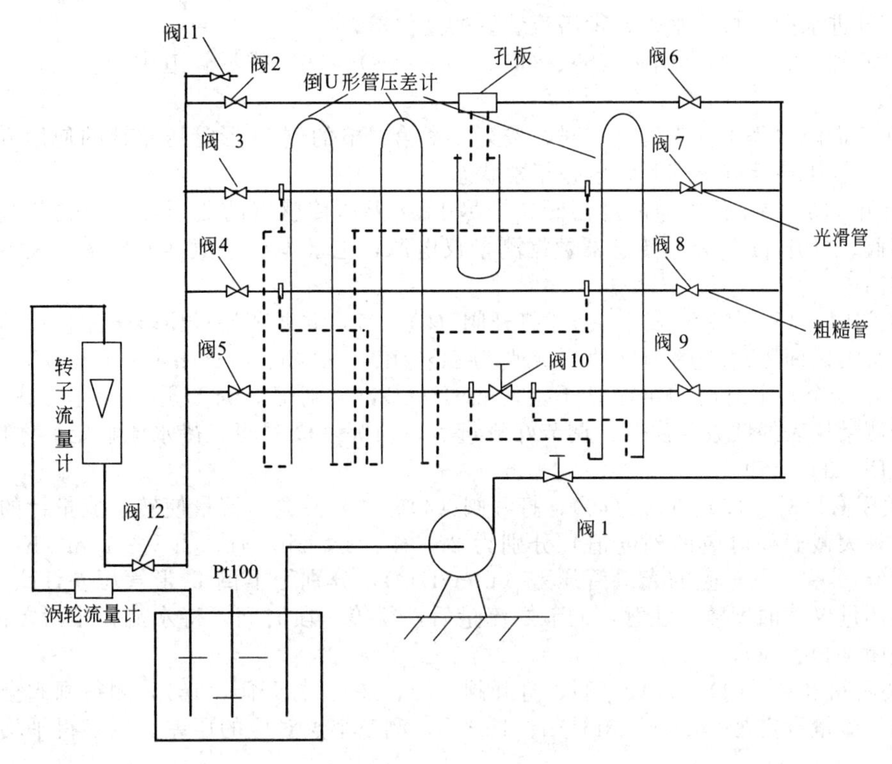

图 3-3　流体力学综合实验装置流程 1

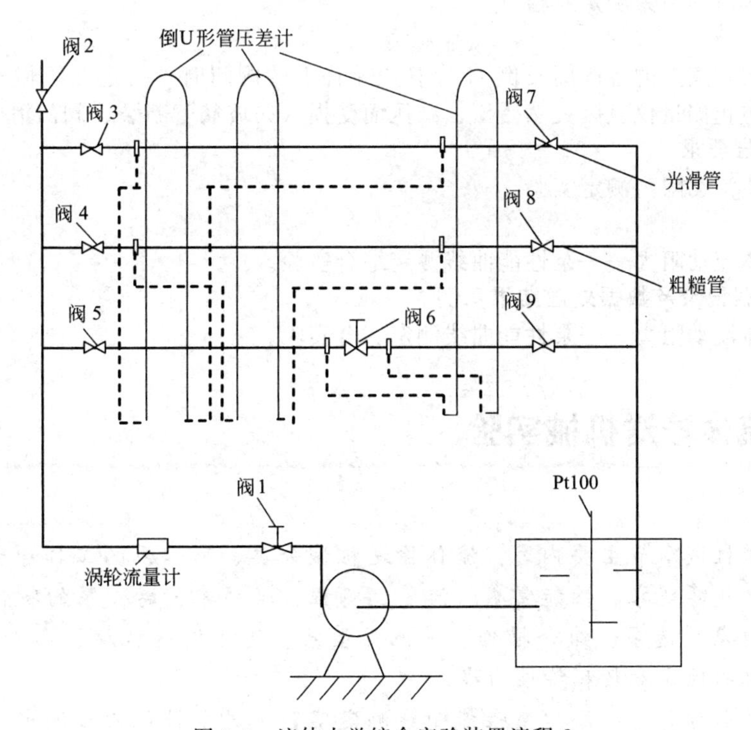

图 3-4　流体力学综合实验装置流程 2

① 熟悉实验装置系统（图 3-3）；

② 打开进水阀（1），水来自带溢流装置的高位槽；

③ 打开阀（2）、（3）、（4）、（5）、（6）、（7）、（8）、（9）排尽管道中的空气，之后关阀（6）、（2）；

④ 在管道内水静止（零流量）时，按第二章第二节的倒 U 形管压差计的使用方法，将三个倒 U 形管压差计调节到测量压差正常状态；

⑤ 打开 1151 差压传感器的排污阀，排尽 1151 差压传感器的测压导管内的气泡，然后关闭排污阀。打开 1151 差压传感器数据测量仪电源，记录零点数值（或校零，校零由指导教师完成）；

⑥ 关闭阀（4）、（5）、（8）、（9），打开阀（3）、（7）并调节流量使转子流量计的流量示值（转子最大截面处对应的刻度值）分别为 $2m^3/h$、$3m^3/h$、$4m^3/h$……$11m^3/h$，测得每个流量（8～9 个）下对应的粗糙管压差（mmH_2O），分别记下倒 U 形管压差计或 1151 差压传感器测量仪表的读数。注意：调节好流量后，须等一段时间，待水流稳定后才能读数，测完后关闭（3）、（7）；

⑦ 关闭阀（3）、（5）、（7）、（9），打开阀（4）、（8）并调节流量使转子流量计的流量示值（转子最大截面处对应的刻度值）分别为 $2m^3/h$、$3m^3/h$、$4m^3/h$……$11m^3/h$，测得每个流量（8～9 个）下对应的光滑管压差（mmH_2O），分别记下倒 U 形管压差计或 1151 差压传感器测量仪表的读数。注意：调节好流量后，须等一段时间，待水流稳定后才能读数，测完后关闭（4）、（8）；

⑧ 关闭阀（3）、（4）、（7）、（8），打开阀（5）、（9），打开阀（10），测得闸阀全开时的局部阻力（流量设定为 $2m^3/h$、$3m^3/h$、$4m^3/h$，测三个点对应的压差，以求得平均的阻力系数）。

（2） 倒 U 形管压差计的调节

同一、流体流动阻力测定实验。

（3） 注意事项

开启、关闭管道上的各阀门及倒 U 形管压差计上的阀门时，一定要缓慢开关，切忌用力过猛过大，防止测量仪表因突然受压、减压而受损（如玻璃管断裂、阀门滑丝等）。

5. 实验报告要求

同一、流体流动阻力测定实验。

6. 思考题

同一、流体流动阻力——泵性能曲线测定综合实验。

7. 实验数据记录及数据处理结果示例

同一、流体流动阻力——泵性能曲线测定综合实验。

实验二　流体输送机械实验

流体输送机械章节主要内容：流体输送机械分类、离心泵的工作原理、离心泵的主要部件、气缚现象、性能常数、流量、扬程、轴功率、离心泵的特性曲线及其应用、汽蚀现象、选泵、组合操作、其他类型泵、气体输送机械、离心式通风机、离心式通风机的性能参数和特性曲线。

实验设计通常会有：离心泵性能曲线测定实验、风机性能曲线测定。但大都以离心泵性能曲线测定实验为主，然而必须有串、并联组合操作内容。

一、离心泵单泵性能曲线测定实验

1. 实验目的

① 了解离心泵结构与特性，学会离心泵的操作。

② 测定恒定转速条件下离心泵的有效扬程（H）、轴功率（N）以及总效率（η）与有效流量（V）之间的曲线关系。

③ 掌握离心泵流量调节的方法和涡轮流量传感器及智能流量积算仪的工作原理和使用方法。

④ 学会使用功率表测量电机功率的方法。

⑤ 学会压力表、真空表的工作原理和使用方法。

2. 实验原理

离心泵的特性曲线是选择和使用离心泵的重要依据之一，其特性曲线是在恒定转速下扬程 H、轴功率 N 及效率 η 与流量 V 之间的关系曲线，它是流体在泵内流动规律的外部表现形式。由于泵内部流动情况复杂，不能用数学方法计算这一特性曲线，只能依靠实验测定。

(1) 流量 V 的测定与计算

采用涡轮流量计测量流量，积算仪显示流量值 $V(m^3/h)$。

(2) 扬程 H 的测定与计算

在泵进、出口取截面列伯努利方程：

$$H=\frac{p_2-p_1}{\rho g}+z_2-z_1+\frac{u_2^2-u_1^2}{2g} \tag{3-8}$$

式中 p_1，p_2——泵进、出口的压强，Pa；

ρ——液体密度，kg/m^3；

g——重力加速度，m/s^2；

u_1，u_2——泵进、出口的流量，m/s。

当进出口管径一致、真空表和压力表安装高度一致，上式即为：

$$H=\frac{p_2-p_1}{\rho g} \tag{3-9}$$

由式(3-9)可知：只要直接读出真空表和压力表上的数值，就可以计算出泵的扬程。注意：式(3-9)中 p_1 应代入一个负的表压值。

本实验中，还采用 Pt100 铂电阻温度传感器测温，用负压传感器和压力传感器测量泵进口、出口的负压和压强，由 16 路巡检仪显示温度、真空度和压力值。

(3) 轴功率 N 的测量与计算

采用功率表测量电机功率 $N_{电机}$，用电机功率乘以电机效率 $\eta_{电机}$ 即得泵的轴功率。

$$N=N_{电机}\eta_{电机} \tag{3-10}$$

式中 N——泵的轴功率，W。

(4) 转速 n 的测定与计算

泵轴的转速由电磁传感器采集，数值式转速表直接读出，单位：r/min（rpm）。

泵轴的转速在作性能曲线时选恒定转速，一般为 2900r/min。

(5) 效率 η 的计算

泵的效率 η 为泵的有效功率 N_e 与轴功率 N 的比值。有效功率 N_e 是流体单位时间内自泵得到的功率，轴功率 N 是单位时间内泵从电机得到的功率，两者差异反映了水力损失、容积损失和机械损失的大小。

泵的有效功率 N_e 可用下式计算：

$$N_e = HV\rho g \tag{3-11}$$

故

$$\eta = N_e/N = HV\rho g/N \tag{3-12}$$

3. 实验装置与流程

离心泵特性曲线测定系统实验装置如图 3-5 所示。

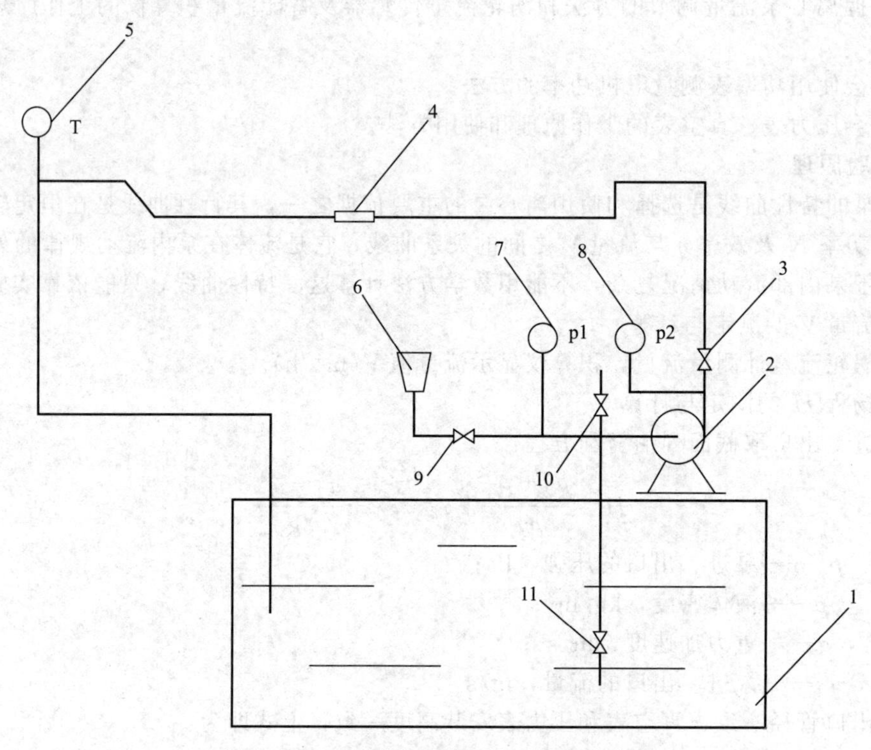

图 3-5 离心泵特性曲线测定系统实验装置

1—水箱；2—离心泵；3—调节阀；4—涡轮流量计；5—PT100 温度计；6—灌泵进水漏斗；7—进口真空泵；8—出口压力表；9—灌水阀门；10—排气阀门；11—水泵底阀

实验装置如图 3-5 所示，主要由水箱、泵、功率表、转速传感器、涡轮流量变送器、压差（正压、负压）传感器，不同管径、材质的管子，各种阀门和管件等组成。

4. 实验步骤及注意事项

① 仪表上电：打开总电源开关，打开仪表电源开关。

② 关闭离心泵排水阀（出口阀），打开排气阀，打开离心泵灌水漏斗下的灌水阀，对水泵进行灌水；排水阀出水后关闭泵的灌水阀，再关闭排气阀。

③ 按下离心泵启动按钮，启动离心泵，这时离心泵启动按钮绿灯亮。启动离心泵后把排水阀开到最大，开始进行离心泵性能曲线测定实验。

④ 流量调节：控制调节阀开度的增大或减小，调节流量的目的（首先调到100％，再调到 90％，依次递减到 20％）。

⑤ 实验方法：调节排水阀（闸阀）开度，使阀门全开。等流量稳定时，流量 V、轴功率 N、电机转速 n、水温 t、真空表读数 p_1 和出口压力表读数 p_2 并记录；关小阀门减小流量，重复以上操作，测得另一流量下对应的各个数据，直至流量为 0，一般在全量程范围内测 10 个点左右。

⑥ 实验完毕，关闭水泵排水阀，按下仪表台上的水泵停止按钮，停止水泵的运转。

⑦ 关闭以前打开的所有设备电源。

5. 实验报告要求

① 在同一张坐标纸上描绘一定转速下的 $H \sim V$、$N \sim V$、$\eta \sim V$ 曲线。

② 分析实验结果，判断泵较为适宜的工作范围。

6. 思考题

① 试从所测实验数据分析，离心泵在启动时为什么要关闭出口阀门？

② 启动离心泵之前为什么要引水灌泵？如果灌泵后依然启动不起来，可能的原因是什么？

③ 为什么用泵的出口阀门调节流量？这种方法有什么优缺点？是否还有其他方法调节流量？

④ 正常工作的离心泵，在其进口管路上安装阀门是否合理？为什么？

7. 实验数据记录及数据处理结果示例

原始数据记录见表 3-8。

装置号：1# 水温：15.0℃

表 3-8 离心泵性能曲线测定实验数据记录

实验序号	流量/(m^3/h)	p_1(真空表)/MPa	p_2(压力表)/MPa	转速/(r/min)	电机功率/kW
1	15.65	−0.0396	0.110	2925	1.4475
2	14.40	−0.0344	0.136	2930	1.41125
3	13.44	−0.0310	0.145	2931	1.365
4	12.48	−0.0280	0.159	2933	1.325
5	11.52	−0.0262	0.170	2934	1.3025
6	10.56	−0.0240	0.179	2938	1.24625
7	9.6	−0.0220	0.186	2940	1.18125
8	8.64	−0.0218	0.194	2942	1.13125
9	7.68	−0.0191	0.201	2946	1.07625
10	6.72	−0.0180	0.204	2949	1.0175
11	5.76	−0.0146	0.209	2954	0.955

计算示例：

$$H=\frac{p_2-p_1}{\rho g}=\frac{(0.110+0.0396)\times 10^6}{9.81\times 1000}=15.27\text{m}$$

$$N=N_{电机}\eta_{电机}=1.4475\times 0.8=1.158\text{kW}$$

$$\eta=\frac{HV\rho g}{N}=\frac{15.27\times\frac{15.65}{3600}\times 1000\times 9.81}{1.158\times 1000}=0.562$$

采用比例定律将扬程、轴功率转换为恒转速 2900r/min 下的值。结果见表 3-9。

表 3-9　离心泵性能曲线测定实验数据处理结果

实验序号	流量 $V/(\mathrm{m^3/h})$	扬程 H/m	轴功率 N/kW	效率 η
1	15.65	15.27	1.158	0.562
2	14.40	17.39	1.129	0.604
3	13.44	17.97	1.092	0.602
4	12.48	19.09	1.06	0.612
5	11.52	20.03	1.042	0.603
6	10.56	20.72	0.997	0.597
7	9.60	21.23	0.945	0.587
8	8.64	22.03	0.905	0.572
9	7.68	22.47	0.861	0.545
10	6.72	22.66	0.814	0.509
11	5.76	22.82	0.764	0.468

离心泵性能曲线如图 3-6 所示。

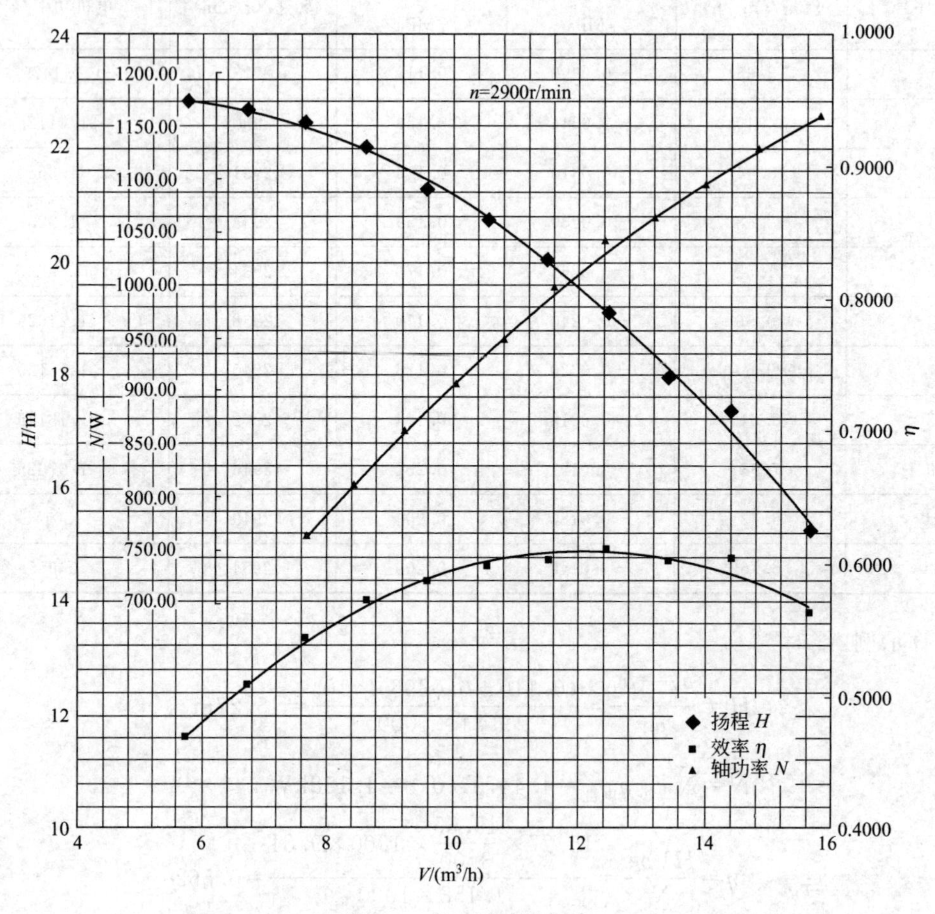

图 3-6　离心泵性能曲线

二、 离心泵组合性能曲线测定实验

1. 实验目的

① 了解离心泵的串、并联组合操作原理。

② 设计离心泵串并联组合操作流程。

③ 掌握离心泵流量调节的方法和涡轮流量传感器及智能流量积算仪的工作原理和使用方法。

④ 学会轴功率的测量方法。

⑤ 学会压力表、真空表及压力传感器的工作原理和使用方法。

⑥ 掌握，测定两泵串联时有效扬程（H）与有效流量（V）之间的曲线关系。

2. 实验原理

① 流量 V 的测定与计算

采用涡轮流量计测量流量，积算仪显示流量值 V（m^3/h）。

② 扬程 H 的测定与计算

在泵进、出口取截面列伯努利方程：

$$H=\frac{p_2-p_1}{\rho g}+z_2-z_1+\frac{u_2^2-u_1^2}{2g} \tag{3-8}$$

当进出口管径一致、真空表和压力表安装高度一致，上式即为：

$$H=\frac{p_2-p_1}{\rho g} \tag{3-9}$$

由式（3-9）可知：只要直接读出真空表和压力表上的数值，就可以计算出泵的扬程。注意：上式中 p_1 应代入一个负的表压值。

本实验中，还采用 Pt-100 铂电阻温度传感器测温，用负压传感器和压力传感器测量泵进、出口的负压和压强，由 16 路巡检仪显示温度、真空度和压力值。

③ 轴功率 N 的测量与计算

采用功率表测量电机功率 $N_{电机}$，用电机功率乘以电机效率即得泵的轴功率。

$$N=N_{电机}\eta_{电机} \tag{3-10}$$

④ 转速 n 的测定与计算

泵轴的转速由磁电传感器采集，数值式转速表直接读出，单位：r/min。

在作性能曲线时泵轴的转速选恒定转速，一般为 2900r/min。

⑤ 效率 η 的计算

泵的有效功率 N_e 可用式（3-11）计算：

$$N_e=HV\rho g \tag{3-11}$$

故

$$\eta=N_e/N=HV\rho g/N \tag{3-12}$$

3. 实验装置与流程

离心泵组合性能曲线测定实验装置工艺控制流程图如图 3-7 所示。

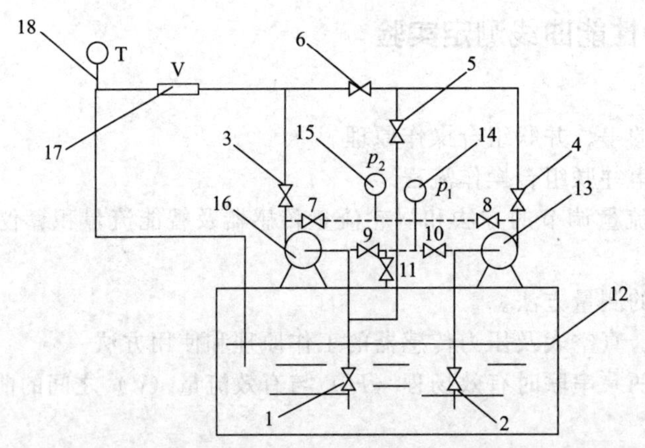

图 3-7　离心泵组合性能曲线测定实验装置工艺控制流程图

1，2—底阀；3，4—出口闸阀；5，6—闸阀；7～11—球阀；12—水箱；
13—离心泵 2；14—真空表；15—压力表；16—离心泵 1；17—涡轮流量计；18—温度计

4. 实验步骤

(1) 串联操作

a. 对离心泵 1、离心泵 2 罐泵；

b. 启动离心泵 2，打开阀 2，打开阀 4（调至最大），打开阀 5；

c. 启动离心泵 1，打开阀 3，逐渐调大，观察流量（注意一定要关闭阀 9）。

(2) 并联操作

a. 对离心泵 1、离心泵 2 罐泵；

b. 启动离心泵 2，打开阀 2，打开阀 4（调至最大），关闭阀 5，打开阀 6；

c. 启动离心泵 1，打开阀 1，打开阀 3，逐渐调大，观察流量。

① 仪表上电：打开总电源开关，打开仪表电源开关。

② 关闭离心泵出口阀门，打开排气阀，打开离心泵灌水漏斗下的灌水阀，对水泵进行灌水；排水阀出水后关闭泵的灌水阀，再关闭排气阀。

③ 按下离心泵启动按钮，启动离心泵，这时离心泵启动按钮绿灯亮。启动离心泵后把出水阀开到最大，开始进行离心泵性能曲线测定实验。

④ 流量调节：控制调节阀开度的增大或减小，调节流量的目的（首先调到 100%，再调到 90%，依次递减到 20%）。

⑤ 实验方法：调节出口闸阀开度，使阀门全开。等流量稳定时，测量流量 V、轴功率 N、电机转速 n、水温 t、真空表读数 p_1（或者 $p_{真空表}$）和出口压力表读数 p_2（或者 $p_{压力表}$）并记录；关小阀门减小流量，重复以上操作，测得另一流量下对应的各个数据，直至流量为 $2 \sim 3m^3/h$，一般在全量程范围内测 10 个点左右。

⑥ 实验完毕，关闭水泵出口阀，按下仪表台上的水泵停止按钮，停止水泵的运转。

⑦ 关闭以前打开的所有设备电源。

5. 实验报告要求

① 在坐标纸上描绘一定转速下的 $H \sim V$ 曲线。

② 分析实验结果，判断泵较为适宜的工作范围。

实验三　颗粒流体力学及机械分离实验

相关章节主要内容：非均相物系分离、重力沉降、离心沉降、离心沉降设备、旋风分离器、降尘室、过滤、过滤基本方程式、板框压滤机、叶滤机、回转真空过滤机。

实验设计项目主要有：

① 恒压过滤常数测定（板框压滤），主要采用板框压滤机验证过滤基本原理，测定过滤常数 K、q_e、τ_e及压缩性指数 s 的方法，学会滤饼洗涤操作。

② 恒压过滤常数测定（真空抽滤），采用真空抽滤测定过滤常数 K、q_e、τ_e。

③ 旋风分离器演示实验，演示气固分离。

④ 固体流态化实验。

一、 恒压过滤常数测定实验

1. 实验目的

① 熟悉板框压滤机的构造和操作方法；

② 通过恒压过滤实验，验证过滤基本原理；

③ 学会测定过滤常数 K、q_e、τ_e及压缩性指数 s 的方法；

④ 了解操作压力对过滤速率的影响；

⑤ 学会滤饼洗涤操作。

2. 实验原理

过滤是以某种多孔物质作为介质来处理悬浮液的操作。在外力的作用下，悬浮液中的液体通过介质的孔道而固体颗粒被截流下来，从而实现固液分离，因此，过滤操作本质上是流体通过固体颗粒床层的流动，所不同的是这个固体颗粒层的厚度随着过滤过程的进行而不断增加，故在恒压过滤操作中，其过滤速度不断降低。

影响过滤速度的主要因素除压强差 Δp，滤饼厚度 L 外，还有滤饼和悬浮液的性质，悬浮液温度，过滤介质的阻力等，故难以用流体力学的方法处理。

比较过滤过程与流体经过固定床的流动可知：过滤速度即为流体通过固定床的表观速度 u。同时，流体在细小颗粒构成的滤饼空隙中的流动属于低雷诺数范围，因此，可利用流体通过固定床压降的简化模型，寻求滤液量与时间的关系，运用层流时泊肃叶公式不难推导出过滤速度计算式：

$$u=\frac{1}{K}\frac{\varepsilon^3}{a^2(1-\varepsilon)^2}\frac{\Delta p}{\mu L} \tag{3-14}$$

式中　u——过滤速度，m/s；

K——康采尼常数，层流时，$K=5.0$；

ε——床层的空隙率，m^3/m^3；

a——颗粒的比表面积，m^2/m^3；

Δp——过滤的压强差，Pa；

μ——滤液的黏度，Pa·s；

L——床层厚度，m。

由此可导出过滤基本方程式为

$$\frac{dV}{d\tau}=\frac{A^2\Delta p^{1-s}}{\mu r' v(V+V_e)} \tag{3-15}$$

式中 V——滤液体积，m^3；

τ——过滤时间，s；

A——过滤面积，m^2；

s——滤饼压缩性指数，无量纲，一般情况下 $s=0\sim1$，对不可压缩滤饼 $s=0$；

r'——单位压差下的比阻，$1/m^2$，$r=r'\Delta p^s$；

r——滤饼比阻，$1/m^2$，$r=5.0a^2(1-\varepsilon)^2/\varepsilon^3$；

v——滤饼体积与相应滤液体积之比，无量纲；

V_e——虚拟滤液体积，m^3。

恒压过滤时，令 $k=1/(\mu r' v)$，$K=2k\Delta p^{(1-s)}$，$q=V/A$，$q_e=V_e/A$ 对式(3-15)积分可得

$$(q+q_e)^2=K(\tau+\tau_e) \tag{3-16}$$

式中 q——单位过滤面积的滤液体积，m^3/m^2；

q_e——单位过滤面积的虚拟滤液体积，m^3/m^2；

τ_e——虚拟过滤时间，s；

K——滤饼常数，由物料特性及过滤压差所决定，m^2/s。

K，q_e，τ_e 三者总称为过滤常数。利用恒压过滤方程进行计算时，首先必须知道 K、q_e、τ_e，它们只有通过实验才能确定。

对式(3-16)微分可得

$$\left.\begin{aligned}2(q+q_e)dq&=Kd\tau\\ \frac{d\tau}{dq}&=\frac{2}{K}q+\frac{2}{K}q_e\end{aligned}\right\} \tag{3-17}$$

该式表明以$\frac{d\tau}{dq}$为纵坐标，以 q 为横坐标作图可得一直线，直线斜率为 $2/K$，截距为 $2q_e/K$。在实验测定中，为便于计算，可用$\frac{\Delta\tau}{\Delta q}$替代$\frac{d\tau}{dq}$，把式(3-17)改写成

$$\frac{\Delta\tau}{\Delta q}=\frac{2}{K}q+\frac{2}{K}q_e \tag{3-18}$$

在恒压条件下，用秒表和量筒分别测定一系列时间间隔 $\Delta\tau_i$ $(i=1, 2, 3\cdots)$ 及对应的滤液体积 ΔV_i $(i=1, 2, 3\cdots)$，也可采用计算机软件自动采集一系列时间间隔 $\Delta\tau_i$ $(i=1, 2, 3\cdots)$ 及对应的滤液体积 ΔV_i $(i=1, 2, 3\cdots)$，由此算出一系列 $\Delta\tau_i$、Δq_i、q_i 在直角坐标系中绘制$\frac{\Delta\tau}{\Delta q}\sim q$ 的函数关系，得一直线。由直线的斜率和截距便可求出 K 和 q_e，再根据 $\tau_e=q_e^2/K$，求出 τ_e。

改变实验所用的过滤压差 Δp，可测得不同的 K 值，由 K 的定义式两边取对数得

$$\lg K=(1-s)\lg(\Delta p)+\lg(2k) \tag{3-19}$$

在实验压差范围内，若 k 为常数，则 $\lg K\sim\lg(\Delta p)$ 的关系在直角坐标上应是一条直

线，直线的斜率为（1－s），可得滤饼压缩性指数 s，由截距可得物料特性常数 k。

3. 实验装置与流程

本实验装置由空压机、配料槽、压力料槽、板框压滤机和压力定值调节阀等组成。其实验装置流程如图 3-8 所示。$CaCO_3$ 的悬浮液在配料桶内配置一定浓度后利用位差送入压力料槽中，用压缩空气加以搅拌使 $CaCO_3$ 不致沉降，同时利用压缩空气的压力将料浆送入板框压滤机过滤，滤液流入量筒或滤液量自动测量仪计量。

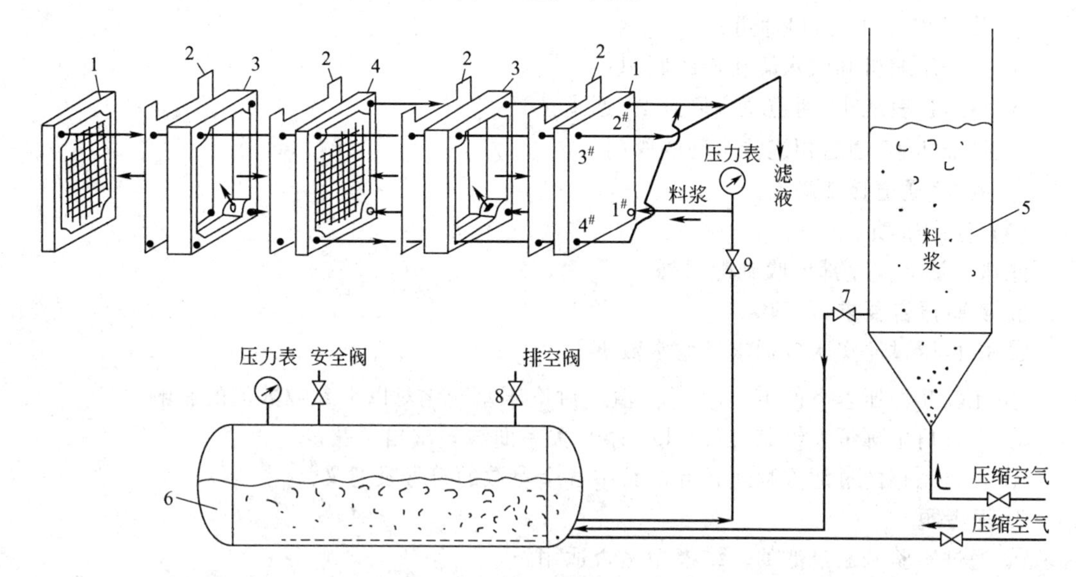

图 3-8 恒压过滤常数测定实验装置流程

1—端板；2—滤布；3—滤框；4—洗涤板；5—配料槽；6—压力料槽；7—料浆进口阀；8—放空阀；9—料浆进压滤机阀

板框压滤机的结构尺寸如下：框厚度 38mm，每个框过滤面积 0.024m^2，框数 2 个。

4. 实验步骤及注意事项

(1) 恒压过滤常数测定实验步骤

① 配制含 $CaCO_3$ 4%左右（质量分数）的水悬浮液；熟悉实验装置流程。

② 仪表上电：打开总电源空气开关，打开仪表电源开关。

③ 开启空气压缩机。

④ 正确装好滤板、滤框及滤布。滤布使用前先用水浸湿。滤布要绑紧，不能起皱（用丝杆压紧时，千万不要把手压伤，先慢慢转动手轮使板框合上，然后再压紧）。

⑤ 打开阀将压缩空气通入配料水，使 $CaCO_3$ 悬浮液搅拌均匀。

⑥ 打开压力料槽放空阀（8），打开阀（7），使料浆由配料桶流入压力料槽至 1/2～2/3 处，关闭阀（7）。

⑦ 打开阀将压缩空气通入压力料槽；将压力调节至 0.5～0.7MPa。

⑧ 打开阀 9，实验应在滤液从汇集管刚流出的时刻作为开始时刻，每次 ΔV 取为 800mL 左右，记录相应的过滤时间 $\Delta\tau$。要熟练双秒表轮流读数的方法。量筒交替接液时不要流失滤液。等量筒内滤液静止后读出 ΔV 值和记录 $\Delta\tau$ 值。测量 8～10 个读数即可停止实验。关闭阀（9），调节压力至 0.1～0.15MPa，重复上述操作做中等压力过滤实验。关闭阀（9），调节压力至 0.25～0.3MPa，重复上述操作做高压力过滤实验。

⑨ 实验完毕关闭阀（9），打开阀（7），将压力料槽剩余的悬浮液压回配料桶。

⑩ 打开排气阀，卸除压力料槽内的压力。然后卸下滤饼，清洗滤布、滤框及滤板。关闭空气压缩机电源，关闭仪表电源及总电源开关。

(2) 滤饼洗涤实验步骤

① 当以上过滤步骤第⑨完成后，待过滤速度很慢，即滤饼满框，方可进行滤饼洗涤，此时将清水罐加水至2/3位置；

② 洗涤时，关闭1#通道；

③ 关闭2#、4#出口通道；

④ 打开压缩机和清水罐相连的阀门；

⑤ 将压强表从1#通道位置调到2#通道位置；

⑥ 打开和4#通道相连清水罐的阀门；

⑦ 从3#通道接洗涤液。

(3) 注意事项

滤饼、滤液要全部回收到配料桶。

5. 实验报告要求

① 由恒压过滤实验数据求过滤常数 K、q_e、τ_e；

② 比较几种压差下的 K、q_e、τ_e 值，讨论压差变化对以上参数数值的影响；

③ 在直角坐标纸上绘制 $\lg K \sim \lg(\Delta p)$ 关系曲线，求出 s 及 k；

④ 写出完整的过滤方程式，弄清其中各个参数的符号及意义。

6. 思考题

① 通过实验判断过滤的一维模型是否适用?

② 当操作压强增加一倍，其 K 值是否也增加一倍？要得到同样的过滤液，其过滤时间是否缩短了一半?

③ 影响过滤速率的主要因素有哪些?

④ 滤浆浓度和操作压强对过滤常数 K 值有何影响?

⑤ 为什么过滤开始时，滤液常常有点浑浊，而过段时间后才变清?

7. 实验数据记录及数据处理结果示例

实验装置：1#；过滤面积 0.048m^2。实验数据及数据处理结果见表3-10、表3-11和图3-9。

表3-10 恒压过滤常数测定实验数据记录

实验序号	压力 $p_1=0.07$MPa		压力 $p_2=0.12$MPa		压力 $p_3=0.30$MPa	
	时间/s	滤液量/mL	时间/s	滤液量/mL	时间/s	滤液量/mL
1	32.0	637	24.6	610	28.2	669
2	30.7	658	27.3	638	27.5	682
3	35.8	679	25.6	618	28.1	667
4	35.8	731	30.6	689	29.1	700
5	37.4	681	29.3	655	28.0	658
6	36.1	660	30.4	666	29.6	680
7	42.8	753	31.2	684	27.1	650
8	39.4	675	33.5	703	30.9	688

计算举例：以 $p=0.07\text{MPa}$ 时的第一组数据为例

过滤面积 $A=0.024\times2=0.048\text{m}^2$

$\Delta q_1=\Delta V/A=637\times10^{-6}/0.048=0.01327\approx0.0133\text{m}^3/\text{m}^2$

$\Delta\tau_1/\Delta q_1=32.0/0.01327=2411.45\approx2411.5\text{s}\cdot\text{m}^2/\text{m}^3$

$q_1=0+\Delta q_1=0.01327=0.0133\text{m}^3/\text{m}^2$　　$q_2=q_1+\Delta q_2=0.01327+0.01371=0.02698\approx0.0270\text{m}^3/\text{m}^2$

在直角坐标系中绘制 $\Delta\tau/\Delta q\sim q$ 的关系曲线，如图 3-9(a) 所示。从图 3-9(a) 上读出斜率可求得 K。计算举例：有压力 $p=0.30\text{MPa}$ 时的 $\Delta\tau/\Delta q\sim q$ 直线上取两个点（0.0400，2000.0）和（0.0703，2042.6），在回归直线上，以此两点（或在直线上精确找出两点）计算斜率：

$$直线斜率=(2042.6-2000.0)/(0.0703-0.0400)=2/K_3$$

$$K_3=0.00142\text{m}^2/\text{s}$$

表 3-11　恒压过滤常数测定实验数据计算结果

实验序号	$\Delta p=0.07\text{MPa}$			$\Delta p=0.12\text{MPa}$			$\Delta p=0.30\text{MPa}$		
	Δq /(m^3/m^2)	$\Delta\tau/\Delta q$ /($\text{s}\cdot\text{m}^2$/m^3)	q /(m^3/m^2)	Δq /(m^3/m^2)	$\Delta\tau/\Delta q$ /($\text{s}\cdot\text{m}^2$/m^3)	q /(m^3/m^2)	Δq /(m^3/m^2)	$\Delta\tau/\Delta q$ /($\text{s}\cdot\text{m}^2$/m^3)	q /(m^3/m^2)
1	0.0133	2411.5	0.0133	0.0127	1935.7	0.0127	0.0139	2023.3	0.0139
2	0.0137	2239.5	0.0270	0.0133	2053.9	0.0260	0.0142	1935.5	0.0281
3	0.0141	2530.8	0.0411	0.0129	1988.4	0.0389	0.0139	2022.2	0.0420
4	0.0152	2350.8	0.0563	0.0144	2131.8	0.0532	0.0146	1995.4	0.0566
5	0.0142	2636.1	0.0705	0.0136	2147.2	0.0669	0.0137	2042.6	0.0703
6	0.0138	2625.5	0.0843	0.0139	2191.0	0.0808	0.0142	2089.4	0.0845
7	0.0157	2728.3	0.1000	0.0143	2189.5	0.0950	0.0135	2001.2	0.0980
8	0.0140	2801.8	0.1140	0.0146	2287.3	0.1096	0.0143	2155.8	0.1124
$K/(\text{m}^2/\text{s})$	0.0004051			0.0006496			0.00142		
K	p			$\lg K$			$\lg p$		
m^2/s	Pa			—			—		
0.0004051	70000			−3.392438			4.84510		
0.0006496	120000			−3.187354			5.07918		
0.0014200	300000			−2.847712			5.47712		

将不同压力下测得的 K 值作 $\lg K\sim\lg\Delta p$ 曲线，如图 3-9(b) 所示。斜率为 $(1-s)$ 可计算 s。

$s=0.1465$

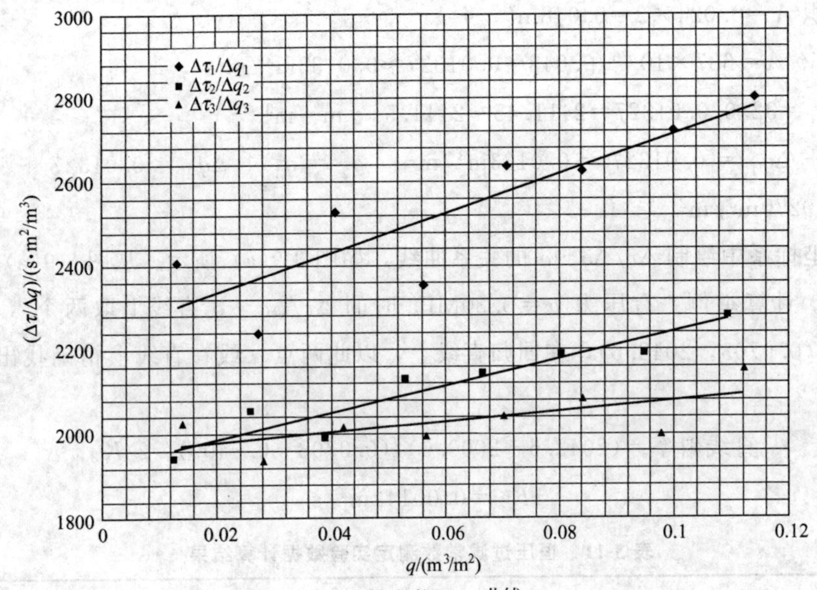

(a) $\Delta\tau/\Delta q\sim q$ 曲线

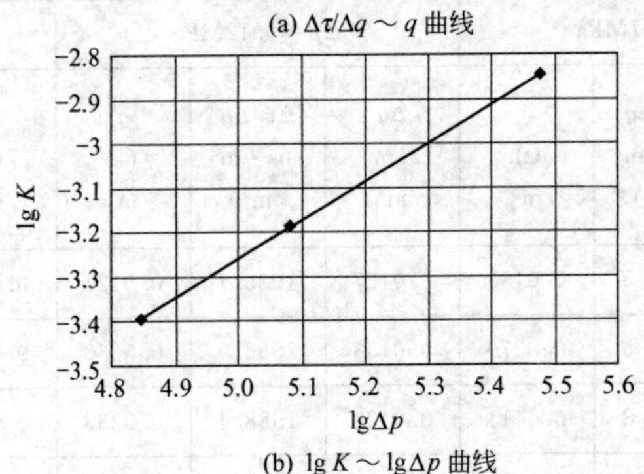

(b) $\lg K\sim\lg\Delta p$ 曲线

图 3-9　恒压过滤常数测定实验结果

二、恒压过滤常数测定（真空抽滤）实验

1. 实验目的

① 熟悉真空吸滤机的构造和操作方法；

② 通过恒压过滤实验，验证过滤基本原理；

③ 学会测定过滤常数 K、q_e、τ_e 及压缩性指数 s 的方法；

④ 了解操作压力对过滤速率的影响；

⑤ 学习对正交试验法的实验结果进行科学的分析，分析出每个因素重要性的目的，学习用正交试验法来安排实验，达到最大限度地减小实验工作量大小，指出试验指标随各因素变化的趋势，了解适宜操作条件的确定方法。

2. 实验原理

同“一、恒压过滤常数测定实验”。

3. 实验装置与流程

实验装置与流程如图 3-10、图 3-11 所示。

设计参数：

图 3-10　真空抽滤实验装置

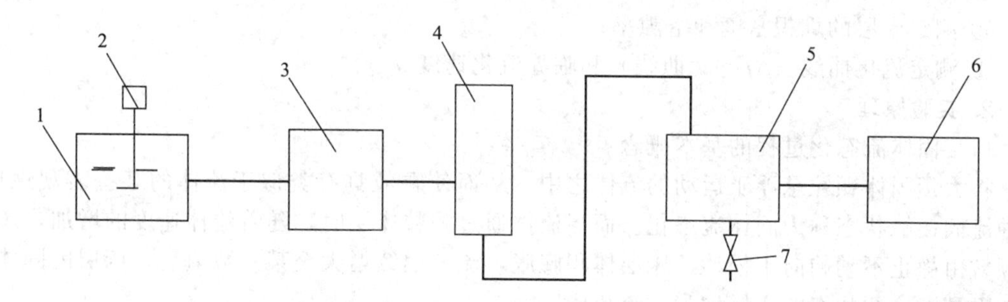

图 3-11　真空抽滤实验流程

1—料浆桶；2—搅拌电机；3—过滤器；4—积液器；5—缓冲罐；6—真空泵；7—排污阀

过滤器：过滤面积 0.00385m^2。

过滤压力：0～－0.08MPa。

过滤常数 K：$1.0\times10^{-4}\sim5.0\times10^{-4}$ m^3/m^2。

q_e：0.1～0.5。

τ_e：100～400。

压缩性指数 s：0.1～0.3。

物性常数 k：$1.0\times10^{-9}\sim3.5\times10^{-9}$。

不锈钢管路、管件及阀门。

正泰电器：接触器、开关、漏电保护空气开关 2P63A。

不锈钢物料桶：ϕ400mm×500mm。

不锈钢计量瓶：1000mL。

4. 实验步骤及注意事项

(1) 实验步骤

① 配制含 $CaCO_3$ 2%～4%（质量分数）的水悬浮液。

② 调节调速器，搅拌料浆。

③ 打开总电源空气开关，打开仪表电源开关。

④ 开启真空泵。

⑤ 正确装好滤板、滤布。滤布使用前先用水浸湿。滤布要绑紧，不能起皱。

⑥ 打开阀使过滤器、计量瓶真空。

⑦ 达到设定真空度后，打开阀，使料浆由配料桶吸入过滤器。

⑧ 记录相应的过滤时间 $\Delta\tau$、滤液量 ΔV，测量 8～10 个读数。

⑨ 调节新的真空度，重复上述操作做。

(2) 注意事项

滤饼、滤液要全部回收到配料桶。

5. 实验报告要求

① 由恒压过滤实验数据求过滤常数 K、q_e、τ_e；

② 比较几种压差下的 K、q_e、τ_e 值，讨论压差变化对以上参数数值的影响。

三、 固体流态化实验

1. 实验目的

① 观察聚式和散式流化现象；

② 掌握流体通过颗粒床层流动特性的测量方法；

③ 测定床层的堆积密度和空隙率；

④ 测定流化曲线（$\Delta p \sim u$ 曲线）和临界流化速度 u_{mf}。

2. 实验原理

(1) 固体流态化过程的基本概念

将大量固体颗粒悬浮于运动的流体之中，从而使颗粒具有类似于流体的某些表观性质，这种流固接触状态称为固体流态化。而当流体通过颗粒床层时，随着流体速度的增加，床层中颗粒由静止不动趋向于松动，床层体积膨胀，流速继续增大至某一数值后，床层内固体颗粒上下翻滚，此状态的床层称为“流化床”。

床层高度 L、床层压降 Δp 对流化床表观流速 u 的变化关系如图 3-12(a)、(b) 所示。图中 b 点是固定床与流化床的分界点，也称临界点，这时的表观流速称为临界流速或最小流化速度，以 u_{mf} 表示。

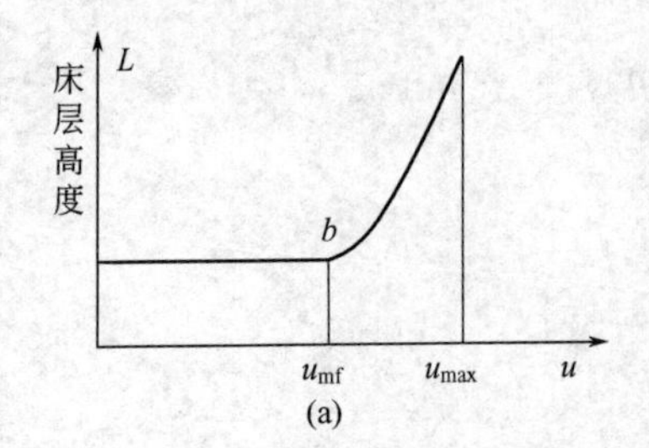

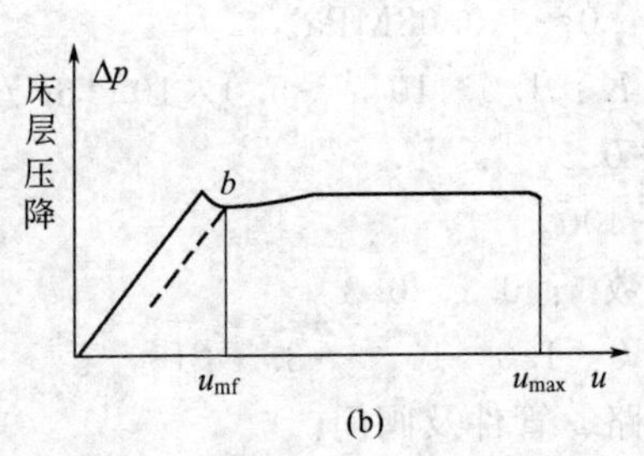

图 3-12 流化床的 L、Δp 与流化床表观速度 u 的关系

对于气固系统，气体和粒子密度相差大或粒子大时气体流动速度必然比较高，在这种情况下流态化是不平稳的，流体通过床层时主要是呈大气泡形态，由于这些气泡上升和破裂，床层界面波动不定，更看不到清晰的上界面，这种气固系统的流态化称为“聚式流态化”。

对于液固系统，液体和粒子密度相差不大或粒子小、液体流动速度低的情况下，各粒子的运动以相对比较一致的路程通过床层而形成比较平稳的流动，且有相当稳定的上界面，由于固体颗粒均匀地分散在液体中，通常称这种流化状态为“散式流态化”。

(2) 床层的静态特征

床层的静态特征是研究动态特征和规律的基础，其主要特征（如密度和床层空隙率）的定义和测法如下：

① 堆积密度和静床密度 $\rho_b = m/V$（气固体系）可由床层中的颗粒质量和体积算出，它与床层的堆积松紧程度有关，要求测算出最松和最紧两种极限状况下的数值。

② 静床空隙率 $\varepsilon = 1-(\rho_b/\rho_s)$，式中，$\rho_s$ 为颗粒密度。

(3) 床层的动态特征和规律

① 固定床阶段　床高基本保持不变，但接近临界点时有所膨胀。床层压降可用欧根（Ergun）公式计算：

$$\frac{\Delta p}{L} = K_1 \frac{(1-\varepsilon)^2}{\varepsilon^3} \frac{\mu u}{(\phi_s d_p)^2} + K_2 \frac{(1-\varepsilon)}{\varepsilon^3} \frac{\rho u^2}{\phi_s d_p} \tag{3-20}$$

式中　d_p——颗粒平均直径；

ϕ_s——颗粒球形度；

μ——流体黏度，$N \cdot s/m^2$。

式中，右边第一项为黏性阻力；第二项为空隙收缩放大而导致的局部阻力。欧根采用的系数 $K_1=150$，$K_2=1.75$。

数据处理时，要求根据所测数据确定 K_1、K_2 值并与欧根系数比较，将欧根公式改成

$$\frac{\Delta p}{uL} = K_1 \frac{(1-\varepsilon)^2}{\varepsilon^3} \frac{\mu}{(\phi_s d_p)^2} + K_2 \frac{(1-\varepsilon)}{\varepsilon^3} \frac{\rho u}{\phi_s d_p} \tag{3-21}$$

以$\frac{\Delta p}{uL}$、u 分别为纵、横坐标作图，从而求得 K_1、K_2

② 流化床阶段　流化床阶段的压降可由下式计算：

$$\Delta p = L(1-\varepsilon)(\rho_s - \rho)g = W/A \tag{3-22}$$

数据处理时要求将计算值绘在曲线图上对比讨论。

(4) 临界流化速度 u_{mf}

u_{mf}可通过实验测定，目前有许多计算 u_{mf}的经验公式。当颗粒雷诺数 $Re_p<5$ 时，可用李伐公式计算：

$$u_{mf} = 0.00923 \frac{d_p^{1.82} [\rho(\rho_s - \rho)]^{0.94}}{\mu^{0.88} \rho} \tag{3-23}$$

3. 实验装置与流程

该实验设备是由水、气两个系统组成，其流程如图 3-13 所示。两个系统有一个透明二维床。床底部的分布板是玻璃（或铜）颗粒烧结而成的，床层内的固体颗粒是石英砂（或玻璃球）。

用空气系统做实验时，空气由风机供给，经过流量调节阀、转子流量计（或孔板流量计），再经气体分布器进入分布板，空气流经二维床中颗粒石英砂（或玻璃球）后从床层顶部排出。通过调节空气流量，可以进行不同流动状态下的实验测定。设备中装有压差计指示床层压降，标尺用于测量床层高度的变化。

用水系统作实验时，用泵输送的水经水调节阀、转子流量计，再经液体分布器送至分布板，水经二维床层后从床层上部溢流至下水槽。

颗粒特性及设备参数列于表 3-12 中。

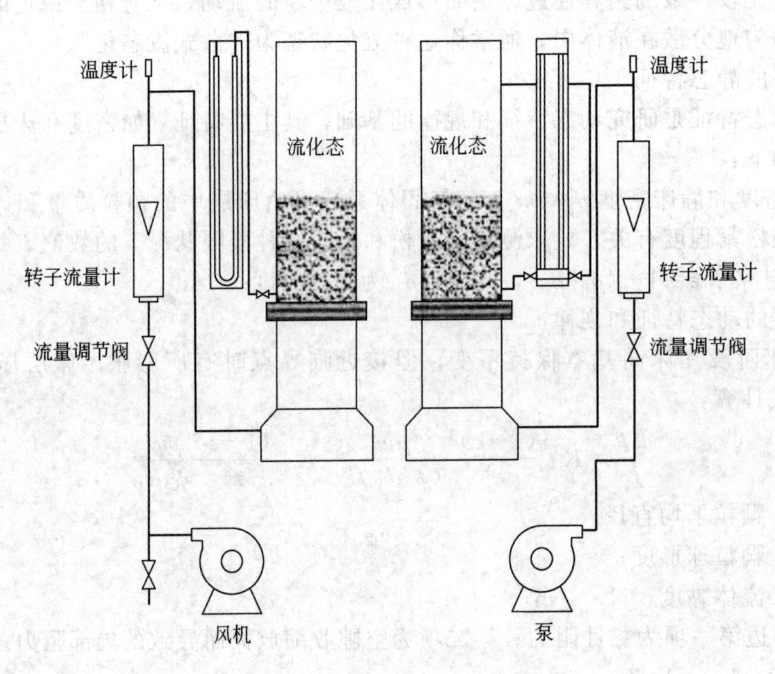

图 3-13　固体流态化装置流程

表 3-12　固体流态化装置的颗粒特性及设备参数

截面积 A/mm^2	粒径/mm	粒重 W/g	球形度 ϕ_s	颗粒密度 $\rho_s/(kg/m^3)$
188×30	0.70	1000	1.0	2490

4. 实验步骤及注意事项

① 熟悉实验装置流程。

② 检查装置中各个开关及仪表是否处于备用状态。

③ 用木棒轻敲床层，测定静床高度。

④ 由小到大改变气（或液）量（注意：不要把床层内固体颗粒带出），记录各压差计及流量计读数，注意观察床层高度变化及临界流化状态时的现象，在直角坐标纸上作出 Δp 与 u 曲线。

⑤ 利用固定床阶段实验数据，求取欧根系数，并进行讨论分析。

⑥ 求取实测的临界变化速度 u_{mf}，并与理论值进行比较。对实验中观察到的现象，运用气（液）体与颗粒运动的规律加以解释。

5. 思考题

① 从观察到的现象，判断属于何种流化？

② 实际流化时，Δp 为什么会波动？

③ 由小到大改变流量与由大到小改变流量测定的流化曲线是否重合，为什么？

④ 流体分布板的作用是什么？

6. 实验数据记录及数据处理结果示例

实验装置 1#；实验温度 27℃；静床高度 143mm；起始流化高度 146.5mm。实验数据记录及数据处理结果见表 3-13、表 3-14 和图 3-14。

表 3-13 固体流态化实验数据记录

序号	流量/(m^3/h)	上行压差/mmH_2O	下行压差/mmH_2O
1	2.5	6.7	6.8
2	3.0	8.2	8.1
3	3.5	9.9	9.8
4	4.0	11.3	11.1
5	4.5	13.4	12.8
6	5.0	15.3	15.9
7	5.5	17.1	17.7
8	6.0	18.8	19.0
9	6.5	20.5	20.0
10	7.0	21.6	20.4
11	7.5	21.7	20.7
12	8.0	21.8	21.4
13	9.0	21.8	21.6
14	9.5	22.0	21.9
15	10.0	22.1	22.0
16	10.5	21.9	22.0

计算示例：

流道面积：$A=188\times30=5640\text{mm}^2=0.00564\text{m}^2$

流速：$u=\dfrac{2.5}{0.00564\times3600}=0.1231\text{m/s}$

压差：$p=\dfrac{6.7\times10^{-3}\times101325}{10.33}=65.712\text{Pa}$

计算列表：见表 3-14。

表 3-14 固体流态化实验数据处理结果

序号	流速/(m/s)	上行压差/Pa	下行压差/Pa
1	0.1231	65.712	66.70
2	0.1478	80.43	79.45
3	0.1724	97.11	96.13
4	0.1970	110.84	108.88
5	0.2216	131.44	125.55
6	0.2463	150.07	155.96
7	0.2709	167.73	173.62
8	0.2955	184.41	186.37
9	0.3201	201.08	196.18
10	0.3448	211.87	200.10
11	0.3694	212.85	203.04
12	0.3940	213.83	209.91

续表

序号	流速/(m/s)	上行压差/Pa	下行压差/Pa
13	0.4433	213.83	211.87
14	0.4679	215.79	214.81
15	0.4925	216.77	215.79
16	0.5171	214.81	215.79

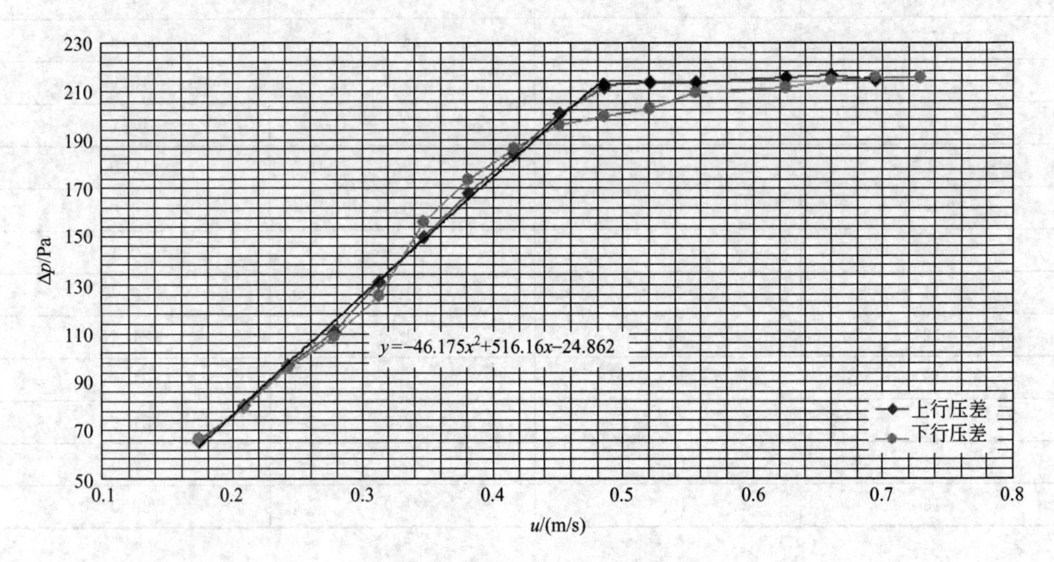

图 3-14　固体流态化实验结果

由公式(3-21) 得实验结果：K_1＝809.0，K_2＝3.54

由图 3-14 得 u_{mf}＝0.263m/s。

实验四　传热实验

相关章节主要内容：传热的基本方程式、间壁式换热器中的传热过程、热传导、傅里叶定律、对流传热、对流给热系数、传热计算、总传热系数、换热器、传热过程的强化。

实验设计项目主要有：

① 对流给热系数测定，主要以“套管换热器”传热实验，测定对流给热系数及总传热系数。

② 换热系数测定，主要以“列管换热器”传热实验，测定传热系数，同时学会换热器串并联操作及换热系数测定。

一、 对流给热系数测定(水-饱和水蒸气) 实验

1. 实验目的

① 观察水蒸气在水平管外壁上的冷凝现象；

② 测定冷水在圆形直管内强制对流给热系数；

③ 测定水蒸气在水平管外冷凝给热系数；

④ 测定套管换热器的管内压降 Δp 和 Nu 之间的关系；

⑤ 测定水在强化圆形直管（翅片管、螺纹管、波纹管、内插螺旋线圈的圆形直管，任选一种）内的强制对流给热系数。

2. 实验原理

在套管换热器中，环隙通以饱和水蒸气，内管管内通以冷水，水蒸气冷凝放热以加热冷水，在传热过程达到稳定后，有如下关系式：

$$V\rho C_p(t_2-t_1)=\alpha_0 A_0(T-T_w)_m=\alpha_i A_i(t_w-t)_m \tag{3-24}$$

式中 V——被加热流体体积流量，m^3/s；

ρ——被加热流体密度，kg/m^3；

C_p——被加热流体平均比热容，J/(kg·℃)；

α_0、α_i——水蒸气对内管外壁的冷凝给热系数和流体对内管内壁的对流给热系数，$W/(m^2 \cdot ℃)$；

t_1、t_2——被加热流体进、出口温度，℃；

A_0，A_i——内管的外壁、内壁的传热面积，m^2；

$(T-T_w)_m$——水蒸气与外壁间的对数平均温度差，℃；

$(t_w-t)_m$——内壁与流体间的对数平均温度差，℃。

$$(T-T_w)_m=\frac{(T_1-T_{w2})-(T_2-T_{w1})}{\ln\dfrac{T_1-T_{w2}}{T_2-T_{w1}}} \tag{3-25}$$

$$(t_w-t)_m=\frac{(t_{w1}-t_1)-(t_{w2}-t_2)}{\ln\dfrac{t_{w1}-t_1}{t_{w2}-t_2}} \tag{3-26}$$

式中 T_1、T_2——蒸汽进、出口温度，℃；

T_{w1}、T_{w2}、t_{w1}、t_{w2}——外壁和内壁上进、出口温度，℃。

当内管材料导热性能很好，即 λ 值很大，且管壁很薄时，可认为 $T_{w1}=t_{w1}$，$T_{w2}=t_{w2}$，即为所测得的该点的壁温。

由式(3-24) 可得：

$$\alpha_0=\frac{V\rho C_p(t_2-t_1)}{A_0(T-T_w)_m} \tag{3-27}$$

$$\alpha_i=\frac{V\rho C_p(t_2-t_1)}{A_i(t_w-t)_m} \tag{3-28}$$

若能测得被加热流体的 V、t_1、t_2，内管的换热面积 A_0 或 A_i，以及水蒸气温度 T_1、T_2，壁温 T_{w1}、T_{w2}，则可通过式(3-27)算得实测的水蒸气（平均）冷凝给热系数 α_0；通过式(3-28)算得实测的流体在管内的（平均）对流给热系数 α_i。

在水平管外，蒸汽冷凝给热系数（膜状冷凝），可由下列半经验公式求得：

$$\alpha_0=0.725\left(\frac{\rho^2 g\lambda^3 r}{\mu d_0\Delta t}\right)^{1/4} \tag{3-29}$$

式中 α_0——蒸汽在水平管外的冷凝给热系数，$W/(m^2 \cdot ℃)$；

λ——水的热导率，W/(m·℃)；

g——重力加速度，$9.81m/s^2$；

ρ——水的密度，kg/m^3；

r——饱和蒸汽的冷凝潜热，J/kg；

μ——水的黏度，N·s/m²；

d_0——内管外径，m；

Δt——蒸汽的饱和温度 t_s 和壁温 t_w 之差，℃。

式中，定性温度除冷凝潜热为蒸汽饱和温度外，其余均取液膜温度，即 $t_m=(t_s+t_w)/2$，其中：$t_w=(T_{w1}+T_{w2})/2$。

流体在直管内强制对流时的给热系数，可按下列半经验公式求得：

湍流时：

$$\alpha_i=0.023\frac{\lambda}{d_i}Re^{0.8}Pr^{0.4} \tag{3-30}$$

式中 α_i——流体在直管内强制对流时的给热系数，W/(m²·℃)；

λ——流体的热导率，W/(m·℃)；

d_i——内管内径，m；

Re——流体在管内的雷诺数，无量纲；

Pr——流体的普朗特数，无量纲。

式中，定性温度均为流体的平均温度，即 $t_f=(t_1+t_2)/2$。

过渡区时：

$$\alpha_i'=\varphi\alpha_i \tag{3-31}$$

式中，φ 为修正系数，$\varphi=1-\frac{6\times10^5}{Re^{1.8}}$。

冷流体给热系数模型

$$Nu/Pr^{0.4}=ARe^m \tag{3-32}$$

3. 实验装置与流程

本实验装置由蒸汽发生器、涡轮流量变送器、套管换热器及温度传感器、智能显示仪表等构成。其实验装置流程和主要部件及仪表位号见图 3-15 和表 3-15。

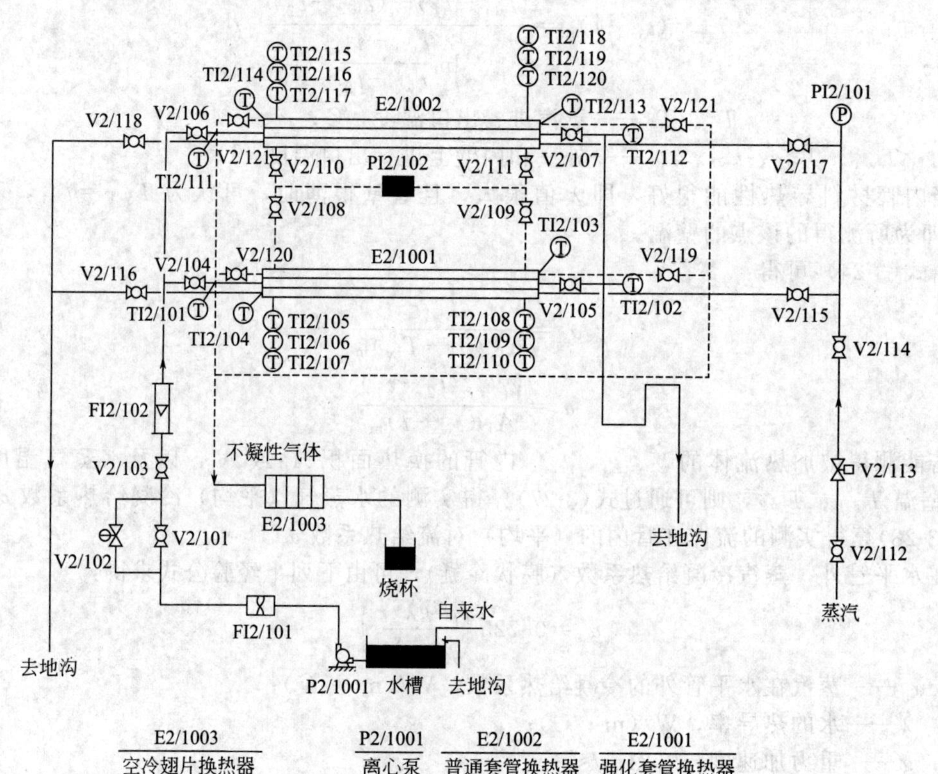

图 3-15 数字化传热综合实验装置流程（水-饱和水蒸气）

3-15　水-饱和水蒸气体系传热实验装置主要部件及仪表位号

序号	位号	名称
1	P2/1001	离心泵
2	E2/1001	强化套管换热器
3	E2/1002	普通套管换热器
4	E2/1003	空冷翅片换热器
5	FI2/101	涡轮流量计
6	FI2/102	转子流量计
7	PI2/101	蒸汽压力显示变送器
8	PI2/102	直管阻力压差变送器
9	V2/101	水进口阀
10	V2/102	电动流量球阀
11	V2/103	流量调节阀
12	V2/104、V2/105	强化套管换热器进、出口阀
13	V2/106、V2/107	普通套管换热器进、出口阀
14	V2/108、V2/109	强化套管换热器测压阀
15	V2/110、V2/111	普通套管换热器测压阀
16	V2/112	水蒸气进口总阀
17	V2/113	电磁阀
18	V2/114	减压阀
19	V2/115、V2/117	强化套管换热器、普通套管换热器水蒸气进口阀
20	V2/116、V2/118	强化套管换热器、普通套管换热器冷凝水排放阀
21	V2/119、V2/120	强化套管换热器不凝性气体排放阀
22	V2/121、V2/122	普通套管换热器不凝性气体排放阀
23	TI2/101、TI2/102	强化套管换热器水进、出口温度
24	TI2/103、TI2/104	强化套管换热器蒸汽进、出口温度
25	TI2/105、TI2/106、TI2/107	强化套管换热器进口端壁温
26	TI2/108、TI2/109、TI2/110	强化套管换热器出口端壁温
27	TI2/111、TI2/112	普通套管换热器水进、出口温度
28	TI2/113、TI2/114	普通套管换热器蒸汽进、出口温度
29	TI2/115、TI2/116、TI2/117	普通套管换热器进口端壁温
30	TI2/118、TI2/119、TI2/120	普通套管换热器出口端壁温

水蒸气-水体系：来自蒸汽发生器的水蒸气进入玻璃套管换热器，与水冷水进行间壁热交换，冷凝水经管道排入地沟。由泵将储水箱内冷水经阀门或电动调节阀和 LWQ-15 型涡轮流量计送入套管换热器内管（紫铜管），热交换后进入下水道。水流量可用阀门调节或电动调节阀自动调节。

4. 实验步骤及注意事项

(1) 实验前准备工作

① 检查供水系统，打开水槽盖板，检查液位高度约在 3/4 处；

② 检查供汽系统，打开蒸汽进口管道冷凝水排放阀，将蒸汽管道内积存的冷凝水全部排出；

③ 检查实验管路和阀门是否正常；

④ 打开总电源、仪表盘电源，检查温度和压力显示是否处于正常状态。

(2) 主要实验步骤

① 调节水支路控制阀，使强化套管换热器处于开路状态，而普通套管换热器处于闭路状态：启动离心泵 P2/1001，打开水进口阀 V2/101，打开强化套管换热器的进口阀 V2/104 和出口阀 V2/105，通过流量调节阀 V103 调节水的流量；

② 调节蒸汽支路控制阀，使强化套管换热器处于开路状态，而普通套管换热器处于闭路状态：全开冷凝水排放阀 V2/116 和强化套管换热器进口阀 V2/115；启动电磁阀 V2/113，缓慢打开蒸汽进口总阀 V2/112，蒸汽进入套管换热器的环隙，对内管进行冷凝给热；

③ 观察蒸汽冷凝现象，调节冷凝水排放阀 V2/116 的开度，使冷凝水能够顺利流下、液位不超过蒸汽出孔的高度，同时蒸汽不能从冷凝水排放管逸出，将蒸汽压力稳定在设定值附近；

④ 待系统达到稳定状态后，记录实验所需数据；

⑤ 调节水的流量，重复步骤④，共测得 5～7 组不同水流量下的数据；

⑥ 重新调节蒸汽支路控制阀和水支路控制阀，使强化套管换热器处于闭路状态，而普通套管换热器处于开路状态，重复②～⑤步骤，不同的是对应的阀门位置（编号）不同；

⑦ 关闭蒸汽阀门，通冷流体，冷却换热器；

⑧关闭电源，仪器复原。

(3) 注意事项

① 实验过程中，蒸汽压力不要超过 0.03MPa！

② 由于水蒸气温度较高，必须戴手套操作，防止烫伤！

③ 蒸汽发生器压力较高，通入蒸汽前，必须按照冷凝水排放阀、支路蒸汽进口阀、电磁阀的顺序打开阀门，最后才能缓慢打开蒸汽进口总阀，同时观察蒸汽压力不超过 0.03MPa！开始通入蒸汽时，要缓慢打开蒸汽阀门，使蒸汽徐徐流入换热器中，逐渐加热，由“冷态”转变为“热态”不得少于 20min，以防止玻璃管因突然受热、受压而爆裂。

④ 操作过程中，蒸汽压力一般控制在 0.02MPa（表压）以下，因为在此条件下压力比较容易控制。减压阀始终处于开启状态，调节幅度不能太大！

⑤ 测定各参数时，必须是在稳定传热状态下，并且随时注意惰气的排空和压力表读数的调整，每组数据应重复 2～3 次，确认数据的再现性、可靠性。

5. 实验报告要求

① 将冷流体给热系数的实验值与理论值列表比较，计算各点误差，并分析讨论。

② 说明蒸汽冷凝给热系数的实验值和冷流体给热系数的实验值以及对流给热系数实验值的变化规律。

③按冷流体给热系数的模型式：$Nu/Pr^{0.4}=ARe^{m}$，确定式中常数 A 及 m 。

6. 思考题

① 实验中冷流体和蒸汽的流向，对传热效果有何影响？

② 蒸汽冷凝过程中，若存在不冷凝气体，对传热有何影响、应采取什么措施？

③ 实验过程中，冷凝水不及时排走，会产生什么影响？如何及时排走冷凝水？

④ 实验中，所测定的壁温是靠近蒸汽侧还是冷流体侧温度？为什么？

⑤ 如果采用不同压强的蒸汽进行实验，对 α 关联式有何影响？

7. 实验数据记录及数据处理结果示例

实验装置 4#；空气-水蒸气体系；实验压力 $p=0.02$MPa。实验数据记录见表 3-16。

表 3-16　对流给热系数测定实验数据记录

实验序号	流量 V /(m^3/h)	t_1 /℃	t_2 /℃	T_{w11} /℃	T_{w12} /℃	T_{w13} /℃	T_{w21} /℃	T_{w22} /℃	T_{w23} /℃	T_1 /℃	T_2 /℃
1	1.60	13.1	26.5	88.8	90.9	76.3	80.6	79.8	75.1	103.5	101.1
2	1.07	13.1	30.4	92.1	94.8	81.8	84.6	84.2	80.9	104.4	102.1
3	0.58	13.1	38.8	95.3	97.7	89.8	88.1	87.5	86.6	104.6	102.4

计算说明：

定性温度 $t_m=(t_1+t_2)/2=19.8℃$

19.8℃时查附录可得水的物性参数：

$C_p=4.185\times10^3 J/(kg\cdot K)$　　$\rho=998.24kg/m^3$　　$t_s=120℃$

$\lambda=67.002\times10^{-2}W/(m\cdot K)$　$\mu=0.001010Pa\cdot s$　$r=2205.2kJ/kg$

$T_{w1}=(T_{w11}+T_{w12}+T_{w13})/3=85.33℃$

$t_{w1}\approx T_{w1}=85.33℃$

$T_{w2}=(T_{w21}+T_{w22}+T_{w23})/3=78.53℃$

$t_{w2}\approx T_{w2}=78.53℃$

$T_1-T_{w2}=103.5-78.53=24.97℃$

$T_2-T_{w1}=101.1-85.33=15.77℃$

$t_{w1}-t_1=85.33-13.1=72.23℃$

$t_{w2}-t_2=78.53-26.5=52.03℃$

$$(T-T_w)_m=\frac{(T_1-T_{w2})-(T_2-T_{w1})}{\ln\frac{T_1-T_{w2}}{T_2-T_{w1}}}=\frac{24.97-15.77}{\ln\frac{24.97}{15.77}}=20.02℃$$

$$(t_w-t)_m=\frac{(t_{w1}-t_1)-(t_{w2}-t_2)}{\ln\frac{t_{w1}-t_1}{t_{w2}-t_2}}=\frac{72.23-52.03}{\ln\frac{72.23}{52.03}}=61.58℃$$

紫铜管规格：直径 ϕ16mm×1.5mm，长度 $L=1010mm$

$A_i=\pi d_i L=3.14\times(0.016-0.0015\times2)\times1.01=0.04123m^2$

$A_0=\pi d_0 L=3.14\times0.016\times1.01=0.05074m^2$

$$\alpha_0=\frac{V\rho C_p(t_2-t_1)}{A_0(T-T_w)_m}=\frac{\frac{1.6}{3600}\times998.24\times4.185\times10^3\times(26.5-13.1)}{0.05074\times20.02}=24492.79W/(m^2\cdot K)$$

$$\alpha_i=\frac{V\rho C_p(t_2-t_1)}{A_i(t_w-t)_m}=\frac{\frac{1.6}{3600}\times998.24\times4.185\times10^3\times(26.5-13.1)}{0.04123\times61.58}=9799.40W/(m^2\cdot K)$$

K 可由下式得：

$$\frac{1}{K_0}=\frac{1}{\alpha_0}+\frac{bd_0}{\lambda d_m}+\frac{d_0}{\alpha_i d_i}$$

也可由如下计算

$K_0A_0\Delta t_m=V\rho C_p(t_2-t_1)$

$$\Delta t_m=\frac{(T_2-t_1)-(T_1-t_2)}{\ln\frac{T_2-t_1}{T_1-t_2}}=\frac{(101.1-13.1)-(103.5-26.5)}{\ln\frac{101.1-13.1}{103.5-26.5}}=82.38℃$$

$$K_0=\frac{V\rho C_p(t_2-t_1)}{A_0\Delta t_m}=\frac{\frac{1.6}{3600}\times998.24\times4.185\times10^3\times(26.5-13.1)}{0.05074\times82.38}=5952.23W/(m^2\cdot K)$$

在水平管外，蒸汽冷凝给热系数（膜状冷凝）的半经验式：

$$\alpha_0=0.725\left(\frac{\rho^2 g\lambda^3 r}{\mu d_0 \Delta t}\right)^{1/4}$$

流体在直管内强制对流时的给热系数的半经验式：

$$\alpha_i=0.023\frac{\lambda}{d_i}Re^{0.8}Pr^{0.4}=0.023\frac{\lambda}{d_i}\left(\frac{4V\rho}{\pi d_i \mu}\right)^{0.8}\left(\frac{C_p\mu}{\lambda}\right)^{0.4}$$

实验结果（见表 3-17）可和上两半经验式计算值相比较。

表 3-17　对流给热系数测定实验结果

实验序号	流量 V /(m³/h)	Nu	Re	Pr	$Nu \cdot Pr^{-0.4}$	α_i /[W/(m² · K)]	α_0 /[W/(m² · K)]	K_0 /[W/(m² · K)]
1	1.60	255.835	43018.89	7.0512	117.127	9799.40	24166.86	5952.23
2	1.07	188.430	30190.23	6.6653	88.231	8150.61	25274.07	5210.34
3	0.58	119.330	18046.98	5.9531	58.459	6606.70	27228.05	4430.09

二、 对流给热系数测定（空气-自发生水蒸气）实验

1. 实验目的

① 观察水蒸气在水平管外壁上的冷凝现象；

② 测定空气在圆形直管内强制对流给热系数；

③ 测定水蒸气在水平管外冷凝给热系数；

④ 测定套管换热器的管内压降 Δp 和 Nu 之间的关系；

⑤ 测定空气在强化圆形直管（翅片管、螺纹管、波纹管、内插螺旋线圈的圆形直管，任选一种）内的强制对流给热系数。

2. 实验原理

在套管换热器中，环隙通以水蒸气，内管管内通以空气，水蒸气冷凝放热以加热空气，在传热过程达到稳定后，有如下关系式：

$$V\rho C_p(t_2-t_1)=\alpha_0 A_0(T-T_w)_m=\alpha_i A_i(t_w-t)_m \tag{3-24}$$

$$(T-T_w)_m=\frac{(T_1-T_{w1})-(T_2-T_{w2})}{\ln\dfrac{T_1-T_{w1}}{T_2-T_{w2}}} \tag{3-25}$$

$$(t_w-t)_m=\frac{(t_{w1}-t_1)-(t_{w2}-t_2)}{\ln\dfrac{t_{w1}-t_1}{t_{w2}-t_2}} \tag{3-26}$$

当内管材料导热性能很好，即 λ 值很大，且管壁很薄时，可认为 $T_{w1}=t_{w1}$，$T_{w2}=t_{w2}$，即为所测得的该点的壁温。

由式(3-24) 可得：

$$\alpha_0=\frac{V\rho C_p(t_2-t_1)}{A_0(T-T_w)_m} \tag{3-27}$$

$$\alpha_i=\frac{V\rho C_p(t_2-t_1)}{A_i(t_w-t)_m} \tag{3-28}$$

若能测得被加热流体的 V、t_1、t_2，内管的换热面积 A_0 或 A_i，以及水蒸气温度 T_1、T_2，壁温 T_{w1}、T_{w2}，则可通过式(3-27)算得实测的水蒸气（平均）冷凝给热系数 α_0；通过式(3-28)算得实测的流体在管内的（平均）对流给热系数 α_i。

在水平管外，蒸汽冷凝给热系数（膜状冷凝），可由下列半经验公式求得：

$$\alpha_0=0.725\left(\frac{\rho^2 g\lambda^3 r}{\mu d_0\Delta t}\right)^{1/4} \tag{3-29}$$

式中，定性温度除冷凝潜热为蒸汽饱和温度外，其余均取液膜温度，即 $t_m=(t_s+t_w)/2$，其中：$t_w=(T_{w1}+T_{w2})/2$。

流体在直管内强制对流时的给热系数，可按下列半经验公式求得：

湍流时：

$$\alpha_i=0.023\frac{\lambda}{d_i}Re^{0.8}Pr^{0.4} \tag{3-30}$$

式中，定性温度均为流体的平均温度，即 $t_f=(t_1+t_2)/2$。

过渡区时：

$$\alpha_i'=\varphi\alpha_i \tag{3-31}$$

式中，φ 为修正系数，$\varphi=1-\dfrac{6\times10^5}{Re^{1.8}}$。

冷流体给热系数模型

$$Nu/Pr^{0.4}=ARe^m \tag{3-32}$$

3. 实验装置与流程

实验装置流程和主要部件及仪表位号见图 3-16 和表 3-18。

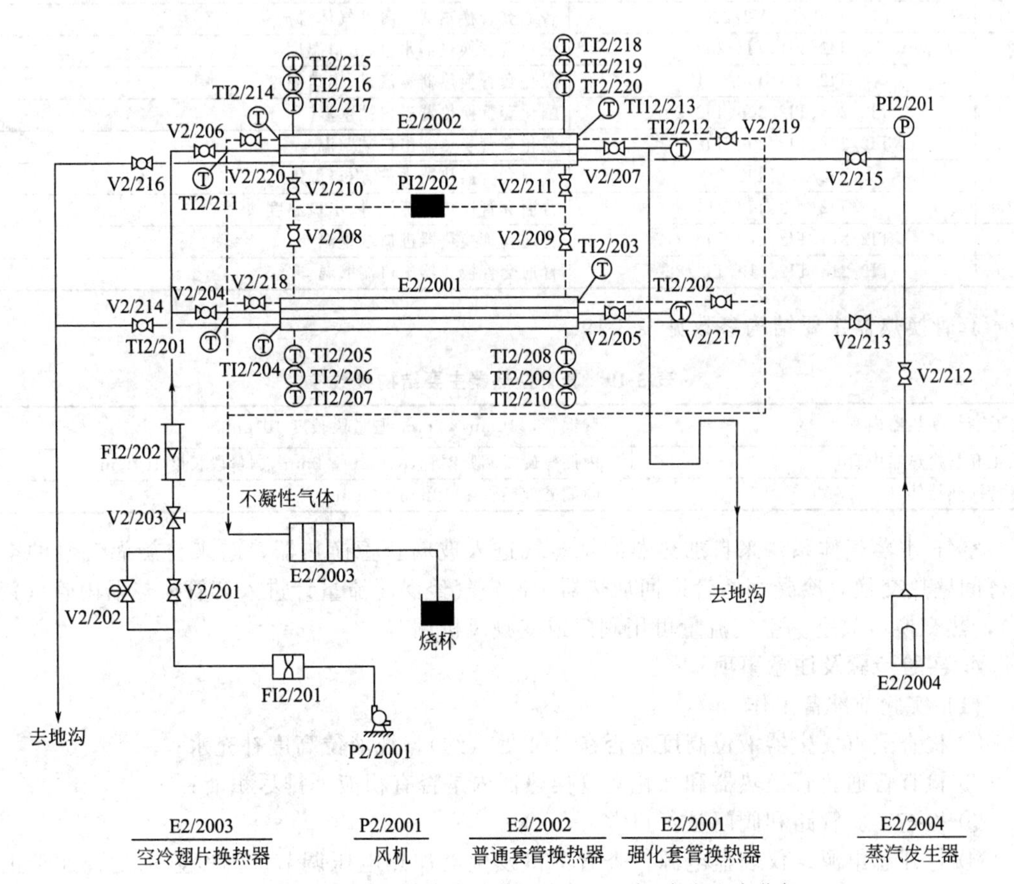

图 3-16　数字化传热综合实验装置流程（空气-自发生水蒸气）

3-18　空气-自发生水蒸气体系传热实验装置主要部件及仪表位号

序号	位号	名称
1	P2/2001	风机
2	E2/2001	强化套管换热器
3	E2/2002	普通套管换热器
4	E2/3003	空冷翅片换热器
5	E2/2004	蒸汽发生器
6	FI2/201	涡街流量计
7	FI2/202	转子流量计
8	PI2/201	蒸汽压力显示变送器
9	PI2/202	直管阻力压差变送器
10	V2/201	空气进口阀
11	V2/202	电动流量球阀
12	V2/203	流量调节阀
13	V2/204、V2/205	强化套管换热器进、出口阀
14	V2/206、V2/207	普通套管换热器进、出口阀
15	V2/208、V2/209	强化套管换热器测压阀
16	V2/210、V2/211	普通套管换热器测压阀
17	V2/212	水蒸气进口总阀
18	V2/213、V2/215	强化套管换热器、普通套管换热器水蒸气进口阀
19	V2/214、V2/216	强化套管换热器、普通套管换热器冷凝水排放阀
20	V2/217、V2/218	强化套管换热器不凝性气体排放阀
21	V2/219、V2/220	普通套管换热器不凝性气体排放阀
22	TI2/201、TI2/202	强化套管换热器水进、出口温度
23	TI2/203、TI2/204	强化套管换热器蒸汽进、出口温度
24	TI2/205、TI2/206、TI2/207	强化套管换热器进口端壁温
25	TI2/208、TI2/209、TI2/210	强化套管换热器出口端壁温
26	TI2/211、TI2/212	普通套管换热器水进、出口温度
27	TI2/213、TI2/214	普通套管换热器蒸汽进、出口温度
28	TI2/215、TI2/216、TI2/217	普通套管换热器进口端壁温
29	TI2/218、TI2/219、TI2/220	普通套管换热器出口端壁温

套管换热器主要结构参数见表3-19。

表3-19　套管换热器主要结构参数

普通套管换热器内管	紫铜管，ϕ16mm×2mm，测量段长度1010mm
强化套管换热器内管	内插螺旋线圈紫铜管，ϕ16mm×2mm，测量段长度1010mm
套管换热器外管	高硼硅玻璃管ϕ112mm×6mm

空气-水蒸气体系：来自加热器的水蒸气进入玻璃套管换热器，与来自旋涡气泵的空气进行间壁热交换，冷凝水经管道回加热器。冷空气经涡轮流量计进入套管换热器内管（紫铜管），热交换后放空。空气流量可用阀门或变频风机调节。

4. 实验步骤及注意事项

(1) 实验前准备工作

① 检查蒸汽发生器液位高度是否在3/4处（约），视液位高度补充水；

② 检查普通套管换热器和强化套管换热器内是否有积液，排尽积液；

③ 检查实验管路和阀门是否正常；

④ 打开总电源、仪表盘电源，查看蒸汽发生器加热电压调节、温度显示是否处于正常状态，检查温度和压力显示是否处于正常状态；

(2) 主要实验操作步骤

① 调节空气支路控制阀，使强化套管换热器处于开路状态，而普通套管换热器处于闭路状态：启动风机电源，将空气进口阀 V2/201 打开，打开强化套管换热器的进口阀 V2/204 和出口阀 V2/205，通过流量调节阀 V2/203 调节空气流量；

② 打开蒸汽发生器加热电源，调节加热电压至 190～200V，待水沸腾后将电压适当调低；

③ 调节蒸汽支路控制阀，使强化套管换热器处于开路状态，而普通套管换热器处于闭路状态：打开水蒸气进口总阀 V2/212，然后缓慢打开强化套管换热器蒸汽进口阀 V2/213，调节蒸汽压力，蒸汽进入套管换热器的环隙，对内管进行冷凝给热；

④ 观察蒸汽冷凝现象，调节冷凝水排放阀 V2/214 的开度，保证冷凝水能顺利流下，液位不超过蒸汽出口的高度，并将蒸汽压力稳定在实验设定值；

⑤ 待系统达到稳定状态后，记录实验所需数据；

⑥ 调节空气的流量，重复步骤⑤，共测得 5～7 组不同空气流量下的数据；

⑦ 重新调节蒸汽支路控制阀和水支路控制阀，使强化套管换热器处于闭路状态，而普通套管换热器处于开路状态，重复③～⑥步骤，不同的是对应的阀门位置（编号）不同；

⑧ 关闭蒸汽发生器加热电源，关闭 V2/214、V2/216（防止因玻璃管冷却后环隙形成负压，从而水倒灌）；

⑨ 关闭风机，变频调至 0，断电，关闭其他阀门。

(3) 注意事项

① 实验过程中，加热蒸汽压力设定 0.1MPa（表压）断电；

② 由于水蒸气温度较高，必须戴手套操作，防止烫伤！

③ 通入蒸汽前，先通冷流体；

④ 通入蒸汽前应关闭冷凝水排放阀，停止通入蒸汽前应先关闭冷凝水排放阀，防止加热釜水倒灌进入玻璃管；

⑤ 蒸汽发生器内的液位不能过低！

5. 实验报告要求

① 将冷流体给热系数的实验值与理论值列表比较，计算各点误差，并分析讨论。

② 说明蒸汽冷凝给热系数的实验值和冷流体给热系数的实验值以及对流给热系数实验值的变化规律。

③按冷流体给热系数的模型式：$Nu/Pr^{0.4}=ARe^{m}$，确定式中常数 A 及 m。

三、 列管换热器传热实验

1. 实验目的

① 掌握列管换热器单管路、串联管路、并联管路操作；

② 测定水在列管换热器内换热时的总传热系数；

③ 掌握热电阻测温方法。

2. 实验原理

在列管换热器中，环隙内通以热水，内管管内通以冷水，在传热过程达到稳定时，有如下关系式：

$$V\rho C_p(t_2-t_1)=K_iA_i\Delta t_m \tag{3-33}$$

式中 V——被加热的冷流体体积流量，m^3/s；

ρ——被加热的冷流体密度，kg/m^3；

C_p——被加热的冷流体平均比热容，J/(kg·℃)；

K_i——管内总传热系数，W/(m²·℃)；

t_1，t_2——被加热的冷流体的进、出口温度，℃；

A_i——内管内壁的传热面积，m²；

Δt_m——平均温差，℃。

若能测得被加热的水的V、t_1、t_2，内管的换热面积A_i，通过上式计算得实测的冷流体在管内的总传热系数K_i。

3. 实验装置与流程

(1) 装置流程

本实验装置由蒸汽发生器、LZB-25转子流量计、列管换热器及温度传感器、智能显示仪表等构成。其实验装置流程如图3-17所示。

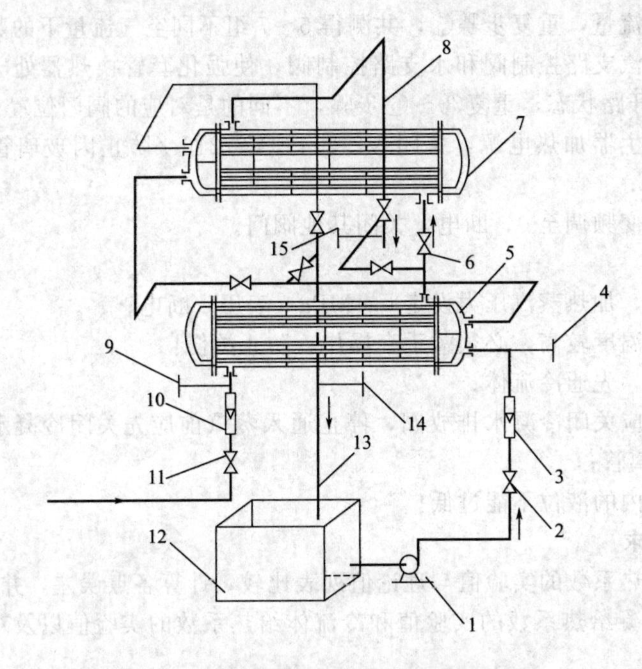

图3-17 列管换热器传热实验装置流程图

1—热水循环泵；2—热水调节阀；3—热水流量计；4,9,14,15—PT100温度计；5,7—双管程列管换热器；6—球阀；8—冷水回水管；10—冷水流量计；11—冷水调节阀；12—热水加热水箱；13—热水回水管

如图：由泵将控温水箱的热水打入列管换热器，与来自自来水的冷水进行热交换。冷水经LZB-25型转子流量计进入列管换热器内管，热交换后放下水道。热水流量可用阀门调节、转子流量计计量。

(2) 设备与仪表规格

① 内管规格：直径ϕ12mm×2mm，长度L=600mm，9根，双管程。

② 列管外管规格：直径ϕ160mm×3mm，长度L=700mm。

③ 水泵：25HBFX-8，4m³/h，8m，0.55kW。

④ 温度计规格：Pt100铂电阻。

⑤ 转子流量计：LZB-25型。

4. **实验步骤及注意事项**

(1) 实验步骤

① 打开总电源开关、仪表电源开关;

② 启动热水控温仪表，设定60℃，加热水箱水;

③ 温度恒定后，打开冷水阀，选择合适的流量;

④ 启动热水离心泵，输送热水进换热器，调节流量;

⑤ 待温度、流量稳定后，测定冷、热水流量，测定冷进温度、冷出温度、热进温度、热出温度;

⑥ 调节冷水流量，继续实验测定;

⑦ 将换热器调节为串联状态，继续实验;

⑧ 将换热器调节为并联状态，继续实验;

⑨ 关闭热水泵;

⑩ 让冷流体继续流动，冷却一段时间后再关冷水泵，关闭仪表电源开关、切断总电源。

(2) 注意事项

① 一定要在列管换热器内管输以一定量的冷水，方可开启热水泵。

② 测定各参数时，必须是在稳定传热状态下，每组数据应重复2～3次，确认数据的稳定性、重复性和可靠性。

5. **实验报告要求**

① 计算总传热系数。

② 比较变化规律。

实验五 吸收实验

吸收章节主要内容：吸收分离的依据、气液相平衡、亨利定律、相平衡与系数过程的关系、传质机理与系数速率、分子扩散与主体流动、分子扩散速率方程式、对流扩散、吸收过程机理、吸收速率方程式、吸收塔的计算、吸收剂的选择、物料衡算和操作线方程、吸收剂用量的确定、塔径的计算、传质单元高度与传质单元数。

主要实验设计项目为“填料吸收塔吸收（解吸）实验”，只是各校选取实验体系不同，有水吸收CO_2、氧饱和解吸、水吸收氨等。

填料吸收塔综合实验

1. **实验目的**

① 了解填料吸收塔实验装置的基本结构及流程;

② 掌握总体积传质系数的测定方法;

③ 了解气体空塔速度和液体喷淋密度对总体积传质系数的影响;

④ 了解气相色谱仪测量原理，掌握在线检测CO_2浓度的方法;

⑤ 学习应用计算机对实验数据测量、监控并在网上远传实验数据。

2. **实验原理**

(1) 气体通过填料层的压强降测定

气体通过填料层的压强降是塔设计中的重要参数，它决定了塔的动力消耗。压强降与气、液流量有关，不同液体喷淋量下填料层的压强降 $\Delta p/z$ 与气速 u 的关系（在双对数坐标系中）如图 3-18 所示。

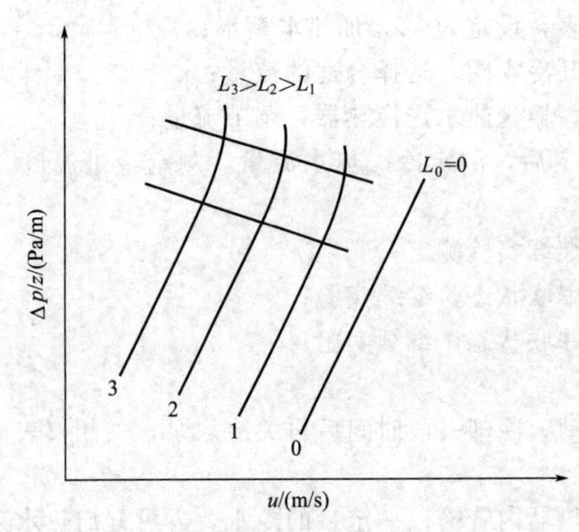

图 3-18　填料塔的 $\Delta p/z \sim u$ 曲线

当无液体喷淋即喷淋量 $L_0=0$ 时，干填料的 $\Delta p/z \sim u$ 的关系是直线，如图中的直线 0。当有一定的喷淋量时，$\Delta p/z \sim u$ 的关系变成折线，并存在两个转折点，下转折点称为“载点”，上转折点称为“泛点”。这两个转折点将 $\Delta p/z \sim u$ 关系分为三个区段：恒持液量区、载液区与液泛区。

(2) 传质性能测定

吸收系数是决定吸收过程速率高低的重要参数，而实验测定是获取吸收系数的根本途径。对于相同的物系及一定的设备（填料类型与尺寸），吸收系数将随着操作条件及气液接触状况的不同而变化。

本实验采用水溶液吸收空气中的 CO_2 组分。原料气中的 CO_2 浓度控制在 10%以内，所以吸收的计算方法可按低浓度来处理。由于 CO_2 在水中的溶解度很小，所以此体系 CO_2 气体的吸收过程属于液膜控制过程。因此，本实验主要测定 K_xa 和 H_{OL}。

1）计算公式

填料层高度 Z 为

$$Z=\int_0^Z \mathrm{d}z=\frac{L}{K_xa}\int_{x_2}^{x_1}\frac{\mathrm{d}x}{x^*-x}=H_{OL}N_{OL} \tag{3-34}$$

式中　L——液体通过塔截面的摩尔流量，kmol/(m² · s)；

K_xa——以 Δx 为推动力的液相总体积传质系数，kmol/(m³ · s)；

x^*-x——塔内任一截面处液相的传质推动力（x^* 为液相平衡组成），无量纲；

H_{OL}——传质单元高度，m；

N_{OL}——传质单元数，无量纲。

令吸收因数

$$A=\frac{L}{mG} \tag{3-35}$$

式中，G 为气体通过塔截面的摩尔流量，kmol/（m²·s）。

$$N_{OL}=\frac{1}{1-A}\ln\left[(1-A)\frac{y_1-mx_2}{y_1-mx_1}+A\right] \tag{3-36}$$

2）测定方法：

① 空气流量和液体流量的测定：本实验采用转子流量计测得空气和水的流量，并根据实验条件（温度和压力）和有关公式换算成空气和液体的摩尔流量。

② 测定塔顶和塔底气相组成 y_1 和 y_2。

③ 平衡关系。

本实验的平衡关系可写成

$$y^*=mx \tag{3-37}$$

式中 m——相平衡常数，$m=\frac{E}{p}$；

E——亨利系数，$E=f(t)$，Pa，根据液相温度测定值由表 3-20 查得；

p——总压，Pa，取压力表指示值，换算为绝压。

表 3-20　二氧化碳气体溶于水的亨利系数

温度/℃	0	5	10	15	20	25	30	35	40	45	50	60
亨利系数 $E/\times10^5$kPa	0.738	0.888	1.05	1.24	1.44	1.66	1.88	2.12	2.36	2.6	2.87	3.46

对清水而言，$x_2=0$，由全塔物料衡算 $G(y_1-y_2)=L(x_1-x_2)$，可计算出 x_1。

3. 实验装置与流程

本实验装置流程如图 3-19 所示，实验装置设备及填料分配见表 3-21、表 3-22，液体是由离心泵 P101 输送经流量计 FI101 或 FT101 后送入填料塔塔顶再经喷淋头喷淋在填料顶层。

空气由旋涡风机 P102 输送经流量计 FI102、FI103 和 FT102 计量后与由钢瓶输送来的二氧化碳气体经流量计 FT103 计量混合后，一起进入气体混合稳压罐（缓冲罐）V102 进入填料吸收塔塔底，与水在塔内进行逆流接触，进行质量和热量的交换，由塔顶出来的尾气放空，由于本实验为低浓度气体的吸收，所以热量交换可忽略，整个实验过程可看成是等温吸收过程。

用色谱分别测量混合气体进出填料吸收塔的浓度。SV101 变频器可以通过改变变频器频率来达到改变液体流量的目的，SV102 变频器可以通过改变变频器频率来达到改变空气流量的目的。空气进出塔和水进出塔温度由 Pt100 热电阻测量并由数字仪表显示。仪表面板见图 3-20。

表 3-21　填料吸收塔综合实验装置设备

序号	编号	设备名称	规格、型号	数量
1	T101	吸收塔	塔体 ϕ100mm×10mm×2000mm，有机玻璃	1
2	V101	储水槽	体积增加=0.4×0.5×0.7=0.14m³=140L，浮球液位计控制水箱内液位	1
3	V102	缓冲罐	塔体 ϕ200mm×300，304 不锈钢	1
4	P101	离心泵	WB50/025、不锈钢泵	1
5	P102	旋涡风机	XGB-12	1
6	SV101	变频器	E310-401-H3(0-50Hz)	1
7	SV102	变频器	E310-401-H3(0-50Hz)	1

续表

序号	编号	设备名称	规格、型号	数量
8	FI101	转子流量计	LZB-15;40～400 L/h;水	1
9	FI102	转子流量计	LZB-40;4～40m^3/h(标准状态);空气	1
10	FI103	转子流量计	LZB-15;0.4～4m^3/h(标准状态);空气	1
11	FT101	涡轮流量计	LWY-15C	1
12	FT102	金属浮子流量计	DN25;6～60m^3/h(标准状态);空气	1
13	FT103	金属浮子流量计	DN15;0.06～0.6m^3/h(标准状态);空气	1
14	TT101	温度传感器	Pt100;120mm	1
15	TT102	温度传感器	Pt100;120mm	1
16	TT103	温度传感器	Pt100;120mm	1
17	TT104	温度传感器	Pt100;120mm	1
18	LT101	液位传感器	0～500mm;水	1
19	DPI101	压差传感器	0～20kPa(不锈钢)	1
20	DPI102	玻璃管压差计	U形玻璃管	1
21	AI101	进口气相取样器	三向阀门	1
22	AI102	出口气相取样器	三向阀门	1

表 3-22 填料吸收塔综合实验装置填料分配

装置号	填料类型	比表面积/(m^2/m^3)
1、2	ϕ10mm×10mm 陶瓷拉西环	440
3、4	ϕ10mm×10mm 不锈钢 θ 环	550
5、6	ϕ16mm×16mm 陶瓷鲍尔环	280
7、8	ϕ100mm×50 不锈钢高效波纹板	700

4. 实验步骤

(1) 实验前准备工作

① 打开储水槽 V101 上水阀 VA13 将储水槽充满水，将 VA11、VA07 阀门全开其余阀门全部关闭。

② 打开仪表总电源开关，检查测试仪表和气相色谱仪处于正常状态。

(2) 测量解吸塔干填料层（$\Delta p/z$）～u 关系曲线

启动风机 P102 变频器开关，调节空气流量计 FI103 下的阀门 VA04，从小到大操作待空气流量稳定后读取空气流量和填料层压降 Δp 即 U 形玻璃管压差计的数值，然后改变空气流量，空气流量从小到大进行测量，若流量达到最大后需要改变到流量计 FI102 用 VA03 进行调节。在对实验数据进行分析处理后，在对数坐标纸上以空塔气速 u 为横坐标，单位高度的压降（$\Delta p/z$）为纵坐标，标绘干填料层（$\Delta p/z$）～u 关系曲线。

(3) 测量吸收塔在不同喷淋量下填料层（$\Delta p/z$）～u 关系曲线

启动离心泵 P101，用阀门 VA01 调节液体流量为 200L/h 左右（水流量大小可因设备调整），让塔内预液泛使得填料充分润湿。采用上面相同步骤调节空气流量，稳定后分别读取并记录填料层压降 Δp、转子流量计读数和流量计处所显示的空气温度，操作中随时注意观察塔内现象，一旦出现液泛，立即记下对应空气转子流量计读数。根据实验数据在对数坐标纸上标出液体喷淋量为 200 L/h 时的（$\Delta p/z$）～u 关系曲线，并在图上确定液泛气速，与

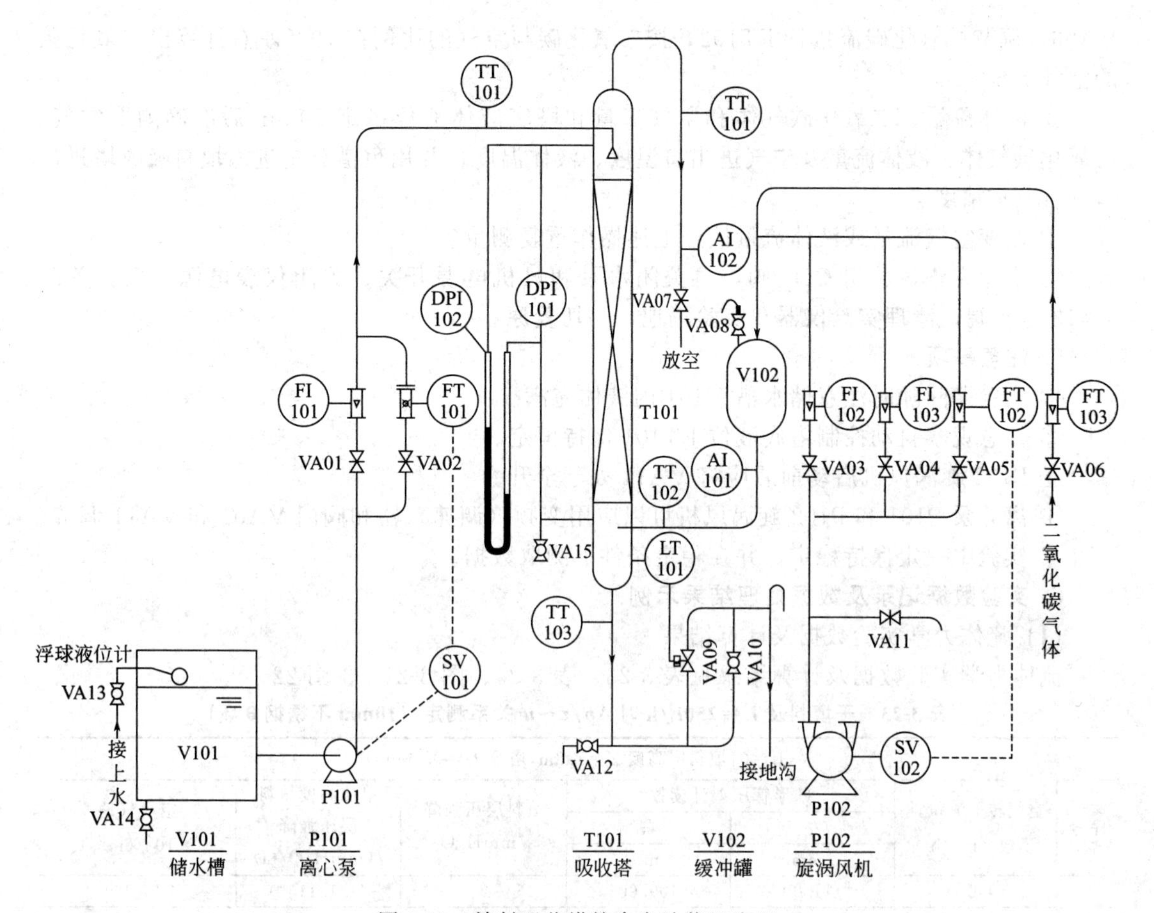

图 3-19　填料吸收塔综合实验装置流程

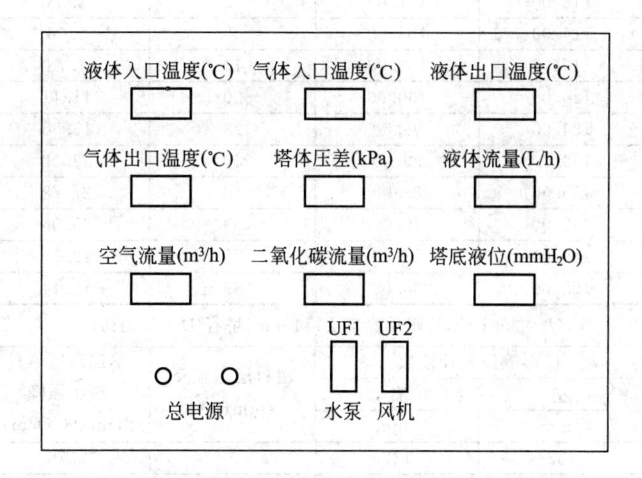

图 3-20　填料吸收塔综合实验装置仪表面板

观察到的液泛气速相比较是否吻合。

(4) 二氧化碳吸收传质系数测定

① 启动离心泵 P101，用阀门 VA01 调节液体流量为 200 L/h 左右（水流量大小可因设备调整）。

② 启动风机 P102，调节转子流量计 FI102 到指定流量，同时打开二氧化碳气体调节阀

VA06，调节二氧化碳流量计 FT102，按二氧化碳与空气的比例在 10%左右计算出二氧化碳的空气流量。

③ 液体流量、二氧化碳气体和空气流量和塔底液体液位稳定 20min 后准确测取空气、二氧化碳气体、液体流量及空气进出口温度、液体温度，并用色谱分析进入填料吸收塔进出口混合气体浓度。

④ 改变空气流量或液体流量按照上述操作重复测量。

⑤ 实验完毕，关闭 CO_2 阀，再关闭水泵和风机电源开关、关闭仪表电源开关，关闭 VA13 上水阀，清理实验仪器和实验场地，一切复原。

5. 注意事项

① 实验期间随时注意储水槽 V101 内液体充满。

② 注意观察自动控制塔底液位 LT101 保持恒定。

③ P102 旋涡风机启动前后应将 VA11 处于全开。

④ 离心泵 P101 和 P102 旋涡风机可以应用变频（调速）器和阀门 VA01 和 VA11 调节。

⑤ 实验中一定保持稳定，并在稳定条件下测取数据。

6. 实验数据记录及数据处理结果示例

(1) 流体力学实验数据及计算结果

流体力学实验数据及计算结果见表 3-23、表 3-24、图 3-21、3-图 22。

表 3-23 干填料及 $L=250$L/h 时 $\Delta p/z \sim u$ 关系测定（10mm 不锈钢 θ 环）

($L=0$,填料层高度 $Z=1.8$m,塔径 $D=0.100$m)

序号	空气转子流量计读数/(m^3/h)	U 形管压差计读数 左/mm	U 形管压差计读数 右/mm	填料层压强降/mmH_2O	单位高度填料层压强降/(mmH_2O/m)	空塔气速 $\times 10^2$/(m/s)
1	4.00	111.00	109.00	2	1.11	14.15
2	6.00	112.00	108.00	4	2.22	21.22
3	8.00	113.00	107.00	6	3.33	28.29
4	10.00	114.00	105.00	9	5.00	35.36
5	12.00	117.00	103.00	14	7.78	42.44
6	15.00	120.00	100.00	20	11.11	53.04
7	18.00	124.00	96.00	28	15.56	63.65
8	21.00	130.00	90.00	40	22.22	74.26
9	24.00	135.00	85.00	50	27.78	84.87
10	27.00	142.00	79.00	63	35.00	95.48
11	30.00	149.00	72.00	77	42.78	106.09
12	33.00	155.00	66.00	89	49.44	116.70

($L=250$L/h,填料层高度 $Z=1.8$m,塔径 $D=0.01$m)

序号	空气转子流量计读数/(m^3/h)	U 形管压差计读数 左/mm	U 形管压差计读数 右/mm	填料层压强降/mmH_2O	单位高度填料层压强降/(mmH_2O/m)	空塔气速 $\times 10^2$/(m/s)
1	4	132	127	5	2.78	14.15
2	6	134	125	9	5.00	21.22
3	8	137	122	15	8.33	28.29
4	10	140	119	21	11.67	35.36
5	12	144	115	29	16.11	42.44
6	14	150	111	39	21.67	49.51
7	16	160	100	60	33.33	56.58
8	18	170	89	81	45.00	63.65
9	20	210	45	165	91.67	70.73

序号	空气转子流量计读数/(m^3/h)	U形管压差计读数		填料层压强降/mmH_2O	单位高度填料层压强降/(mmH_2O/m)	空塔气速$\times10^2$/(m/s)
($L=250L/h$,填料层高度 $Z=1.8m$,塔径 $D=0.01m$)						
		左/mm	右/mm			
10	22	255	0	255	141.67	77.80
11	24	340	−75	415	230.56	84.87
12	26	350.0	−90.0	440	244.44	91.94

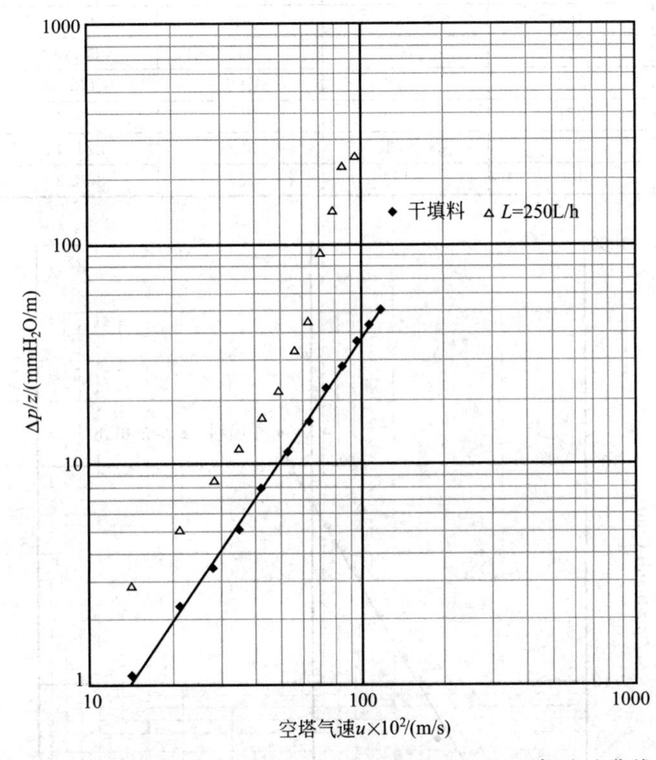

图 3-21　第 4 套填料塔（10mm 不锈钢 θ 环）的压降-流速曲线

表 3-24　干填料及 $L=200L/h$ 时 $\Delta p/z\sim u$ 关系测定（16mm 陶瓷鲍尔环）

序号	空气转子流量计读数/(m^3/h)	U形管压差计读数		填料层压强降/mmH_2O	单位高度填料层压强降/(mmH_2O/m)	空塔气速$\times10^2$/(m/s)
($L=0$,填料层高度 $Z=1.8m$,塔径 $D=0.1m$)						
		左/mm	右/mm			
1	4.00	143.00	141.00	2	1.11	14.15
2	7.00	144.00	139.00	5	2.78	24.75
3	10.00	149.00	139.00	10	5.56	35.36
4	13.00	153.00	129.00	24	13.33	45.97
5	16.00	158.00	122.00	36	20.00	56.58
6	19.00	167.00	113.00	54	30.00	67.19
7	22.00	176.00	103.00	73	40.56	77.80
8	25.00	186.00	91.00	95	52.78	88.41
9	28.00	195.00	81.00	114	63.33	99.02
10	31.00	209.00	66.00	143	79.44	109.63
11	34.00	220.00	53.00	167	92.78	120.23
12	37.00	232.00	39.00	193	107.22	130.84

续表

(L=200L/h,填料层高度 Z=1.8m,塔径 D=0.1m)						
序号	空气转子流量计读数/(m^3/h)	U形管压差计读数		填料层压强降/mmH_2O	单位高度填料层压强降/(mmH_2O/m)	空塔气速$\times10^2$/(m/s)
		左/mm	右/mm			
1	4	129	126	3	1.67	14.15
2	7	132	123	9	5.00	24.75
3	10	138	116	22	12.22	35.36
4	13	149	106	43	23.89	45.97
5	16	162	93	69	38.33	56.58
6	19	185	70	115	63.89	67.19
7	22	220	34	186	103.33	77.80
8	25	251	0	251	139.44	88.41
9	28	325	−73	398	221.11	99.02
10	30	400	−155	555	308.33	106.09

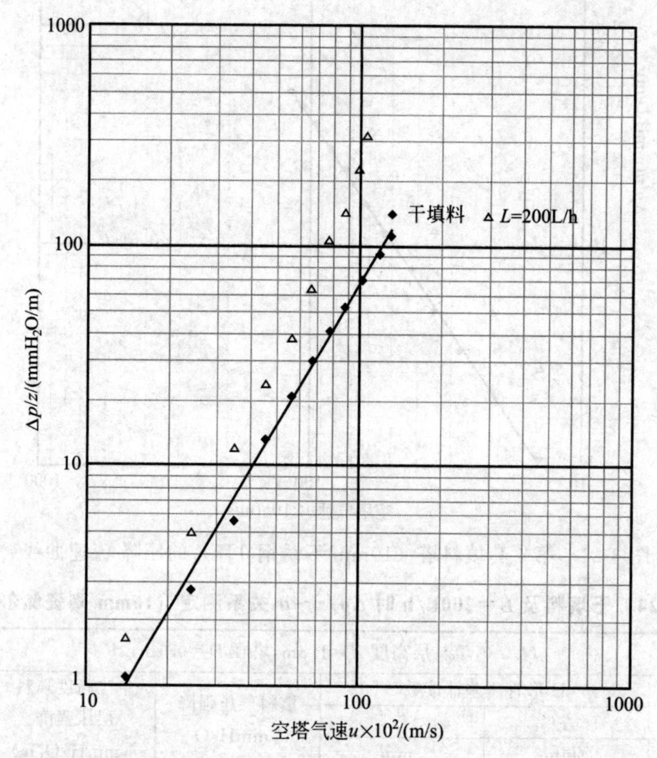

图 3-22　第 5 套填料塔(16mm 陶瓷鲍尔环)的压降-流速曲线

(2) 传质实验数据及计算结果

以表 3-25 第 1 套实验装置为例计算举例:

CO_2 转子流量计读数 $V_{CO_2}=0.18m^3/h$、气体进口温度 $t_2=25.0$℃。

$$\rho_{CO_2}=\frac{pM_{CO_2}}{RT}=\frac{1.013\times10^5\times44}{8.314\times(273+25)\times1000}=1.799\ (kg/m^3)$$

CO_2 通过流量计实际流量　$V_{CO_2实}\approx\sqrt{\frac{\rho_{Air20}}{\rho_{CO_2}}}\times V_{CO_2}$

式中　ρ_{Air20}——20℃、101.32kPa 下空气密度，kg/m^3；

ρ_{CO_2}——实际温度下 CO_2 密度，kg/m^3。

$$V_{CO_2实} \approx \sqrt{\frac{1.204}{1.799}} \times 0.18 = 0.147\ (m^3/h)$$

空气转子流量计读数 $V_{Air}=1.2m^3/h$、气体进口温度 $t_2=25.0$℃。

$$\rho_{Air}=\frac{pM_{Air}}{RT}=\frac{1.013\times10^5\times29}{8.314\times(273+25)\times1000}=1.186\ (kg/m^3)$$

空气通过流量计实际流量 $V_{Air实} \approx \sqrt{\frac{\rho_{Air20}}{\rho_{Air}}} \times V_{Air}$

$$=\sqrt{\frac{1.204}{1.186}}\times1.20=1.209\ (m^3/h)$$

空气流量　$G=\dfrac{V_{Air实}}{22.4\times\left(\dfrac{\pi}{4}\right)\times d^2}=\dfrac{1.209}{22.4\times\left(\dfrac{\pi}{4}\right)\times0.1^2}=6.872[kmol/(m^2 \cdot h)]$

液体流量　$L=\dfrac{L_{读}}{18\times\left(\dfrac{\pi}{4}\right)\times d^2}=\dfrac{200}{18\times\left(\dfrac{\pi}{4}\right)\times0.1^2}=1414.7[kmol/(m^2 \cdot h)]$

液体平均温度 $t_m=\dfrac{23.4+24}{2}=23.7$℃，查表亨利系数 $E=1.625\times10^5kPa$

$$m=\frac{E}{p}=\frac{1.625\times10^5}{101.3}=1604.1$$

$$A=\frac{L}{mG}=\frac{1414.7}{1604.1\times6.872}=0.128$$

由 $W_1=0.18$，得：$y_1=\dfrac{0.18/44}{0.18/44+0.82/29}=0.1264$

由 $W_2=0.167$，得：$y_2=\dfrac{0.167/44}{0.167/44+0.833/29}=0.1167$

$$G(y_1-y_2)=L(x_1-x_2)$$

$$x_1=\frac{G(y_1-y_2)}{L}=\frac{6.872\times(0.1264-0.1167)}{1414.7}=4.71\times10^{-5}$$

$$x_2=0$$

$$N_{OL}=\frac{1}{1-A}\ln\left[(1-A)\frac{y_1-mx_2}{y_1-mx_1}+A\right]$$

$$=\frac{1}{1-0.128}\ln\left[(1-0.128)\frac{0.1264}{0.1264-1604.1\times4.71\times10^{-5}}+0.128\right]=0.953$$

$$Z=\int_0^Z dz=\frac{L}{K_xa}\int_{x_2}^{x_1}\frac{dx}{x^*-x}=H_{OL}N_{OL}$$

$$K_{x}a=\frac{L}{Z}N_{OL}=\frac{1414.1}{1.8}\times0.953=749.0[\mathrm{kmol/(m^3\cdot h)}]$$

表 3-25　第 1 套实验装置实验数据（大气压力 101.3kPa）

序号	名称	1	2
1	填料种类	10mm 陶瓷拉西环	10mm 陶瓷拉西环
2	填料层高度 Z/m	1.80	1.80
3	填料比表面 $a/(\mathrm{m^2/m^3})$	440	440
4	CO_2 转子流量计 FT103 读数 $V_{CO_2}/(\mathrm{m^3/h})$	0.180	0.180
5	进口 TT102 气体温度 t_2/℃	25.0	25.0
6	CO_2 的密度 $\rho_{CO_2}/(\mathrm{kg/m^3})$	1.798	1.798
7	流量计处 CO_2 的体积流量 $V_{CO_2实}/(\mathrm{m^3/h})$	0.147	0.147
8	空气 FI103 转子流量计读数 $V_{Air}/(\mathrm{m^3/h})$	1.20	1.20
9	空气的密度 $\rho_{Air}/(\mathrm{kg/m^3})$	1.185	1.183
10	流量计处空气实际体积流量/$(\mathrm{m^3/h})$	1.209	1.209
11	空气流量 $G/[\mathrm{kmol/(m^2\cdot h)}]$	6.88	6.881
12	水转子流量计 FI101 读数 $L_{读}$/(L/h)	200.0	400.0
13	TT101 液体进口温度 t_1/℃	24.0	24.0
14	$L/[\mathrm{kmol/(m^2\cdot h)}]$	1414.7	2829.4
15	TT103 液体出口温度 t_3/℃	23.4	23.4
16	填料塔压降 U 形管压差计/mmH_2O	5.00	3.00
17	亨利系数 $E/\times10^{-5}$kPa	1.625	1.625
18	m	1604.1	1604.1
19	A	0.1283	0.2566
20	质量分率 W_1	0.18	0.18
21	质量分率 W_2	0.167	0.16
22	y_1	0.1264	0.1264
23	y_2	0.1167	0.1164
24	x_1	4.71×10^{-5}	2.43×10^{-5}
25	$1/(1-A)$	1.147	1.344
26	N_{OL}	0.953	0.389
27	液相体积传质系数 $K_xa/[\mathrm{kmol/(m^3\cdot h)}]$	749.0	611.5
28	吸收率/%	7.674	7.911

计算说明：

将塔顶汽相浓度定义为 y_1，塔底汽相浓度定义为 y_2，塔底液相浓度定义为 x_1，塔顶液相浓度定义为 x_2，并且在本实验中因用清水吸收，所以 $x_2=0$。塔出口气体流量定义为 G，水流量定义为 L。

物料衡算式：$G(y_1-y_2)=L(x_1-x_2)$

得 x_1

平衡关系式：
$$y^*=mx$$

$$m=\frac{E}{p}$$

$$x_1^*=\frac{y_1}{m}$$

$$x_2^*=\frac{y_2}{m}$$

传质单元数计算公式：

$$N_{OL}=\frac{x_1-x_2}{\Delta x_m}$$

$$\Delta x_m=\frac{\Delta x_1-\Delta x_2}{\ln\frac{\Delta x_1}{\Delta x_2}}$$

$$\Delta x_1=x_1^*-x_1$$

$$\Delta x_2=x_2^*-x_2$$

$$H=H_{OL}N_{OL}$$

所以

$$H_{OL}=\frac{H}{N_{OL}}$$

由于

$$H_{OL}=\frac{L}{K_x a}$$

所以

$$K_x a=\frac{L}{H_{OL}}$$

测量条件：

色谱型号　SP6800A

柱类型　填充柱

柱规格　TDX－103

载气类型　氢气

载气流量　50mL/min

进样量　1mL

检测器温度　130℃

进样器温度　130℃

柱温　110℃

吸收原料气分析如图 3-23 所示。

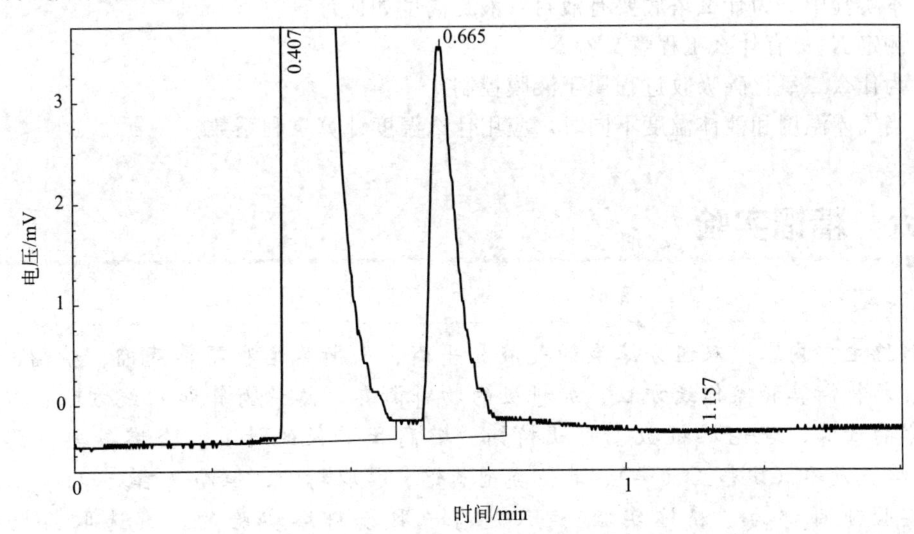

图 3-23　吸收原料气分析图

峰号	峰名	保留时间/min	峰高	峰面积	含量/%
1	空气	0.407	137583.594	349031.469	96.2846
2	二氧化碳	0.665	3877.412	13440.753	3.7078

吸收尾气分析如图 3-24 所示。

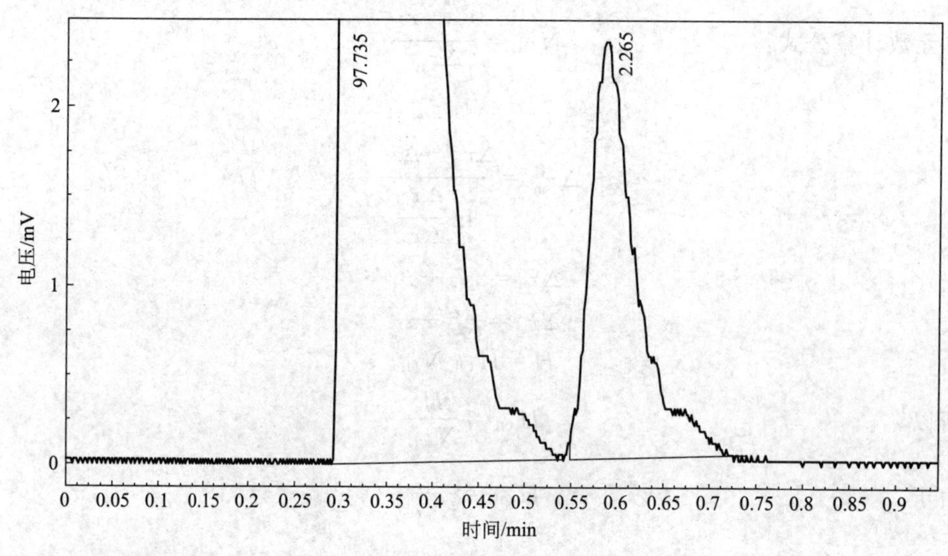

图 3-24 吸收尾气分析图

峰号	峰名	保留时间/min	峰高	峰面积	含量/%
1	空气	0.323	142736.094	355399.406	97.7348
2	二氧化碳	0.590	2326.473	8236.945	2.2652

7. 实验报告要求

① 将原始数据列表。

② 列出实验结果与计算示例。

8. 思考题

① 本实验中，为什么塔底要有液封？液封高度如何计算？

② 测定 $K_x a$ 有什么工程意义？

③ 为什么二氧化碳吸收过程属于液膜控制？

④ 当气体温度和液体温度不同时，应用什么温度计算亨利系数？

实验六 精馏实验

精馏主要内容：双组分溶液的气液相平衡、平衡蒸馏和简单蒸馏、精馏、连续精馏、物料衡算和操作线方程、加料板的物料衡算、热量衡算和 q 线方程、双组分精馏塔的计算、理论塔板数、间歇精馏、塔高和塔径的计算、全塔效率（总板效率）、单板效率（默弗里效率）、其他类型蒸馏、萃取精馏、恒沸精馏。

实验项目都为"精馏实验"，只是有选取填料塔实验的，有选取筛板塔实验的。

一、数字化精馏综合实验

1. 实验目的

① 了解精馏单元操作的工作原理、精馏塔结构及精馏流程。

② 了解精馏过程的主要设备、主要测量点和操作控制点，学会正确使用仪表测量实验数据，学会用气相色谱测定样品浓度的方法。

③ 测定精馏塔在全回流条件下，稳定操作后的全塔理论板数、总板效率以及单板效率。

④ 测定精馏塔在某一回流比下，稳定操作后的全塔理论板数、总板效率以及单板效率。

2. 实验原理

蒸馏单元操作是一种分离液体混合物常用的有效方法，其依据是液体中各组分挥发度的差异。它在石油化工、轻工、医药等行业有着广泛的用途。在化工生产中，把含有多次部分汽化与冷凝且有回流的蒸馏操作称为精馏。

(1) 全塔效率 E_T

本实验采用乙醇—水体系，已知其汽液平衡数据，则根据精馏塔的原料液组成，进料热状况，操作回流比及塔顶馏出液组成，塔底釜液组成可以求出该塔的理论板数 N_T。按照式(3-38) 可以得到总板效率 E_T，其中 N_P 为实际塔板数。

$$E_T=\frac{N_T}{N_P}\times 100\% \tag{3-38}$$

部分回流时，进料热状况参数的计算式为

$$q=\frac{C_{pm}(t_{BP}-t_F)+r_m}{r_m} \tag{3-39}$$

式中 t_F——进料温度,℃；

t_{BP}——进料的泡点温度,℃；

C_{pm}——进料液体在平均温度$\frac{t_{BP}+t_F}{2}$下的比热容，kJ/(kmol·℃)；

r_m——进料液体在其组成和泡点温度下的汽化潜热，kJ/kmol。

$$C_{pm}=C_{p_1}M_1x_1+C_{p_2}M_2x_2,\text{kJ/(kmol·℃)} \tag{3-40}$$

$$r_m=r_1M_1x_1+r_2M_2x_2,\text{kJ/kmol} \tag{3-41}$$

式中 C_{p_1}，C_{p_2}——纯组分 1 和组分 2 在平均温度下的比热容，kJ/（kg·℃)；

r_1，r_2——纯组分 1 和组分 2 在泡点温度下的汽化潜热，kJ/kg；

M_1，M_2——纯组分 1 和组分 2 的摩尔质量，kg/kmol；

x_1，x_2——纯组分 1 和组分 2 在进料中的摩尔分数。

(2) 单板效率 E_m

全塔效率只是反映了塔内全部塔板的平均效率，所以有时也叫总板效率，但它不能反映具体每一块塔板的效率。单板效率有两种表示方法，一种是经过某塔板的气相浓度变化来表示的单板效率，称之为气相默弗里单板效率 E_{mV}，计算公式如下：

$$E_{mV}=\frac{y_n-y_{n+1}}{y_n^*-y_{n+1}} \tag{3-42}$$

式中，y_n 为离开第 n 块板的气相组成；y_{n+1} 为离开第（n+1）块、到达第 n 块板的气相组成；$y_n{}^*$ 为与离开第 n 块板液相组成 x_n 成平衡关系的气相组成。以上气、液相浓度的单位均为摩尔分数。因此，只要测出 x_n、y_n、y_{n+1}，通过平衡关系由 x_n 计算出 y_n^*，则根据式（3-42）就可计算默弗里气相单板效率 E_{mV}。

单板效率的另一种表示方法为经过某块塔板液相浓度的变化，称之为液相默弗里单板效率，用 E_{mL} 来表示，计算公式如下：

$$E_{mL}=\frac{x_{n-1}-x_n}{x_{n-1}-x_n^*} \tag{3-43}$$

式中，x_{n-1} 为离开第 $n-1$ 板到达第 n 板的液相组成；x_n 为离开第 n 板的液相组成；x_n^* 为与离开第 n 板汽相组成 y_n 成平衡关系的液组成。以上汽、液相浓度的单位均为摩尔分数。因此，只要测出 x_{n-1}、x_n、y_n，通过平衡关系由 y_n 计算出 x_n^*，则根据式（3-43）就可计算默弗里气相单板效率 E_{mL}。

3. 实验装置与流程

（1）实验装置基本情况

原料由离心泵从原料罐经过转子流量计计量后进入精馏塔内，精馏塔内径 70mm、16 块筛板塔。再沸器内液体经过电加热后产生的蒸汽穿过塔内的塔板后到达塔顶，蒸汽全凝后变成冷凝液经回流罐后，一部分由回流泵 P102 经过转子流量计 FI102 计量后回到塔内，另一部分由塔顶采出泵 P103 经过转子流量计 FI103 计量后到塔顶产品罐 V104。

塔釜液体经过冷却器 E103 冷却并经流量计 FI104 计量后流入塔底残液罐 V102 内，也可以设定再沸器液位 LV102 最高限电磁阀 VA17 联动。

冷却水经转子流量计 FI105 计量后进入全凝器 E101 并且进入 E103 后流入地沟。

再沸器加热电压采用仪表 B9 手动或自动进行调节，原料进入塔内温度由仪表 B7 手动或自动进行调节。回流罐液位 LV101 可以通过仪表 B10 手动或自动进行调节，塔顶温度 TT101 由仪表 B8 手动或自动进行调节。

主要设备见表 3-26、仪表配置见表 3-27、实验装置流程见图 3-25、仪表面板图见图3-26。

表 3-26 数字化精馏综合实验装置设备

序号	编号	设备名称	规格、型号	数量
1	V101	原料罐	ϕ350mm×380mm	1
2	V102	塔底残液罐	ϕ150mm×260mm	1
3	V103	回流罐	ϕ57mm×200mm	1
4	V104	塔顶产品罐	ϕ150mm×260mm	1
5	E101	塔顶冷凝器	ϕ89mm×600mm	1
6	E102	进料预热器	ϕ80mm×100mm	1
7	E103	塔底冷却器	ϕ76mm×200mm	1
8	T101	筛板精馏塔	ϕ76mm×3mm、16 块筛板塔	1
9	PI101	压力表	0～10kPa	1
10	FI101	进料转子流量计	LZB-4；1～10L/h	1
11	FI102	回流转子流量计	LZB-4；1.6～16L/h	1
12	FI103	塔顶采出转子流量计	LZB-4；1～10L/h	1
13	FI104	塔釜出料转子流量计	LZB-4；1～10L/h	1
14	FI105	冷却水转子流量计	LZB-15；40～400L/h	1

续表

序号	编号	设备名称	规格、型号	数量
15	EH1	塔釜加热器	2.0kW	1
16	EH2	塔釜加热器	2.0kW	1
17	SU1	进料泵变频器	(0～50Hz)	1
18	SU2	回流泵变频器	(0～50Hz)	1
19	SU3	采出泵变频器	(0～50Hz)	1
20	P101	原料(齿轮)泵	G317XK/AC380	1
21	P102	回流(齿轮)泵	MG204XK/AC380	1
22	P103	采出(齿轮)泵	MG204XK/AC380	1
23	TI101～114	温度传感器	Pt100	14
24	TI115	温度传感器	Pt100	1
25	TI116～118	温度传感器	Pt100	3
26	EV101	电压变送器	0～250V	1
27	LV101	液位传感器	0～1000mmH_2O	1
28	LV102	再沸器液位计	L=580;磁翻转液位计	1
29	PV101	压力传感器	0～100kPa	1
30	AI101	残液取样口	考克	1
31	AI102	塔顶取样口	考克	1
32	AI103	原料取样口	考克	1
33	AI104	塔板取样口 1	考克	1
34	AI105	塔板取样口 2	考克	1
35	AI106	塔板取样口 3	考克	1
36	LI101	预热器液位计	玻璃液位计	1
37	LI102	原料罐液位计	玻璃液位计	1
38	LI103	塔底残液罐液位计	玻璃液位计	1
39	LI104	塔顶产品罐液位计	玻璃液位计	1
40		触摸屏	阿普奇;15im(lin=0.0254mm)	1

表 3-27　数字化精馏综合实验装置仪表配置

序号	编号	仪表名称	规格、型号	数量
1	B1～B5	多路温度显示仪表	AI-704MFJ0J0J0S	5
2	B6	冷凝液温度	AI-501FS	1
3	B7	进料温度显示仪表	AI-519FGS1	1
4	B8	塔顶蒸汽温度	AI-519FX3S1	1
5	B9	加热电压控制仪表	AI-519FX3S1	1
6	B10	回流罐液位显示仪表	AI-519FV24X3S1	1
7	B11	再沸器液位显示仪表	AI-501FV24L0L0S	1
8	B12	塔釜压力显示仪表	AI-501FV24S	1
9	B13	电表	电表 FS	1
10	B14	水表	AI-519FV24X3S1	1

4. 实验操作步骤

(1) 实验前准备工作

① 将测量浓度仪器准备好。

② 向原料罐 V101 内配制乙醇质量分数为 10%的乙醇水溶液加至原料罐 V101 内液位 LI102 处于玻璃液位计高度的 2/3 处以上。

③ 检查水、电、仪、阀、泵、储罐是否处于正常状态。

(2) 开车准备

① 开启总电源、仪表盘电源，查看再沸器加热电压表、温度显示、实时监控仪是否处

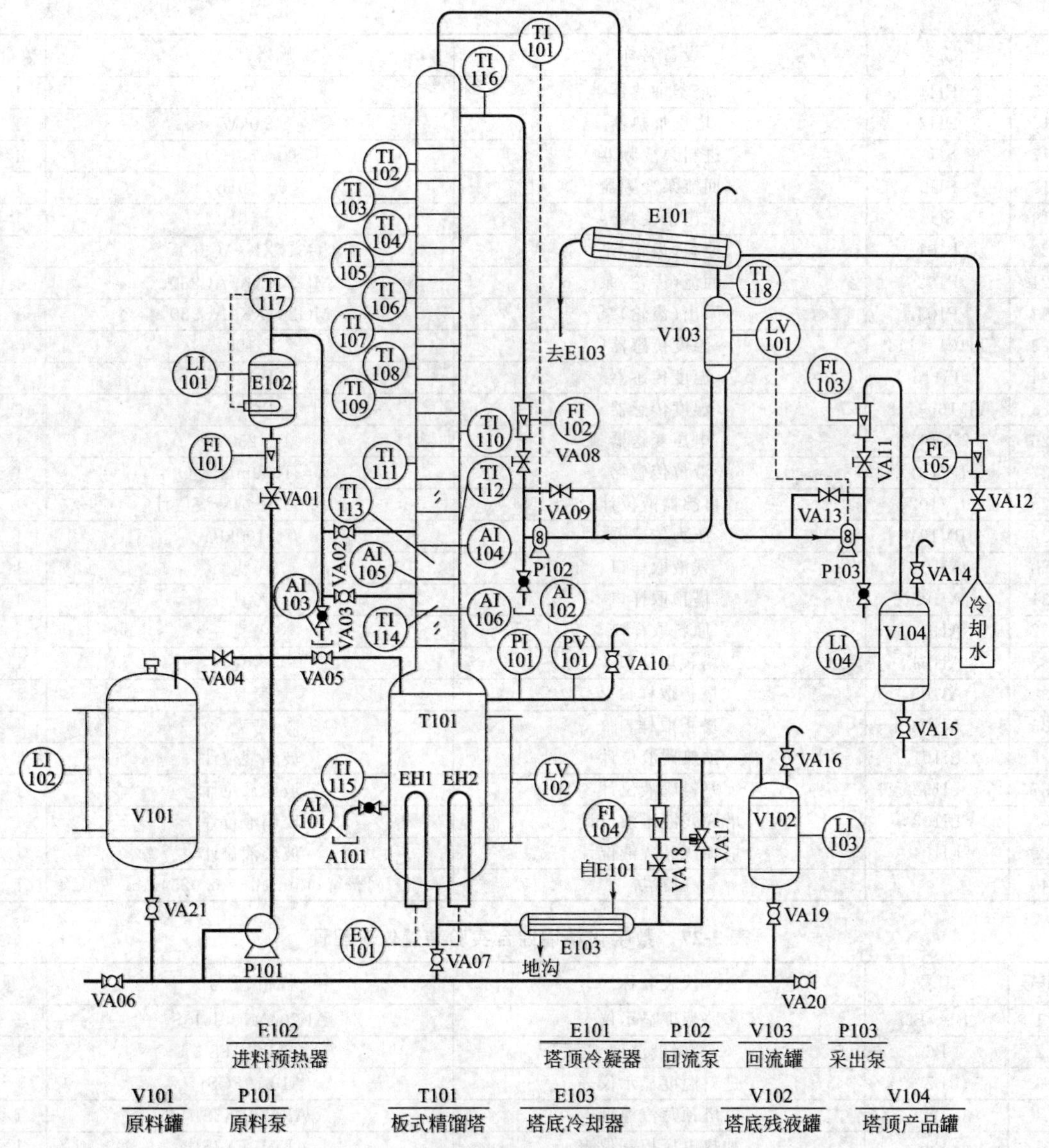

图 3-25　数字化精馏综合实验装置流程

于正常状态。

② 检查供水系统，打开冷却水上水阀，检查有无供水，供水系统正常后关上水阀。

③ 检查实验管路阀门，检查每个阀门处于正常位置（VA14、VA16、VA09、VA13、VA04 处于全开，其余阀门全部关闭）。

④ 向再沸器送料，打开再沸器放气阀 VA10 后启动原料齿轮泵 P101，缓慢打开阀门 VA05 向塔内再沸器加料至 2/3 位置。关闭阀门 VA05 和 VA10 后，关闭原料泵 P101。注意：塔釜液位过低（见现场设定）实验装置会自动保护电加热器不工作，液位过高（见现场设定）电磁阀 VA17 自动开启，再沸器液体流入塔底残液罐 V102。

(3) 开车及全回流操作实验

① 将进料阀门全部关闭后，打开塔顶冷凝器 E101 冷却水给水阀 VA12 调节流量计 FI105 至适宜。

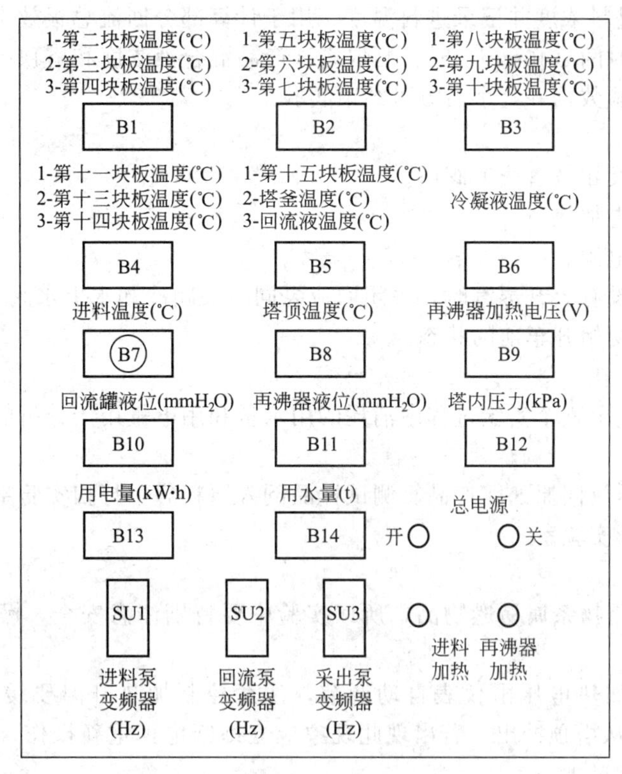

图 3-26 实验装置仪表面板图

② 调节好再沸器加热电压（180V 左右），开启电加热器对再沸器内液体进行加热，保持塔釜加热电压。观察回流罐 V103 有蒸汽冷凝后开启回流泵 P102 并调节好回流量，保持观察回流罐 V103 液位 LV101 稳定。回流量由流量计 FI102 计量，使用时调节回流泵变频器频率，同时调节阀门 VA08、VA09 的开度，三者联合调节将回流量调至稳定。

③ 观察塔内再沸器加热功率、回流罐液位、塔内压力、塔内温度和回流液温度等稳定 10min 后记录一组塔内温度、加热电压和塔压降等实验数据。

④ 测定全塔效率在塔顶取样口 AI102 和塔釜取样口 AI101 处分别取样，用气相色谱仪分析测量浓度。

⑤ 测定单板效率分别在 13、14、15 块塔板取样口 AI104、AI105、AI106 处取样，用气相色谱仪分析测量浓度。

⑥ 全回流实验结束后，经老师检查实验数据合格后开始部分回流实验。

(4) 部分回流实验

① 确定进料位置和进料温度后开启进料阀 VA02 或 VA03、启动原料泵 P101，用原料泵变频器 SU1 和阀门 VA01 调节流量计 FI101 达到指定进料量进料，设定好进料温度 TI117 后打开加热开关，观察进料温度稳定。

② 调节塔釜加热电压并稳定，确定好操作时回流比（参考回流比为 2～4）。

③ 开启采出泵 P103 并调节好采出流量（回流比是回流量与采出量之比）。

④ 保持进出精馏塔内物料平衡，要求回流罐液位 LV101、再沸器液位 LV102 稳定。随时观察和记录加热量、塔内温度、塔压降、回流比和进料量等并始终处于稳定状态。

⑤ 确定部分回流操作稳定后（20min 左右）在塔顶、进料和塔釜取样口处分别取样，

测取塔顶、塔釜、进料浓度并记录进料温度。用于计算部分回流总板效率。

⑥ 当到达规定时间（40min）时，测取塔顶产品混合液浓度和塔顶产品的体积。

⑦ 老师检查实验数据并签字后方可结束实验。

(5) 正常停车

① 关闭进料泵及相应管线上阀门。

② 关闭再沸器电加热。

③ 关闭采出泵电源。

④ 待精馏塔内没有上升蒸汽时，关闭回流泵同时关闭冷却水上水阀 VA12。

⑤ 各阀门恢复初始开车前的状态。

(6) 分析能量消耗

实验结束后，记录整个实验过程中消耗的用水量和用电量用于分析能量消耗。

(7) 整理

将使用过的仪器放回原处，产品、测试样品倒入原料罐中打扫实验室卫生，将实验室水电切断后，方能离开实验室。

5. 注意事项

① 由于实验所用物系属易燃物品，所以实验中要特别注意安全，操作过程中避免洒落以免发生危险。

② 本实验设备加热电压由仪表自动调节，注意控制加热升温要缓慢，以免发生爆沸（过冷沸腾）使釜液从塔顶冲出。若出现此现象应立即断电，重新操作。升温和正常操作过程中釜的电功率不能过大。

③ 开车时要先接通冷却水再向塔釜供热，停车时操作反之。

④ 当有进料流量并充满进料预热器 E102 后方可以通电加热，开车时先开进料后开加热，停车时先关加热后停止进料，避免加热器干烧，进料预热器温度控制在 50℃以下。

⑤ 为便于对全回流和部分回流的实验结果（塔顶产品质量）进行比较，应尽量使两组实验的加热电压及所用料液浓度相同或相近。连续开出实验时，应将前一次实验时留存在塔釜、塔顶、塔底产品接收器内的料液倒回原料液储罐中循环使用。

6. 实验数据处理过程及结果

(1) 全回流操作（见表 3-28）

表 3-28　全回流温精馏实验数据

序号	设备信号	实验项目	
1	TI101	塔顶温度/℃	78.3
2	TI102	第 2 块板温度/℃	78.4
3	TI103	第 3 块板温度/℃	78.2
4	TI104	第 4 块板温度/℃	78.4
5	TI105	第 5 块板温度/℃	78.5
6	TI106	第 6 块板温度/℃	78.3
7	TI107	第 7 块板温度/℃	78.5
8	TI108	第 8 块板温度/℃	78.6
9	TI109	第 9 块板温度/℃	78.8
10	TI110	第 10 块板温度/℃	78.8
11	TI111	第 11 块板温度/℃	78.8
12	TI112	第 13 块板温度/℃	79.6
13	TI113	第 14 块板温度/℃	81.2
14	TI114	第 15 块板温度/℃	85.6

续表

序号	设备信号	实验项目	
15	TI115	塔釜温度/℃	95.8
16	TI116	回流液温度/℃	48.2
17	TI117	进料温度/℃	
18	TI118	冷凝液温度/℃	50
19	EV101	再沸器加热电压/V	160
20	LV101	回流罐液位/mm	120
21	PV101	塔内压力/kPa	1.9
22	FI102	回流量/(L/h)	8.4
23	FI105	冷却水流量/(L/h)	200
24		塔顶摩尔分数	0.835
25		塔釜摩尔分数	0.045
26		第12块板液体摩尔分数	
27		第13块板液体摩尔分数	
28		第14块板液体摩尔分数	

注：实际筛板精馏塔板数16块；实验物系乙醇-水；初始电表数36.674kW·h；初始水表数0.0003t。

塔顶乙醇的摩尔分数 $x_D=0.0835$、塔底乙醇的摩尔分数 $x_W=0.0445$，用图解法求理论板数（如图3-27所示）。

在平衡线和操作线之间图解理论板数为8.9，认为塔釜再沸器为一块理论板

$$N_T=8.9-1=7.9$$

则全塔效率

$$E_T=\frac{N_T}{N_P}=\frac{7.9}{16}=49.4\%$$

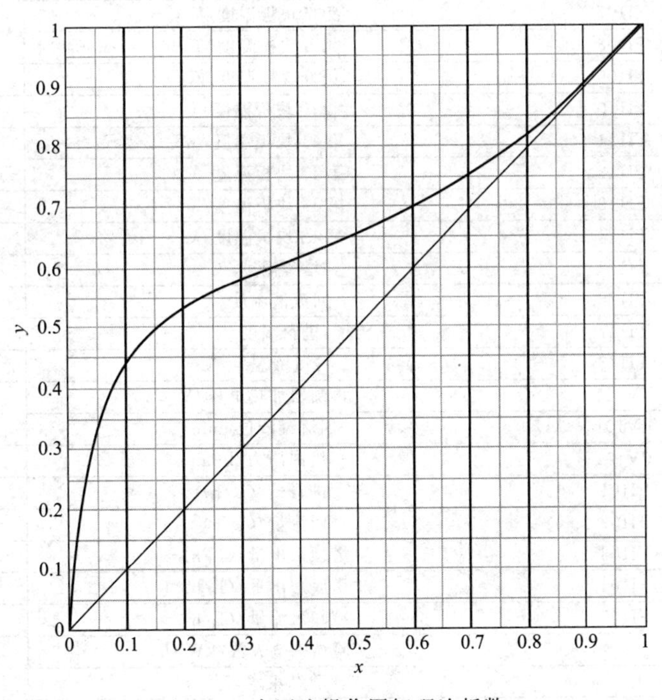

图3-27　全回流操作图解理论板数

全回流塔板内温度随塔板数的变化关系如图3-28所示。

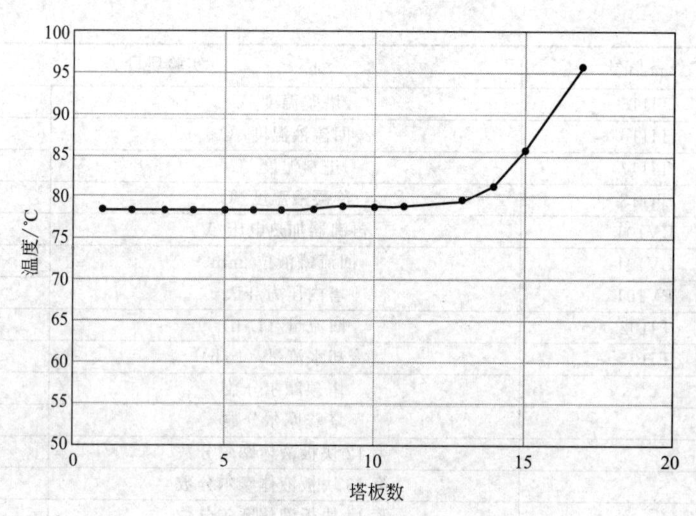

图 3-28 全回流塔板内温度随塔板数的变化关系

(2) 部分回流操作(参考数据,见表 3-29)

表 3-29 部分回流精馏实验数据

序号	设备位号	实验项目	数据
1	TI101	塔顶温度/℃	78.3
2	TI102	第 2 块板温度/℃	78.4
3	TI103	第 3 块板温度/℃	78.2
4	TI104	第 4 块板温度/℃	78.4
5	TI105	第 5 块板温度/℃	78.5
6	TI106	第 6 块板温度/℃	78.3
7	TI107	第 7 块板温度/℃	78.5
8	TI108	第 8 块板温度/℃	78.6
9	TI109	第 9 块板温度/℃	78.8
10	TI110	第 10 块板温度/℃	78.8
11	TI111	第 11 块板温度/℃	78.8
12	TI112	第 13 块板温度/℃	79.6
13	TI113	第 14 块板温度/℃	81.2
14	TI114	第 15 块板温度/℃	85.6
15	TI115	塔釜温度/℃	95.8
16	TI116	回流液温度/℃	48.2
17	TI117	进料温度/℃	22.6
18	TI118	冷凝液温度/℃	50
19	EV101	再沸器加热电压/V	160
20	LV101	回流罐液位/mm	120
21	PV101	塔内压力/kPa	1.9
22	FI101	进料量/(L/h)	4
23	FI102	回流量/(L/h)	7
24	FI103	塔顶采出量/(L/h)	2.5
25	FI104	塔底采出量/(L/h)	10.4
26	FI105	冷却水流量/(L/h)	200
27		实验结束电表数/kW·h	39.821
28		实验结束水表数/t	0.1413
29		实验实际用电量/kW·h	3.147
30		实验实际用水量/t	0.141

注:实际塔板数 16 块,实验物系乙醇-水。

塔顶、塔底和进料中乙醇的摩尔分数 $x_D=0.762$，$x_W=0.013$；$x_F=0.080$
回流量 7L/h、塔顶采出量 2.5L/h，回流比 $R=2.8$
进料温度 $t_F=22.6$℃
泡点温度与进料浓度之间的关系：

$$t_{BF}=-837.06x_F^3+678.96x_F^2-185.35x_F+99.371$$

在 $x_F=0.080$ 下泡点温度 88.5℃

平均温度 $=\frac{t_{BP}+t_F}{2}=55.4$℃

乙醇在 55.4℃下的比热容 $C_{p1}=4.19$kJ/（kg·℃）
水在 55.4℃下的比热容 $C_{p2}=5.08$kJ/（kg·℃）
乙醇在 89.3℃下的汽化潜热 $r_1=615.5$kJ/kg
水在 89.3℃下的汽化潜热 $r_2=1400$kJ/kg
混合液体比热容：

$$C_{pm}=46\times0.080\times4.19+18\times(1-0.080)\times5.080=99.5\ [\text{kJ/(kmol·℃)}]$$

混合液体汽化潜热：

$$r_m=46\times0.080\times615.5+18\times(1-0.080)\times1400=25446(\text{kJ/kmol})$$

$$q=\frac{C_{pm}(t_{BP}-t_F)+r_m}{r_m}=\frac{99.5\times(89.3-226)+25446}{25446}=1.26$$

q 线斜率 $=\frac{q}{q-1}=4.846$

精馏段操作线截距 $\frac{x_D}{R+1}=\frac{0.762}{2.8+1}=0.2$

在平衡线和精馏段操作线、提馏段操作线之间图解理论板板数为 6.2（如图 3-29 所示）
认为塔釜再沸器为一块理论板，则 $N_t=6.2-1=5.2$

全塔效率 $E_T=\frac{N_T}{N_P}=\frac{5.2}{16}=32.5\%$

二、筛板（填料）精馏塔综合实验

1. 实验目的

① 掌握全回流时板式精馏塔的全塔效率、单板效率及填料精馏塔等板高度的测定方法；

② 熟悉精馏塔的基本结构及流程；

③ 学会部分回流选取最佳回流比的方法。

2. 实验原理

蒸馏单元操作是一种分离液体混合物常用的有效的方法，其依据是液体中各组分挥发度的差异。它在石油化工、轻工、医药等行业有着广泛的用途。在化工生产中，把含有多次部分汽化与冷凝且有回流的蒸馏操作称为精馏。本实验采用乙醇-水体系，在全回流状态下测定板式精馏塔的全塔效率 E_T、单板效率 E_m及填料精馏塔的等板高度 HETP。

3. 全塔效率 E_T

板式精馏塔的全塔效率定义为完成一定的分离任务所需的理论塔板数 N_T与实际塔板数

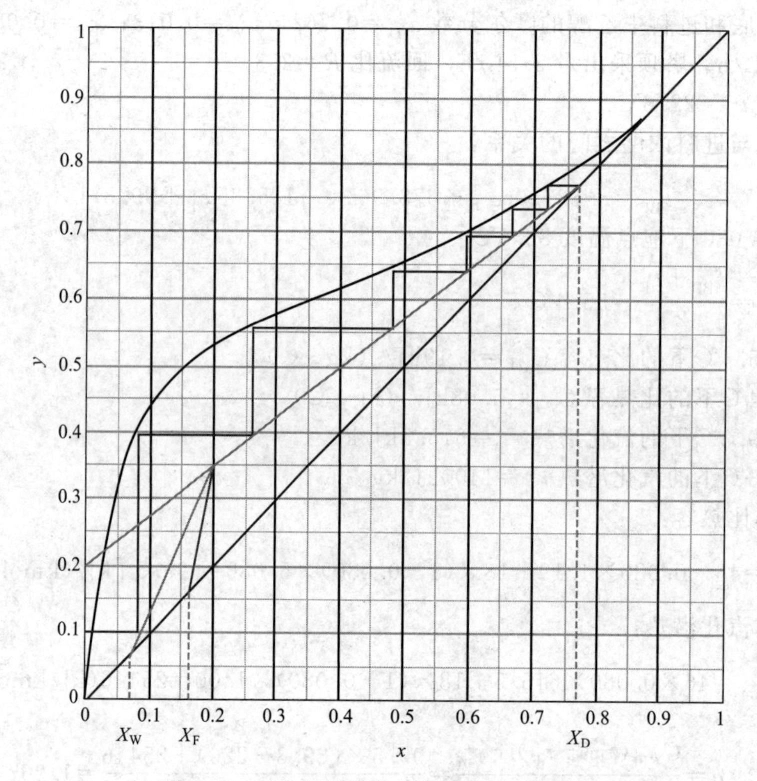

图 3-29　部分回流操作图解求理论塔板数

N_P之比。在实际生产中，每块塔板上的气液接触状况及分离效率均不相同，因此全塔效率只是反映了塔内全部塔板的平均分离效率，计算公式如下：

$$E_T=\frac{N_T}{N_P}\times100\% \tag{3-38}$$

当板式精馏塔处于全回流稳定状态时，取塔顶产品样分析得塔顶产品中轻组分摩尔分数 x_D，取塔底产品样分析得塔底产品中轻组分摩尔分数 x_W，用作图法求出 N_T，而实际塔板数已知 N_P，把 N_T代入式（3-38）即可求出全塔效率 E_T。

4. 单板效率 E_m

全塔效率只是反映了塔内全部塔板的平均效率，所以有时也叫总板效率，但它不能反映具体每一块塔板的效率。单板效率有两种表示方法，一种是经过某塔板的气相浓度变化来表示的单板效率，称为气相默弗里单板效率 E_{mV}，计算公式如下：

$$E_{mV}=\frac{y_n-y_{n+1}}{y_n^*-y_{n+1}} \tag{3-42}$$

式中，y_n为离开第 n 块板的气相组成；y_{n+1}为离开第（$n+1$）块、到达第 n 块板的气相组成；y_n^* 为与离开第 n 块板液相组成 x_n成平衡关系的气相组成，以上汽、液相浓度的单位均为摩尔分数。因此，只要测出 x_n、y_n、y_{n+1}，通过平衡关系由 x_n计算出 y_n^*，则根据式（3-42）就可计算默弗里汽相单板效率 E_{mV}。

单板效率的另一种表示方法为经过某块塔板液相浓度的变化，称为液相默弗里单板效率，用 E_{mL}来表示，计算公式如下：

$$E_{mL}=\frac{x_{n-1}-x_n}{x_{n-1}-x_n^*} \tag{3-43}$$

式中，x_{n-1}为离开第 $n-1$ 板到达第 n 板的液相组成；x_n为离开第 n 板的液相组成；x_n^* 为与离开第 n 板汽相组成 y_n 成平衡关系的液组成，以上汽、液相浓度的单位均为摩尔分数。因此，只要测出 x_{n-1}、x_n、y_n，通过平衡关系由 y_n 计算出 x_n^*，则根据式（3-43）就可计算默弗里气相单板效率 E_{mL}。

5. 实验装置与流程

精馏实验装置流程如图 3-30 所示。

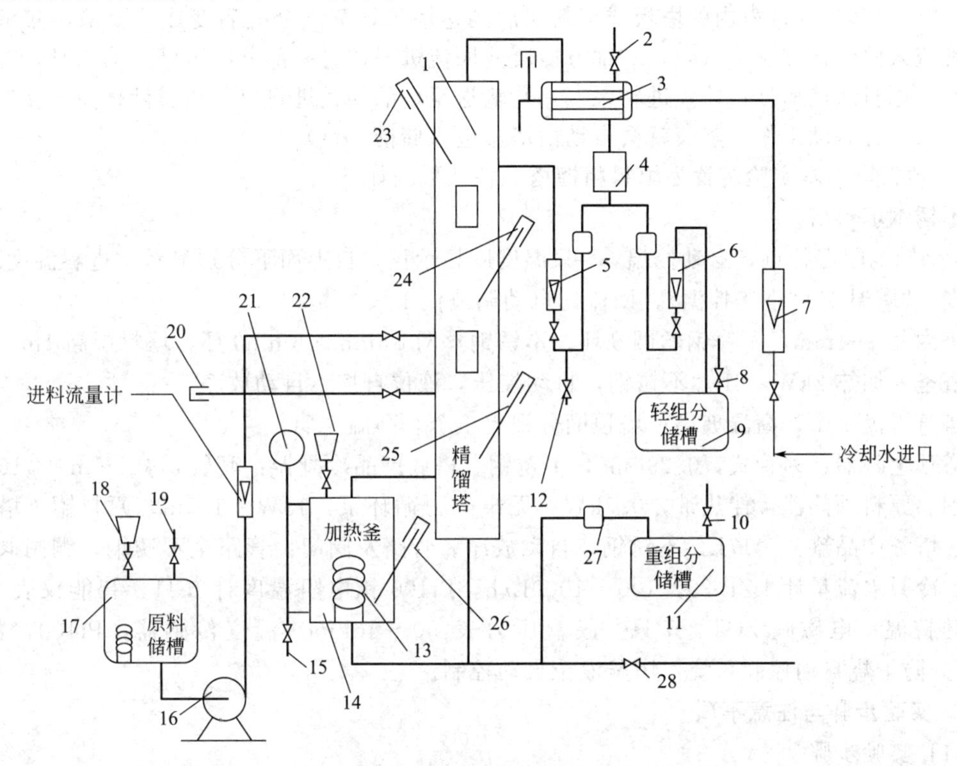

图 3-30　精馏实验装置流程

1—精馏塔；2—塔顶放空阀；3—全凝器；4—回流比控制器；5—回流流量计；6—馏出流量计；7—冷凝水流量计；8—轻组分储槽放空阀；9—轻组分储槽；10—重组分储槽放空阀；11—重组分储槽；12—塔顶取样口；13—加热器；14—塔釜（再沸器）；15—塔底取样口；16—进料泵；17—原料储槽；18—加料漏斗；19—原料储槽放空阀；20—进料温度计；21—压力表；22—再沸器加料漏斗；23～26—温度计；27—电磁阀；28—放料口

① 筛板塔　本实验装置为筛板精馏塔，特征数据如下：

不锈钢筛板塔。

塔内径 $D_{内}=64mm$，塔板数 $N_P=16$ 块，板间距 $H_T=71mm$。塔板孔径 1.0mm，孔数 72 个，开孔率 10%，弓形降液管。板数：提馏段 2～8 块，精馏段 13～7 块，总板数 16 块。

塔釜（6L），最高加热温度 400℃。塔顶全凝器：列管式，0.296m^2，不锈钢。

功率 2kW，转子流量计调节进料量，二路加料口。

6 个铂电阻温控点，自动控温，6 只温度度显示仪，自上而下分别显示“进料温度”“塔顶温度”“塔温 1”“塔温 2”“塔温 3”“塔釜控温”。回流比自动调节仪 1 只。

塔釜液位自控，自动放净。塔身视盅：5-6-7 板间 2 个，14-15 板间 1 个，高温玻璃。馏分视盅：塔顶馏分视盅 1 个，高温玻璃。塔底产品冷凝器：套管，ϕ25mm×ϕ16mm，不锈钢。原料预热器：伴热带，0.3kW。无声磁力循环泵：15W 1.5m。原料罐、塔顶产品罐、塔釜产品罐：≥17L，不锈钢，自动放净。管路及阀门：管路全不锈钢，铜闸阀和铜球阀。冷凝水流量计 LZB-25，100～1000L/h；Pt100 铂电阻温度计 5 只，智能仪表 5 只；可控硅控温；电磁阀 ZCT，3 只。膜盒压力表：0～6kPa。温度传感器：Pt100，数显，0.1℃。防干烧自动控制系统：塔釜液位自动控制。

冷却水经冷凝水流量计（7）计量后进入全凝器（3）的底部，然后从上部流出。由塔釜（14）产生的蒸汽穿过塔内的塔板或填料层后到达塔顶，蒸汽全凝后变成冷凝液经集液器的侧线管流入回流比控制器（4），一部分冷凝液回流进塔，另一部分冷凝液作为塔顶产品去储槽（9）。原料从储槽（17）由进料泵（16）输送至塔的侧线进料口。塔釜液体量较多时，电磁阀（27）会启动工作，釜液就会自动由塔釜进入储槽（11）。

② 填料塔　本实验装置为填料精馏塔，特征数据如下。

不锈钢填料塔。

3 个铂电阻温控点，自动控温，6 只温度度显示仪，自上而下分别显示“进料温度”“塔顶温度”“塔温 1”“塔釜控温”，回流比自动调节仪 1 只。

塔内径 ϕ64mm，不锈钢丝网 θ 环；不锈钢丝网 ϕ6mm×6mmθ 环，填料层高 1m。

塔釜：加热 2kW，6L，不锈钢，自动控压，液位自控，自动放净。

塔身视盅 1 个，高温玻璃；塔顶馏分视盅 1 个，高温玻璃。

塔顶全凝器：列管式，0.296m^2，不锈钢。塔底产品冷凝器：套管，ϕ25mm×ϕ16mm，不锈钢。原料预热器：伴热带，0.3kW。无声磁力循环泵：15W 1.5m。原料罐、塔顶产品罐、塔釜产品罐：≥17L，不锈钢，自动放净。管路及阀门：管路全不锈钢，铜闸阀和铜球阀。冷凝水流量计 LZB-25，100～1000L/h。Pt100 铂电阻温度计 5 只，智能仪表 5 只；可控硅控温；电磁阀 ZCT，3 只。膜盒压力表：0～10kPa。温度传感器：Pt100，数显，0.1℃。防干烧自动控制系统：塔釜液位自动控制。

6. 实验步骤与注意事项

(1) 实验步骤

1）全回流操作

① 配制浓度 16%～19%（用酒精比重计测）的料液加入釜中，至釜容积的 2/3 处；

② 检查各阀门位置，启动仪表电源；

③ 将“加热电压调节”旋钮向左调至最小，再启动电加热管电源即将“加热开关”拨至右边，然后缓慢调大“加热电压调节”旋钮，电压不宜过大，电压约为 150V，给釜液缓缓升温，若发现液沫夹带过量时，电压适当调小；

④ 塔釜加热开始后，打开冷凝器的冷却水阀门，流量调至 400～800L/h 左右，使蒸汽全部冷凝实现全回流；

⑤ 打开回流转子流量计，关闭馏出转子流量计；

⑥ 在操作柜上将“回流比手动/自动”开关拨至左边（手动状态）；

⑦ 适当打开塔顶放空阀；

⑧ 在操作柜上观察各段温度变化，从精馏塔视镜观察釜内现象；

⑨ 当塔顶温度、回流量和塔釜温度稳定后，分别取塔顶浓度 X_D 和塔釜浓度 X_W，后进行色谱分析。

2）部分回流操作

① 在储料罐中配制一定浓度的酒精溶液（约 30%～40%）；

② 待塔全回流操作稳定时，打开进料阀，在操作柜上将“泵开关”拨至右边，开启进料泵电源，调节进料量至适当的流量；

③ 调节回流比控制器的转子流量计，调节回流比 R（$R=1\sim4$）；

④ 在操作柜上设定“塔釜液位控制”（出厂预先设定好）；

⑤ 当流量、塔顶及塔内温度读数稳定后即可取样分析。

3）取样与分析

① 进料、塔顶、塔釜液从各相应的取样阀放出；

② 塔板上液体取样用注射器从所测定的塔板中缓缓抽出，取 1mL 左右注入事先洗净烘干的针剂瓶中，并给该瓶盖标号以免出错，各个样品尽可能同时取样；

③ 将样品进行色谱分析。

4）停止

① 将“加热电压调节”旋钮调至最小，将“加热开关”拨至左边；

② 在操作柜上将“泵开关”拨至左边，停止进料；

③ 继续保持冷凝水，约 20～30min 后关闭。

(2) 注意事项

① 塔顶放空阀一定要打开；

② 料液一定要加到设定液位 2/3 处方可打开加热管电源，否则塔釜液位过低会使电加热丝露出干烧致坏；

③ 部分回流时，进料泵电源开启前务必先打开进料阀，否则会损害进料泵；

④ 部分回流时，可以直接采用流量计调节回流比，也可以使用“回流比调节仪”：将“回流比手动/自动”拨至手动，调节“回流比调节仪”上一排数据，就是回流通断量；下一排数据，就是馏出通断量。

7. 实验报告要求

① 将塔顶、塔底温度和组成等原始数据列表；

② 按全回流计算理论板数；

③ 计算全塔效率或等板高度；

④ 分析并讨论实验过程中观察到的现象。

8. 实验数据记录及数据处理结果示例

实验装置：1#。

实验数据：

(1) 全回流

塔顶 $x_D=93.01\%$（质量）；塔底：$x_w=5.170\%$（质量）；$p=101.3$kPa。

计算说明：压强、物系查得 x-y 图，将实验测得塔顶产品组成 x_D 和残液组成 x_W 换算成摩尔分数，$x_D=0.839$（摩尔）；$x_W=0.021$（摩尔）。可用图解法求得理论板数 N_T。

如图 3-31(a) 所示，$N_T=5.80$

本实验的不锈钢筛板塔的实际塔板数 $N_P=16$ 块

则全塔效率 $E_T=\dfrac{N_T-1}{N_P}=\dfrac{5.80-1}{16}=0.300$

实验结果：$N_T=5.80$；$E_T=0.30$

(2) 部分回流

塔顶 $x_D=89.76\%$（质量）；塔底：$x_W=6.28\%$（质量）；$z_F=45.00\%$（质量）；回流比 $R=1.5$，$p=101.3$kPa，泡点进料。

计算说明：压强、物系查得 x-y 图，将实验测得塔顶产品组成 x_D、残液组成 x_W 和进料组成 z_F 换算成摩尔分数，$x_D=0.774$（摩尔）；$x_W=0.026$（摩尔）；$z_F=0.243$（摩尔）。

$$\frac{x_D}{R+1}=\frac{0.774}{1.5+1}=0.3096$$

如图 3-31(b) 所示，作精馏段操作线：连 A 点（0.774，0.774）、D 点（0，0.3096）。在对角线上找到 B 点（0.243，0.243）。

由于泡点进料，$q=1$，于是得 q 线为平行于 y 轴线，交于精馏段操作线 E 点，连 E 和 C 点（0.026，0.026）得提馏段操作线。

在两操作线和平衡线间作梯级，如图 3-31(b) 所示

得，$N_T=8.30$

本实验的不锈钢筛板塔的实际塔板数 $N_P=16$ 块

则该操作条件下全塔效率 $E_T=\frac{N_T-1}{N_P}=\frac{8.30-1}{16}=0.456$

实验结果：$N_T=8.3$；$E_T=0.456$

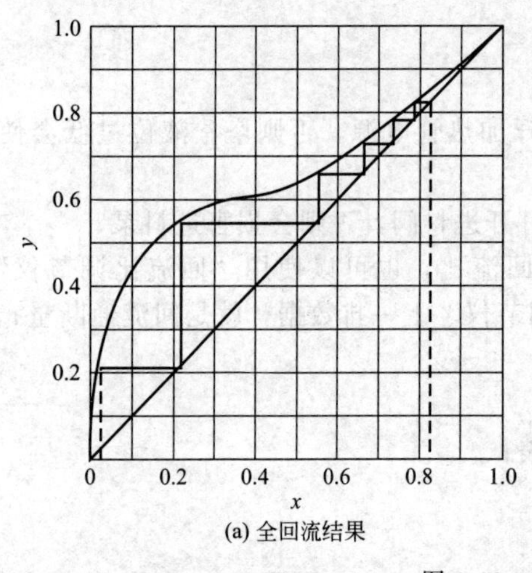

(a) 全回流结果

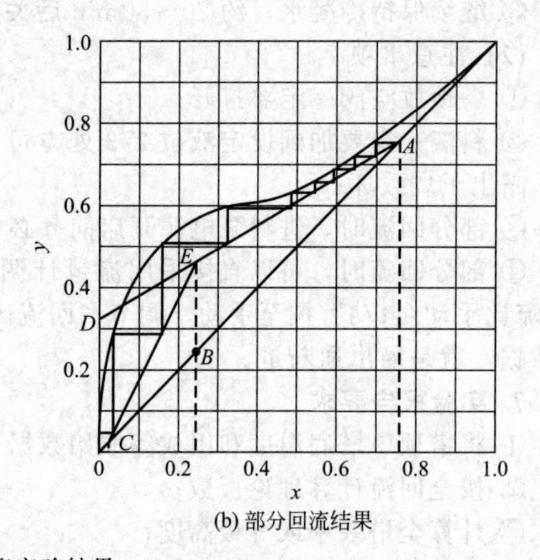

(b) 部分回流结果

图 3-31　精馏实验结果

实验七　干燥实验

干燥主要内容：固体物料去湿方法、干燥过程的分类、湿空气的性质及湿焓图、干湿过程的物料衡算和热量衡算、干燥器的热效率、干燥速率和干燥时间、物料中所含水分的性质、干燥设备。

实验设计一般为：干燥速率曲线测定实验，可采用洞道式（厢式）干燥器或流化床干燥。

干燥速率曲线测定实验

1. 实验目的

① 测定在恒定干燥条件下的湿物料的干燥曲线、干燥速率曲线及临界含水量 X_0；

② 了解常压洞道式（厢式）干燥器的基本结构，掌握洞道式干燥器的操作方法。

2. 实验原理

干燥单元操作是一个热、质同时传递的过程，干燥过程能得以进行的必要条件是湿物料表面所产生的湿分分压一定要大于干燥介质中湿分的分压，两者分压相差越大，干燥推动力就越大，干燥就进行得越快。本实验是用一定温度的热空气作为干燥介质，在恒定干燥条件下，即热空气的温度、湿度、流速及与湿物料的接触方式不变，当热空气与湿物料接触时，空气把热量传递给湿物料表面，而湿物料表面的水分则汽化进入热空气中，从而达到除去湿物料中水分的目的。

当热空气与湿物料接触时，湿物料被预热并开始被干燥。在恒定干燥条件下，若湿物料表面水分的汽化速率等于或小于水分从物料内部向表面迁移的速率时，物料表面仍被水分完全润湿，与自由液面水分汽化相同，干燥速率保持不变，此阶段称为恒速干燥阶段或表面汽化控制阶段。

当物料的含水量降至临界湿含量 X_0 以下时，物料表面只有部分润湿，局部区域已变干，水分从物料内部向表面迁移的速率小于水分在物料表面汽化的速率，干燥速率不断降低，这一阶段称为降速干燥阶段或内部扩散控制阶段。随着干燥过程的进一步深入，物料表面逐渐变干，汽化表面逐渐向内部移动，物料内部水分迁移率不断降低，直至物料的水含量降至平衡水含量 X^* 时，干燥过程便停止。

干燥速率是指单位时间、单位干燥表面积上汽化的水分质量，计算公式如下：

$$u=\frac{G_c \mathrm{d}X}{A\mathrm{d}\tau}=\frac{\mathrm{d}W}{A\mathrm{d}\tau} \quad \mathrm{kg/(m^2 \cdot s)} \tag{3-44}$$

由式(3-44) 可知，只要知道绝干物料质量 G_c(kg)、干燥面积 A(m^2)、单位干燥时间 $\mathrm{d}\tau$(s) 内的湿物料的干基水含量的变化量 $\mathrm{d}X$(kg 水/kg 干料) 或湿物料汽化的水分 $\mathrm{d}W$(kg)，就可算出干燥速率 u。在实际处理实验数据时，一般将式(3-49) 中的微分（$\mathrm{d}W/\mathrm{d}\tau$）形式改为差分的形式（$\delta W/\delta\tau$）更方便。

3. 实验装置与流程

空气用风机送入电加热器，经加热的空气流入干燥室，加热干燥室中的湿毛毡后，经排出管道排入大气中。随着干燥过程的进行，物料失去的水分量由称重传感器和智能数显仪表记录下来。

(1) 装置流程

实验装置流程如图 3-32 所示。

(2) 主要设备及仪器规格

① 离心风机：150FLJ。

② 电加热器：2kW。

③ 干燥室：180mm×180mm×1250mm。

④ 干燥物料：湿毛毡。

⑤ 称重传感器：YB601 型电子天平。

⑥ 涡街流量计：LUGB-231。

4. 实验步骤与注意事项

(1) 实验步骤

① 湿球温度计制作：将湿纱布裹在湿球温度计（12）的感温球泡上，从背后向漏斗加水，加至水面与漏斗口下沿平齐。

② 打开仪控柜电源开关开。

③ 启动风机。

④ 加热器通电加热，干燥室温度（干球温度）要求恒定在 60～70℃。

⑤ 将毛毡加入一定量的水并使其润湿均匀，注意水量不能过多、过少。

⑥ 当干燥室温度恒定时，将湿毛毡十分小心地放置于称重传感器上。注意不能用力下

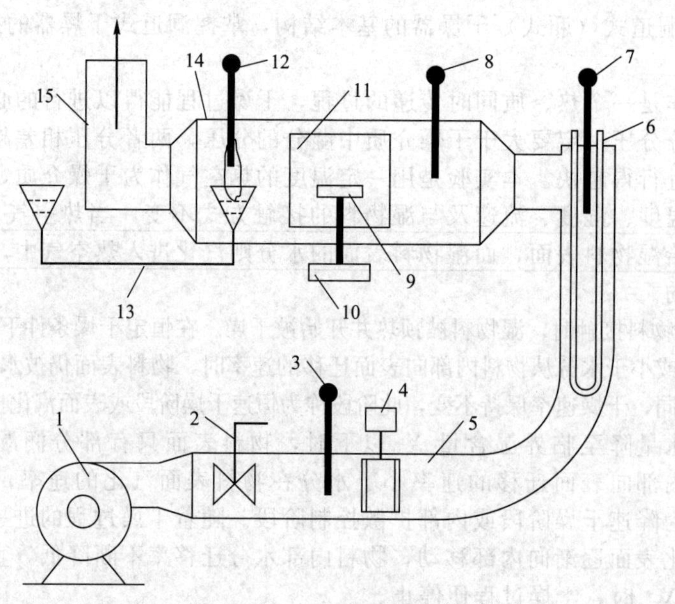

图 3-32　干燥实验装置流程

1—风机；2—蝶阀；3—冷风温度计；4—涡街流量计；5—管道；6—加热器；7—温控传感器；8—干球温度计；9—湿毛毡；10—称重传感器；11—玻璃视镜门；12—湿球温度计；13—盛水漏斗；14—干燥厢；15—出气口

压，称重传感器的负荷仅为 400g，超重时称重传感器会被损坏。

⑦ 记录时间和脱水量，每 1min 记录一次数据；每 5min 记录一次干球温度和湿球温度。

⑧ 待毛毡恒重时，即为实验终了时，关闭加热。

⑨ 十分小心地取下毛毡，放入烘箱，105℃烘 10～20min 钟，称重毛毡得绝干重量，量干燥面积。

⑩ 关闭风机，切断总电源，清扫实验现场。

(2) 注意事项

① 必须先开风机，后开加热器，否则，加热管可能会被烧坏。

② 传感器的负荷量仅为 400g，放取毛毡时必须十分小心以免损坏称重传感器。

5. 实验报告要求

① 绘制干燥曲线（失水量～时间关系曲线）；

② 根据干燥曲线作干燥速率曲线；

③ 读取物料的临界湿含量；

④ 对实验结果进行分析讨论。

6. 实验数据记录及数据处理结果示例

实验装置 1#；湿毛毡（干燥面积　13cm×8.5cm×2，绝干物料量 18.5g，加水 25g）。实验数据记录见表 3-30。

表 3-30　干燥速率曲线测定实验数据记录

实验时间 τ/min	失水量 W/g	实验时间 τ/min	失水量 W/g
2	0.9	18	10.4
4	1.9	20	11.7
6	3.0	22	12.9
8	4.2	24	14.1
10	5.4	26	15.3
12	6.7	28	16.5
14	7.9	30	17.7
16	9.1	32	18.9

续表

实验时间 τ/min	失水量 W/g	实验时间 τ/min	失水量 W/g
34	20.1	48	23.9
36	21.1	50	24.3
38	21.9	52	24.5
40	22.4	54	24.7
42	22.9	56	24.7
44	23.3	58	24.7
46	23.6		

计算说明：

以时间为横坐标，失水量为纵坐标，作干燥失水曲线，如图 3-33 所示。

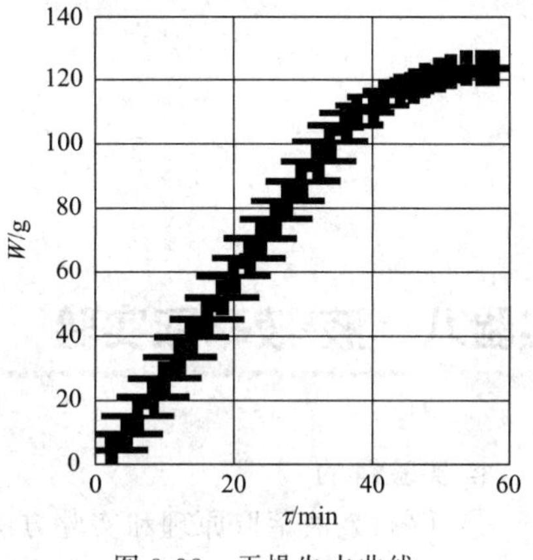

图 3-33　干燥失水曲线

干基含水：$X=\frac{G_1-G_c}{G_c}=\frac{W_{总}-W_1}{G_c}=\frac{25-0.9}{18.5}$

$=1.30$kg 水/kg 绝干物料

干燥速率：$u=\frac{G_c dX}{A d\tau}=\frac{dW}{A d\tau}$

$=\frac{0.9\times10^{-3}}{0.13\times0.085\times2\times2\times60}$

$=0.339\times10^{-3}$kg/(m^2·s)

干燥曲线及干燥速率曲线如图 3-34 所示。

从图中读出临界湿含量 $X^*=0.38$kg 水/kg 绝干物料。

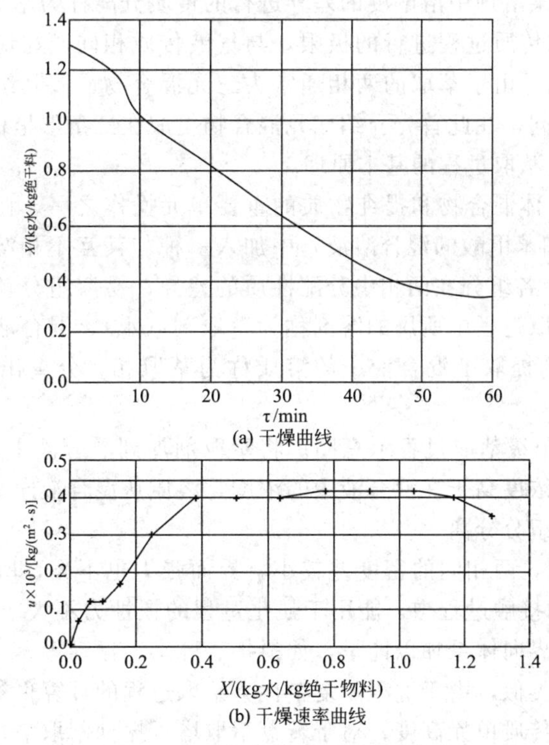

图 3-34　干燥曲线及干燥速率曲线

第四章

化工原理提高性实验

实验八　液-液萃取实验

1. 实验目的

① 了解液-液萃取原理和实验方法；

② 了解转盘萃取塔的结构、操作条件和控制参数；

③ 掌握评价传质性能的传质单元数和传质单元高度的测定和计算方法。

2. 实验原理

利用液相混合物在某溶剂中溶解度的差异进行的传质分离称为萃取。

液-液相平衡是萃取传质过程进行的极限，与气液传质相同，在讨论萃取之前，首先要了解液-液的相平衡问题。由于萃取的两相通常为三元混合物，故其组成和相平衡的图解表示法与前述气液传质不同，在此首先介绍三元混合物组成在三角形坐标图上的表示方法，然后介绍液-液平衡相图及萃取过程的基本原理。

液-液萃取是分离液体混合物和提纯物质的重要单元操作之一。在欲分离的液态混合物（本实验暂定为：煤油和苯甲酸的混合溶液）中加入一种与其互不相溶的溶剂（本实验暂定为：水），利用混合液中各组分在两相中分配性质的差异，易溶组分较多地进入溶剂相从而实现混合液的分离。萃取过程中所用的溶剂称为萃取剂（水），混合液中欲分离的组分称为溶质（苯甲酸），萃取剂提取了混合液中的溶质称为萃取相，分离出溶质的混合液称为萃余相。

图 4-1 所示为一种单级萃取过程示意图。将萃取剂加到混合液中，搅拌使其互相混合，因溶质在萃取相的平衡浓度高于在混合液中的浓度，溶质从混合液向萃取剂中扩散，从而使溶质与混合液中的其他组分分离。

由于在液-液系统中，两相间的密度差较小，界面张力也不大，所以从过程进行的流体力学条件看，在液-液的接触过程中，能用于强化过程的惯性力不大。为了提高液-液相传质设备的效率，常常从外界向体系加以能量，如搅拌、脉动、振动等。

与精馏和吸收过程类似，由于过程的复杂性，萃取过程的计算也被分解为理论级和级效率，或者传质单元数和传质单元高度，对于转盘萃取塔、振动萃取塔这类微分接触萃取塔的传质过程，一般采用传质单元数和传质单元高度来表征塔的传质特性。

萃取相传质单元数 N_{OE} 表示分离过程的难易程度。对于稀溶液，近似用下式表示：

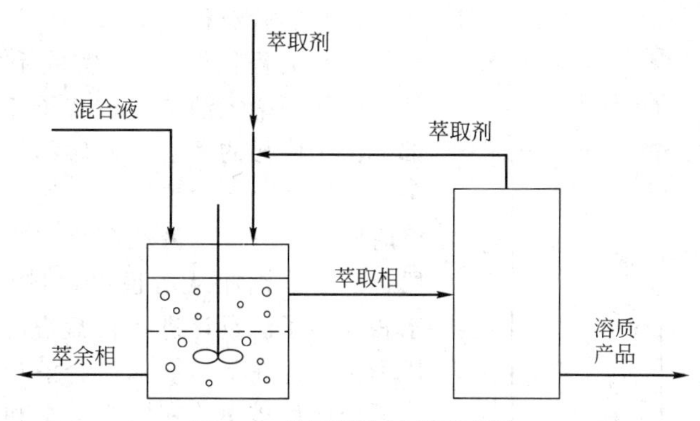

图 4-1 单级萃取过程示意图

$$N_{OE}=\int_{x_2}^{x_1}\frac{dx}{x-x^*}=\ln\frac{x_1-x^*}{x_2-x^*} \tag{4-1}$$

式中 N_{OE}——萃取相传质单元数；

x——萃取相的溶质浓度（摩尔分数，下同）；

x^*——溶质平衡浓度；

x_1，x_2——萃取相进塔和出塔的溶质浓度。

萃取相的传质单元高度用 H_{OE}表示：

$$H_{OE}=H/N_{OE} \tag{4-2}$$

式中，H 为塔的有效高度，m。

传质单元高度 H_{OE}表示设备传质性能的优劣。H_{OE}越大、设备效率越低。影响萃取设备传质性能的优劣（H_{OE}）因素很多，主要有设备结构因素、两相物性因素、操作因素以及外加能量的形式和大小。

对于一种液体混合物，究竟是采用蒸馏还是萃取加以分离，主要取决于技术上的可行性和经济上的合理性。一般地，在下列情况下采用萃取方法更为有利：

① 原料液中各组分间的沸点非常接近，也即组分间的相对挥发度接近于1，若采用蒸馏方法很不经济；

② 料液在蒸馏时形成恒沸物，用普通蒸馏方法不能达到所需的纯度；

③ 原料液中需分离的组分含量很低且为难挥发组分，若采用蒸馏方法须将大量稀释剂汽化，能耗较大；

④ 原料液中需分离的组分是热敏性物质，蒸馏时易于分解、聚合或发生其他变化。

实验采用转盘萃取塔，属于搅拌一类。

3. 实验装置与流程

(1) 实验装置

本实验装置为转盘式萃取塔。转盘式萃取塔是一种效率比较高的液-液萃取设备。实验的转盘塔塔身由玻璃制成，转轴、转盘、固定盘由不锈钢制成。转盘塔上下两端各有一段澄清段，使每一相在澄清段有一定的停留时间，以便两液相的分离。在萃取区，一组转盘固定在中心转轴上，转盘有一定的开口，沿塔壁则固定着一组固定圆环盘，转轴由在塔顶的调速电机驱动，可以正反两个方向调节速度。分散相（油相）被转盘强制性混合搅拌，使其以较小的液滴分散在连续相（水）中，并形成强烈的湍动，促进传质过程的进行。转盘塔具有以下几个特点：①结构简单、造价低廉、维修方便、操作稳定；②处理能力大、分离效率高；③操作弹性大。

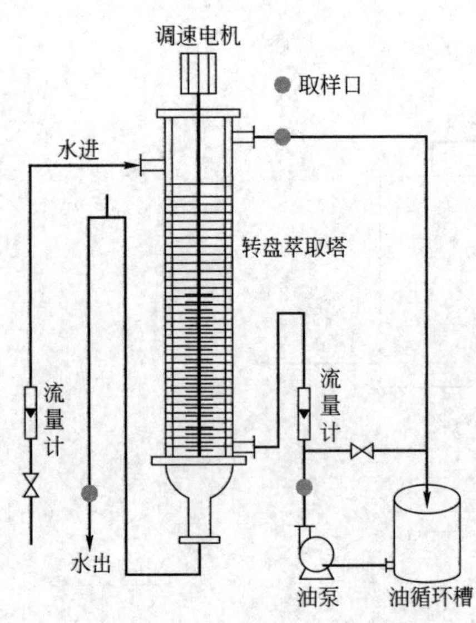

图 4-2　转盘塔萃取实验流程

(2) 实验流程

实验流程见图 4-2。实验中将含有苯甲酸的煤油从油循环槽经油泵通过转子流量计打入转盘塔底部，由于两相的密度差，煤油从底部住上运动到塔顶。在塔的上部设置一澄清段，以保证有足够的保留时间，让分散的液相凝聚实现两相分离。经澄清段分层后，油相从塔顶出口排出返回到油循环槽。水相经转子流量计进入转盘塔的上部，在重力的作用下从上部住下与煤油混合液逆流接触，在塔底澄清段分层后排出。在塔中，水和含有苯甲酸的煤油在转盘搅拌下被充分混合，利用苯甲酸在两液相之间不同的平衡关系，实现苯甲酸从油相转移到水相中。

4. 实验步骤及注意事项

(1) 实验步骤

① 配制 NaOH 溶液（滴定用，浓度大约为 0.03mol/L）；

② 将一定量的苯甲酸溶于煤油中，在油循环槽中通过油泵搅拌使煤油中苯甲酸的浓度均匀；

③ 取 10mL 循环槽中的煤油，放入烧杯，再加入 40mL 水，经 30min 搅拌后，在分液漏斗中静置 20min，取下层 20mL 水，测定出苯甲酸的平衡浓度；

④ 开启水阀，水由下部进入转盘塔，待水灌满塔后，开启油泵，通过阀门调节流量，将煤油送入转盘塔上部，调节萃取剂（水）与混合液（煤油）流量之比为 4∶1（建议水相流量为 20L/h，油相流量为 5L/h），转速调节到 500r/min 左右，正转；

⑤ 观测塔中两相的混合情况，每隔半小时进行取样分析，直到出口水中苯甲酸浓度趋于稳定为止；

⑥ 测定出水口温度（视为实验体系温度）；

⑦ 实验完毕，关闭电源，将塔中和循环槽中的煤油和水放尽；

⑧ 整理所记录的实验数据，进行处理。

(2) 分析方法

本实验分析方法采用化学酸碱滴定法。用配制好的氢氧化钠滴定苯甲酸在水和油中的浓度。用酚酞作指示剂，在滴定的过程中，当溶液恰好变为粉红色，摇晃后不再褪色时即达到滴定终点。本实验中需分别测定出塔水中苯甲酸浓度和操作温度下苯甲酸平衡浓度。由此推算出塔的传质单元高度。

实验药品：苯甲酸（分析纯）；煤油；氢氧化钠（分析纯）；指示剂酚酞。

实验仪器：分析天平；磁力搅拌器；分液漏斗（250mL）；容量瓶（500mL）1 个；锥形瓶（100mL）2 个；移液管（10mL）3 根；碱式滴定管（50mL）1 根。

(3) 注意事项

① 在实验过程中如转轴发生异常响动，应立即切断电源，查找原因。

② 注意保持油和水流量计在实验过程中的稳定。

③ 注意观察实验过程中萃取塔澄清段油水分层液面的合适位置。

④ 由于流量计读数是在 20℃下用水标定，所以温度相差较大时，油流量计读数需要

校正。

5. 实验数据记录

萃取实验数据见表 4-1。

塔高：________ m；体系温度：________℃；萃取相：________；萃余相：________；水流量：________ L/h；油流量：________ L/h；氢氧化钠浓度 x_{NaOH} =______ mol/L。

表 4-1 萃取实验数据记录

序号	操作参数				滴定的 NaOH 体积/mL	
	流量/(L/h)		累计时间/min	转速/(r/min)	出塔水	平衡浓度
	$V_{水}$	$V_{油}$			ΔV_{1NaOH}	ΔV_{2NaOH}
1						
2						
3						
⋮						

6. 实验数据处理

传质单元数及传质高度的计算：

$$N_{OE}=\int_{x_2}^{x_1}\frac{dx}{x-x^*}=\ln\frac{x_1-x^*}{x_2-x^*}$$

$$H_{OE}=H/N_{OE}$$

7. 实验结果分析和思考题

① 在本实验中水相是轻相还是重相？是分散相还是连续相？

② 转速和油水流量比对萃取过程有何影响？

③ 在本实验中分散相的液滴在塔内是如何运动的？

④ 传质单元数与哪些因素有关？

⑤ 转轴的正转和反转对实验是否有影响？

⑥ 请查阅转盘萃取塔的相关文章。

实验九 变压吸附制取富氧实验

1. 实验目的

① 了解整个变压吸附的流程及操作；

② 掌握变压吸附的基本原理；

③ 分析影响吸附过程的因素，确定吸附制氧的最优操作条件。

2. 实验原理

(1) 吸附定义

当两相组成一个体系时，两相界面处的成分与相内成分是不同的，在两相界面处会产生积蓄（浓缩），这种现象称为吸附；而被吸附的原子或分子返回到液相或气相的过程，称为解吸。在两相界面处，被吸附的物质称为吸附质，吸附相称为吸附剂。

(2) 常用的吸附剂及吸附剂的再生

主要有活性白土、硅胶、活性氧化铝、活性炭、碳分子筛、合成沸石分子筛等。为使吸附分离法经济有效地应用，除吸附剂要有良好的吸附选择性能外，吸附剂的再生也很关键。吸附剂的再生程度直接影响着吸附剂的吸附能力及产品的纯度。吸附剂的再生时间在一定程度上决定了吸附剂循环周期的长短，同时也决定了吸附剂的效率。

(3) 变压吸附的基本过程

对于变压吸附法，一般都以固相作为吸附剂，气相为吸附质，采用固定床结构及两个以上的吸附床系统，使吸附剂的吸附和再生交替进行，从而保证分离过程的循环和连续，一般包括以下三个基本过程：

① 吸附：吸附床在较高吸附压力下，通入气体混合物，其中强吸附组分被吸附剂选择吸附，弱吸附组分作为流出相从吸附床的出口端流出。

② 解吸再生：根据吸附组分的特点，选择降压、抽真空、产品冲洗和置换等方法使吸附剂解吸再生。

③ 升压：解吸剂再生完成后，用弱吸附组分对吸附床进行逐步加压，使之达到吸附压力值，完成对下一次吸附的准备。

变压吸附制氧原理是利用分子筛对气体混合物中各组分的吸附能力的差异、吸附容量随压力变化的特性，在平衡状态下，分子筛优先吸附氮气组分，在提高压力状态下，氮的吸附高于低压时的吸附容量，见图 4-3。分子筛的脱附再生是靠降低操作压力来实现的，即加压吸附，减压脱附，从而达到 O_2、N_2分离的目的。

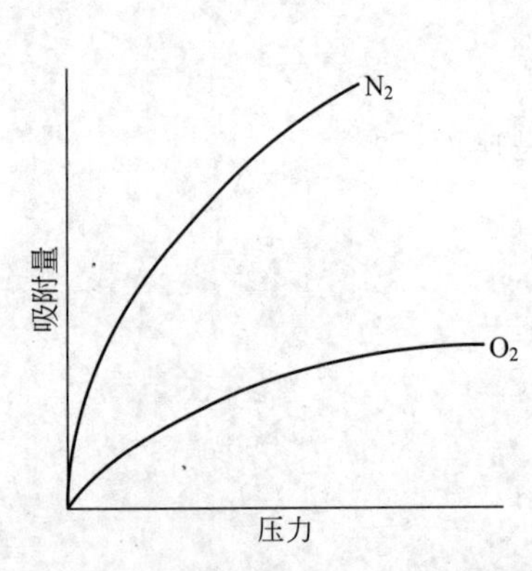

图 4-3 氧和氮在分子筛上的吸附能力

图 4-4 变压吸附实物装置

3. 实验装置与流程

变压吸附制氧装置通常采用两种方法：一种方法是在高压下吸附，大气压下再生，即常压再生法；另一种方法是在稍高于大气压下吸附，抽真空再生，也就是真空再生法。本实验采用常压再生法。变压吸附实物装置见图 4-4。制氧基本流程见图 4-5。

空气经空压机加压后，通过干燥罐除去可能夹带的冷凝水，由下部进入吸附器（塔 A），吸附器的下部装填活性氧化铝，上部为分子筛。空气进入分子筛床层，由分子筛吸附掉空气中的 N_2、CO_2、C_2H_2及剩余的水分，氧穿过床层富集于吸附器的上部，通过管道引入氧气成品罐。当塔 A 吸附时，塔 B 通大气降压再生，再生时由上部引入一股产品富氧气进行反吹，将存留于死空间的 N_2赶出吸附器，同时降低吸附器内 N_2的分压，以利吸附于分子筛内的 N_2尽可能多的解吸出来。塔在吸附时压力不断上升，温度升高，脱附时压力和温度均下

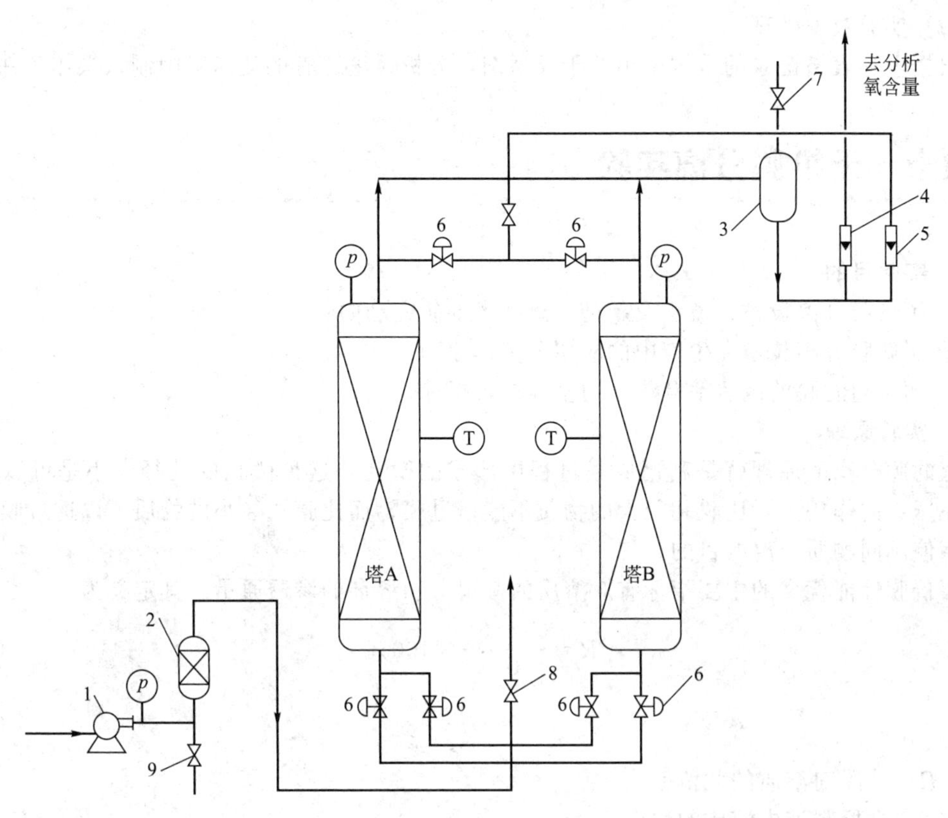

图 4-5　变压吸附制氧基本流程

1—空气压缩机；2—干燥罐；3—成品罐；4—产品流量计；5—脱附气体流量计；6—气控阀；7—排空阀；8—放空阀；9—排水阀

降，当塔A内的分子筛吸附饱和时，塔B已再生完毕，系统将自动切换两塔，即塔B开始吸附，塔A开始再生。这样两个吸附器循环交替工作，即可连续得到产品富氧空气。

4. 实验数据记录及处理

(1) 实验数据记录

实验数据记录见表4-2。

表4-2　变压吸附制氧实验数据记录

时间：　　　　实验地点：　　　　温度：　　　　操作条件：

序号	吸附时间/s	吸附压力/MPa	产品氧流量/(L/h)	脱附吹气流量/(L/h)	氧含量/%
1					
2					
3					
4					
5					
6					
7					
8					
9					

（2）实验数据处理

根据上述表格记录的数据画出若干关系图，分析讨论适宜的变压吸附制氧操作条件。

实验十　无机膜分离实验

1. 实验目的

① 了解膜分离设备、流程及新型分离技术的研究动向；

② 了解膜分离技术在生产中的应用及工作原理；

③ 测定超滤膜的截留率及渗透通量等重要指标。

2. 实验原理

超滤膜分离的原理就是利用成膜过程中形成的微孔，这种微孔的孔径大小是可以控制的。在压力的作用下，比膜孔径大的物质不能透过膜，而比膜孔径小的物质可以透过膜，从而达到使不同物质分离的目的。

评价膜性能优劣的主要指标有对溶质的截留率和溶剂的渗透通量。其定义为

$$R=\frac{C_1-C_2}{C_1}\times100\% \tag{4-3}$$

$$F=\frac{V}{A\tau} \tag{4-4}$$

式中　R——膜对溶质的截留率；

C_1——原料液中溶质的浓度，$\mu g/g$；

C_2——透过液中溶质的浓度，$\mu g/g$；

F——膜的透过通量，$L/(m^2 \cdot h)$；

V——在 τ 时间内所得的透过液体积，L；

A——膜的有效面积，m^2；

τ——超过滤的时间，h。

3. 实验设备

实验所用超滤膜设备及超滤膜管如图 4-6、图 4-7 所示。

图 4-6　陶瓷膜设备

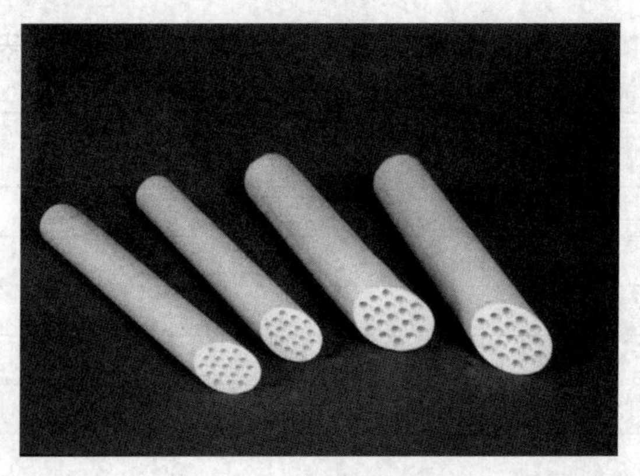

图 4-7　超滤膜管

4. 实验步骤及注意事项

① 试机。根据电机要求接上 380V 三相电源，点触启动按钮检查泵电机叶片的转向判断

泵的正反转，如果反转则调换任意两根进线。

② 开机准备。检查所有阀门是否处于正常待机状态：泵进口阀、浓缩水循环阀必须处于完全开启状态，同时关闭渗透侧出口阀和各个排放口。

③ 向原水箱中加入足够量的自来水。

④ 启动水泵，通过调节泵出口阀开度慢慢将操作压力升至指定值以保护膜，延长膜的使用寿命，然后调节膜出口阀来实现实验所需的操作压差及适当的循环流量。

⑤ 通过调节水回收率，实现在不同操作压力条件下工作，记录各个操作压力下的出水电导率和流量。

⑥ 实验完毕，按停机按钮，由 PLC 自动执行停机程序，最后关闭电源。切记不能在实验结束后直接关闭电源。

5. 实验数据记录及处理

① 把实验所测得的数据填入表 4-3。

表 4-3 反渗透或纳滤实验数据记录

实验日期：________年________月________日

原水温度：____℃ pH：____电导率：____μS/cm

工艺参数 / 实验序号	进水侧压力 /MPa	浓水侧压力 /MPa	纯水电导率 /(μS/cm)	纯水渗透量 /L	浓水通量 /L
1					
2					
3					
4					
5					

② 计算膜渗透系数和脱盐率。

③ 绘出膜渗透通量与工作压力、脱盐率与工作压力的关系曲线。

6. 实验结果讨论

① 反渗透之前为什么进行预处理，各部分预处理的功能是什么？

② 该装置有两个泵，请指出它们的用途。

③ 反渗透有两种主要操作模式，一种是料液不循环（浓缩侧排放），另一种是浓缩侧循环，试定性说明在操作压力不变的情况下，两种操作模式渗透侧流量、电导率的变化规律。

④ 在一定范围内，水溶液的盐浓度与电导率成正比，试根据实验结果画出压力-流量-盐截留率的曲线。

实验十一 离子交换法制备纯水实验

1. 实验目的

① 了解离子交换法的原理；

② 掌握离子交换柱的制作方法及去离子水的制备方法；

③ 学习电导率仪的使用及水中常见离子的定性鉴定方法。

2. 实验原理

(1) 离子交换法

结合生成水，达到了净化的目的。值得指出的是离子交换法只能对水中电解质杂质有较好的净化作用，而对其他类型杂质如有机杂质是无能为力的。

实际生产时，将离子交换树脂装填入容器状管道中，做成离子交换柱，一个阳离子交换柱和一个阴离子交换柱串联在一起使用，称为一级离子交换法水处理装置（图 4-8）。该装置串联的级数越多，去杂质的效果显然越好。实际上实验室里所使用的所谓蒸馏水，有很多就是通过离子交换法制得的。

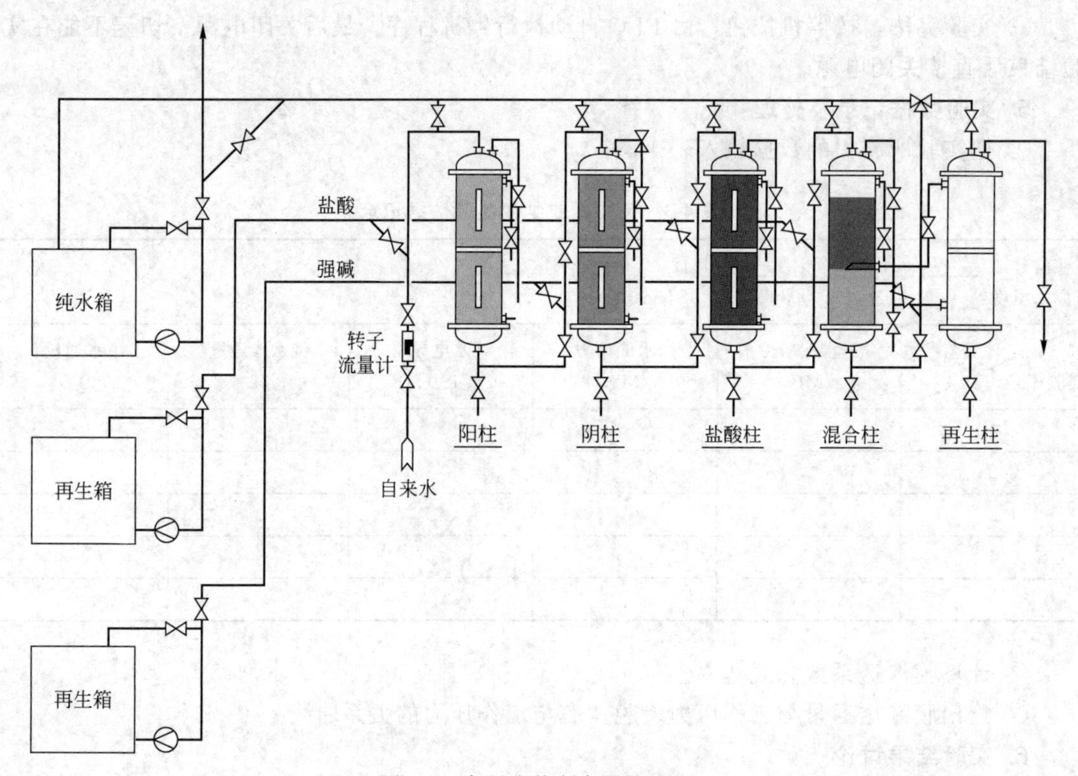

图 4-8　离子交换制备纯水流程

离子交换柱在使用过一段时间后，柱内树脂的离子交换能力会出现下降，解决方法是分别让 NaOH 溶液和 HCl 溶液流过失效的阳离子和阴离子交换树脂，这一过程叫做离子交换树脂的再生。

(2) 水质的检验

由于纯水中只含有微量的 H^+ 离子和 OH^- 离子，所以电导率极小，如果水中含有电解质杂质，会使得水的电导率明显增大。故用电导率仪测定水样的电导率大小，可以估计出水样的纯度。

另外还可以用化学方法对水样中常见离子进行定性鉴定：

① Cl^- 离子：用 $AgNO_3$ 溶液鉴定。

② SO_4^{2-} 离子：用 $BaCl_2$ 溶液鉴定。

③ Mg^{2+} 离子：在 pH 约为 8～11 的溶液中，用铬黑 T 检验 Mg^{2+} 离子。若无 Mg^{2+} 离子，溶液呈蓝色；若有 Mg^{2+} 离子存在，则与铬黑 T 形成酒红色的配合物。

④ Ca^{2+} 离子：在 pH>12 溶液中，用钙指示剂检验 Ca^{2+} 离子。若无 Ca^{2+} 离子存在，

溶液呈蓝色；若有 Ca^{2+} 离子存在，则与钙指示剂形成红色配合物（在此 pH 条件下，Mg^{2+} 离子已生成氢氧化物沉淀，不干扰 Ca^{2+} 离子的鉴定）。

3. 仪器与试剂

仪器：电导率仪、微型烧杯、离子交换柱（2 根）、阳离子交换树脂、阴离子交换树脂、滤纸、pH 试纸。

试剂：HNO_3(1mol/L)、NaOH(2mol/L)、$NH_3 \cdot H_2O$(2mol/L)、$AgNO_3$(0.1mol/L)、$BaCl_2$(1mol/L)、铬黑 T（固体）、钙指示剂（固体）。

4. 实验步骤及注意事项

(1) 离子交换装置的制作

离子交换装置由两根离子交换柱串联组成。上面一根柱子中装阳离子交换树脂，下面一根柱子中装阴离子交换树脂。柱子底部垫有玻璃纤维，以防止树脂颗粒掉出柱外。

用烧杯将离子交换树脂装入柱内，一直填满到离柱口大约 2cm 处。在装填过程中一定要填实，不能让柱子内部出现空洞或者气泡，出现以上情况可以用玻璃棒深入树脂内部捣实。

最后加水封住离子交换树脂，以避免接触空气。

装置的流程为自来水→阳离子交换柱→阴离子交换柱→去离子水（图 4-8）。

(2) 去离子水的制备

将自来水加入阳离子交换柱上端的开口（注意：在实验过程中，要随时补充自来水，以防止树脂干涸，水位要求能封住树脂表面）。调节螺旋夹，使得流出液的速度为 15～20 滴/min，并流过阴离子交换柱，而且要保持上下柱子流速一致。

用烧杯在阴离子交换柱下承接大约 15mL 流出液后，再用微型烧杯收集水样至满，然后进行检验。

实验结束后将上下两个螺旋夹旋紧，并把两个柱子内加满水。

(3) 水质的检验

对自来水和制备得到的去离子水，分别进行如下检测，实验结果填写在表 4-4 中。

① 电导率的测定　每次测定前，都要先后用蒸馏水和待测水样冲洗电导电极，并用滤纸吸干，再用电极浸入水样中，务必保证电极头的铂片完全被水浸没，然后按照电导率仪的说明书进行操作。

② 离子的定性检验　Ca^{2+} 离子：取水样 1mL，加入 1 滴 $2mol \cdot L^{-1}$ NaOH 溶液，再加入少许钙指示剂，观测溶液颜色。

Mg^{2+} 离子：取水样 1mL，加入 1 滴 $2mol \cdot L^{-1}$ 氨水，再加入少许铬黑 T，观察溶液颜色。

SO_4^{2-} 离子和 Cl^- 离子：自己设计检验方案。

在这几组方案中，为了使实验现象更加明显和便于比较，应当采取对照的方法。如检验 Ca^{2+} 离子时，将 2 支试管内分别装入自来水和去离子水，然后按实验步骤进行，观察比较 2 支试管内的颜色。

表 4-4　离子交换法制备纯水实验现象记录

测试水样	电导率 /(mS/cm)	检验现象			
		Ca^{2+} 离子	Mg^{2+} 离子	SO_4^{2-} 离子	Cl^- 离子
自来水					
制得的去离子水					

5. 思考题

① 写出离子交换树脂再生的有关方程式。

② 为什么要先让流出液流出 15mL 以后，才能开始收集产品检验？

③ 实验中为什么要用微型的烧杯收集流出液？

④ 列举出至少 3 种不能用离子交换法去除的水中杂质。

⑤ 现有下列无色、浓度均为 0.01mol/L 的葡萄糖溶液、氯化钠溶液、醋酸溶液和硫酸钠溶液，能否用测量电导率的方法进行区别？

⑥ 需制备的水为什么先经过阳离子交换树脂处理，后经过阴离子交换树脂处理？反过来如何？

实验十二　惰性粒子流化床干燥实验

1. 实验目的

① 能熟练操作惰性粒子流化床干燥机，掌握其各个组成部分的作用以及干燥机理，了解其与喷雾干燥机、传统流化床干燥机相比所具有的优点；

② 做综合实验。

2. 实验仪器及试剂

① 惰性粒子流化床干燥机；

② 搅拌机；

③ 蠕动泵；

④ 量杯；

⑤ 碳酸钙粉末。

3. 实验原理

(1) 惰性粒子流化床

工作原理：在流化床中投入一定量的惰性粒子，如玻璃珠、石英砂、陶瓷球等。当高温流化介质的流化速度达到足够高时，惰性粒子的运动达到稳定的流化状态。这时，在流化室上方的物料喷嘴定量喷出雾状或滴状原料液，原料液被均匀喷洒在惰性粒子上，并附着其上而被同时流态化。在剧烈运动中与高温干燥介质进行传质传热，逐渐蒸发掉水分成为干燥的料膜包附在惰性粒子上。由于惰性粒子间的剧烈碰撞、冲击、冲刷等作用，料膜被剥离并被粉碎，混合于气固两相中被带出系统外。在干燥过程中，由于料膜很薄，热量同时来自惰性粒子本身的导热和干燥介质的对流传热，干燥速度很快。

(2) 旋风分离器

工作原理：含尘气体从入口导入除尘器的外壳和排气管之间，形成旋转向下的外旋流。悬浮于外旋流的粉尘在离心力的作用下移向器壁，并随外旋流转到除尘器下部，由排尘孔排出。净化后的气体形成上升的内旋流并经过排气管排出。

应用范围及特点：旋风除尘器适用于净化大于 5～10μm 的非黏性、非纤维性的干燥粉尘。它是一种结构简单、操作方便、耐高温、设备费用和阻力较低（80～160mmH_2O）的净化设备，旋风除尘器在净化设备中应用得最为广泛。

(3) 布袋除尘技术

① 重力沉降作用——含尘气体进入布袋除尘器时，颗粒大、密度大的粉尘在重力作用下沉降下来，这和沉降室的作用完全相同。

② 筛滤作用——当粉尘的颗粒直径较滤料的纤维间的空隙或滤料上粉尘间的间隙大时，粉尘在气流通过时即被阻留下来，此即称为筛滤作用。当滤料上积存粉尘增多时，这种作用就比较显著起来。

③ 惯性力作用——气流通过滤料时，可绕纤维而过，而较大的粉尘颗粒在惯性力的作用下，仍按原方向运动，遂与滤料相撞而被捕获。

④ 热运动作用——质轻体小的粉尘（1μm 以下），随气流运动，非常接近于气流流线，能绕过纤维。但它们在受到作热运动（即布朗运动）的气体分子的碰撞之后，便改变原来的运动方向，这就增加了粉尘与纤维的接触机会，使粉尘能够被捕获。当滤料纤维直径越细、空隙率越小，其捕获率就越高，所以越有利于除尘。袋式除尘器很久以前就已广泛应用于各个工业部门中，用以捕集非黏性、非纤维性的工业粉尘和挥发物，捕获粉尘微粒可达 0.1μm。但是，当用它处理含有水蒸气的气体时，应避免出现结露问题。袋式除尘器具有很高的净化效率，就是捕集细微的粉尘效率也可达 99%以上，而且其效率较高。

4. 实验装置与流程

惰性粒子流化床干燥装置与流程如图 4-9 所示。

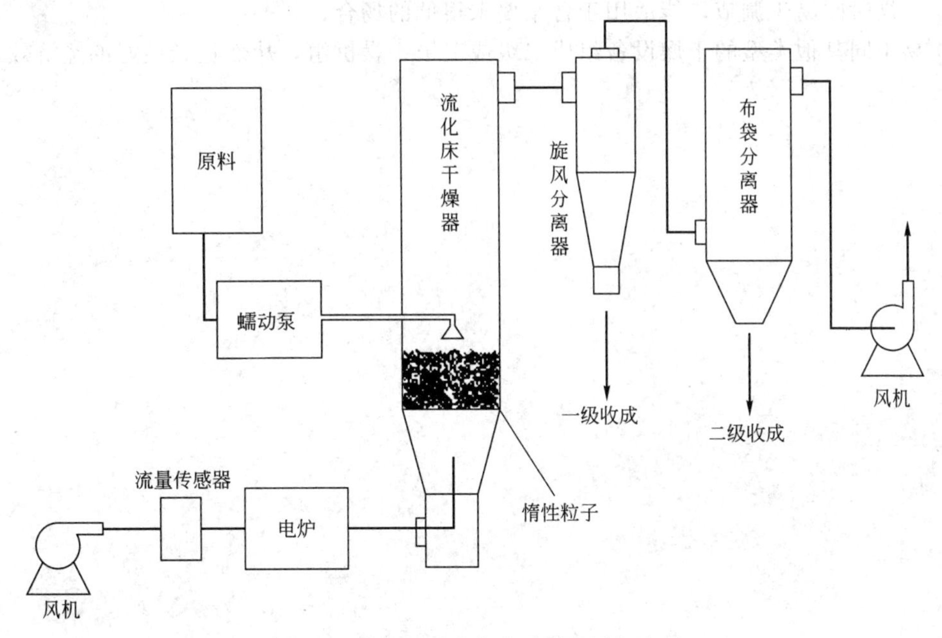

图 4-9　惰性粒子流化床干燥装置与流程

5. 实验步骤及注意事项

① 检查实验仪器的性能（主要是搅拌器、蠕动泵、鼓风机、旋风分离器、袋滤器），看各仪器使用是否正常；

② 取 5kg 碳酸钙粉末于水桶中，再加入 20kg 水，搅拌均匀，此时的含水量为 80%；

③ 将配好的浑浊液倒入物料罐中，开动搅拌机，使其能保持浑浊态；

④ 先开动鼓风机和引风机，调整两者的电流，使空气流量达到 160L/s，再开动电炉 1 和电炉 2，调节电炉电压、电流大小，并调节控制气流温度达 160℃，等待空气流量和气流温度达到设定值；

⑤ 开动料泵，调节物料喷进的速度；

⑥ 在一级收成处即旋风分离器处采集样品，收得碳酸钙粉末的质量为 4.7kg（举例），颗粒直径为 23μm；

⑦ 在二级收成处即布袋分离器处采集样品，收得碳酸钙粉末的质量为 0.27kg（举例），颗粒直径为 19μm。

6. 实验结论

一级收成率达$\frac{4.7}{5}\times 100\%=94\%$

二级收成率达$\frac{0.27}{0.3}\times 100\%=90\%$

干品的含水量约为 0.8%。

由于有部分干粉附着在仪器壁上和蠕动泵管壁中，导致收成率较低。

通过实验可以看出流化床干燥机有如下优点：

① 气固直接接触，热传递阻力小，可连续大量处理物料；

② 流化床干燥机可广泛适用于粉粒状、轻粉状、黏附性、黏性膏糊状物料及各种含固液体；

③ 设备结构相对比较简单；

④ 干燥时间易于调节，能适用于含水要求很低的场合；

⑤ 易于同其他类型的干燥设备组成二级或三级干燥机组，从而达到最好的经济效益。

第五章

化工原理演示实验

实验十三　流体流型演示实验

1. 实验目的

① 观察流体在管内流动的两种不同流型。

② 测定临界雷诺数。

2. 实验原理

流体流动有两种不同型态，即层流（滞流）和湍流（紊流）。流体作层流流动时，其流体质点作直线运动，且互相平行；湍流时质点紊乱地向各个方向作不规则的运动，但流体的主体向某一方向流动。

雷诺数是判断流动型态的特征数，若流体在圆管内流动，则雷诺数可用式（5-1）表示：

$$Re=\frac{du\rho}{\mu} \tag{5-1}$$

式中　Re——雷诺数，无量纲；

d——管子内径，m；

u——流体流速，m/s；

ρ——流体密度，kg/m^3；

μ——流体黏度；Pa·s。

对于一定温度的流体，在特定的圆管内流动，雷诺数仅与流体流速有关。本实验通过改变流体在管内的速度，观察在不同雷诺数下流体流型的变化，一般认为 $Re<2000$ 时，流动为层流；$Re>4000$ 时，流动为湍流；$2000<Re<4000$ 时，流动为过渡流。

3. 实验装置与流程

实验装置如图 5-1 所示。主要由玻璃试验导管、低位储水槽、循环水泵、稳压溢流水槽、缓冲水槽以及流量计等部分组成。

实验前，先将水充满低位储水槽，然后关闭泵的出口阀和流量计后的调节阀，再将稳压溢流水槽到缓冲水槽的整个系统加满水。最后，设法排尽系统中的气泡。

实验操作时，先启动循环水泵，然后开启泵的出口阀及流量计后的调节阀。水由稳压溢流水槽流经试验导管、缓冲水槽和流量计，最后流回低位储水槽。水流量的大小，可由流量计后调节阀调节。泵的出口阀控制溢流水槽的溢流量。

示踪剂采用红色墨水，它由红墨水储瓶经连接软管和玻璃注射管的细孔喷嘴，注入试验导管。细孔玻璃注射管（或注射针头）位于试验导管入口的轴线部位。

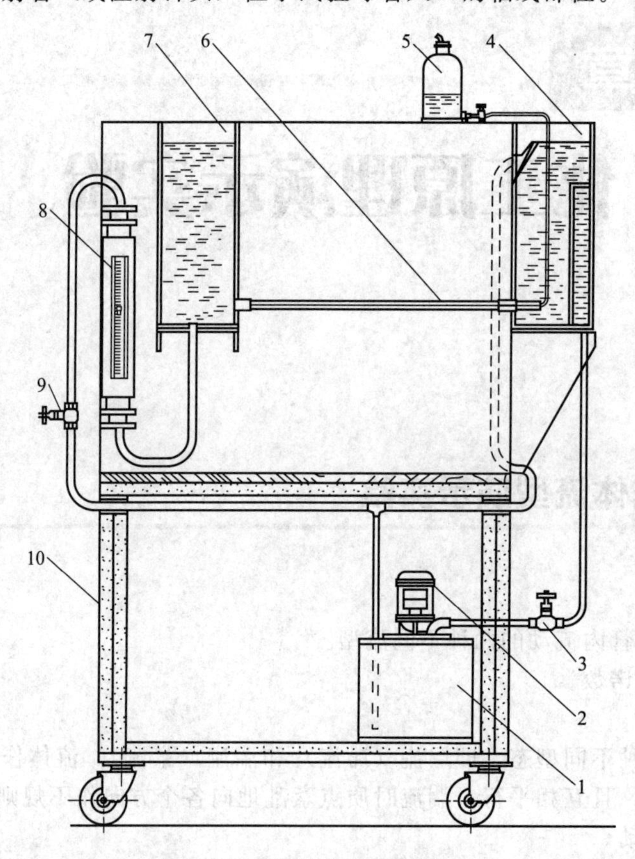

图 5-1　流体流型演示实验装置

1—低位储水槽；2—循环水泵；3—泵出口阀；4—稳压溢流水槽；5—红墨水储瓶；6—试验导管；7—缓冲水槽；8—转子流量计；9—调节阀；10—移动式实验台

4. 演示操作

① 层流流动类型　试验时，先少许开启调节阀，将流速调至所需要的值。再调节红墨水储瓶的下口旋塞，并用自由夹作精细调节，使红墨水的注入流速与试验导管中主体流体的流速相适应，一般略低于主体流体的流速为宜。待流动稳定后，记录主体流体的流量。此时，在试验导管的轴线上，就可观察到一条平直的红色细流，好像一根拉直的红线一样。

② 湍流流动型态　缓慢地加大调节阀的开度，使水流量平稳地增大。玻璃导管内的流速也随之平稳地增大。同时，相应地适当调节泵出口阀的开度，以保持稳压溢流水槽内仍有一定溢流量，以确保试验导管内的流体始终为稳定流动。可观察到：玻璃导管轴线上呈直线流动的红色细流开始发生波动。随着流速的增大，红色细流的波动程度也随之增大，最后断裂成一段段的红色细流。当流速继续增大时，红墨水进入试验导管后。立即呈烟雾状分散在整个导管内，进而迅速与主体水流混为一体，使整个管内流体染为红色，以致无法辨别红墨水的流线。

实验十四　流体机械能分布及其转换演示实验

1. 实验目的

① 加深对能量转换概念的理解；

② 观察流体流经收缩、扩大管段时，各截面上静压变化。

2. 实验原理

不可压缩的流体在导管中作稳定流动时，由于导管截面的改变致使各截面上的流速不同，而引起相应的静压头变化，其关系可由流动过程中能量衡算方程来描述，即

$$gz_1+\frac{u_1^2}{2}+\frac{p_1}{\rho}=gz_2+\frac{u_2^2}{2}+\frac{p_2}{\rho}+\sum h_{f_{12}} \tag{5-2}$$

式中 gz——每千克质量流体具有的位能，J/kg；

$\frac{u^2}{2}$——每千克质量流体具有的动能，J/kg；

$\frac{p}{\rho}$——每千克质量流体具有的压强能，J/kg；

$\sum h_{f_{12}}$——每千克质量流体在流动过程中的摩擦损失，J/kg。

因此，由于导管截面和位置发生变化引起流速变化，致使部分静压头转化成动压头，它的变化可由各玻璃槽中水柱高度指示出来。

3. 实验装置与流程

实验装置如图 5-2 所示。主要由试验导管、低位储水槽、循环泵、高位溢流水槽和测压管（毕托管）等几部分组成。

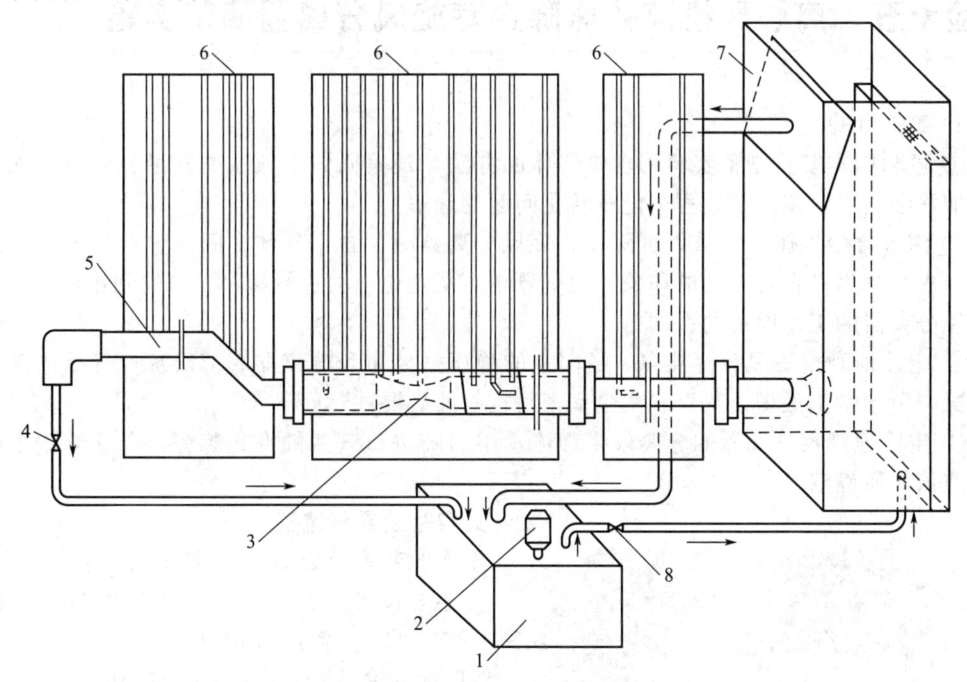

图 5-2 伯努利能量转换演示设备流程

1—低位储水槽；2—循环泵；3—文丘里管；4—进水控制阀；5—毕托管；6—演示板；7—高位溢流水槽；8—流量控制阀

试验导管为一变径有机玻璃管，沿程分三处设置测量静压头和冲压头装置。

实验前，先将水灌满低位储水槽，然后关闭泵的出口阀和试验导管出口调节阀，并将水灌满稳压溢流水槽。最后，设法排尽系统中的气泡。

实验时，先启动循环水泵，然后依次开启出口阀和调节阀，水由低位储水槽被送入稳压溢流水槽。流经试验导管后再返回低位储水槽。流体流量可由试验管出口调节阀控制。泵出

口阀控制溢流水槽内的溢流量，以保持槽内液面恒定，保证流动体系在整个试验过程中维持稳定流动。

4. 演示操作

(1) 非流动体的机械能分布及其转换

演示时，将泵的出口阀和试验导管出口的调节阀全部关闭，系统内的液体处于静止状态。此时，可观察到：试验导管上的所有的测压管中的水柱高度都是相同的，且其液面与溢流槽内液面平齐。

(2) 流动体系的机械能分布及其转换

启动循环水泵，将泵出口阀逐渐开启，调节流量至溢流水槽中有足够的溢流水溢出。缓慢地开启试验导管的出口调节阀，使导管内水开始流动，各测压管中的水柱高度将随之开始发生变化。可观察到：各截面上每对测压管的水柱高度差随着流体流量增大而增大。这说明，当流量加大时，流体流过导管各截面上的流速也随之加大。这就需要更多的静压头转化为动压头，表现为每对测压管的水柱高度差加大。同时，各对测压管的右侧管中水柱高度则随流体流量增大而下降，这说明流体在流动过程中能量损失与流体流速成正比。流速愈大，液体在流动过程中能量损失亦愈大。

实验十五　离心风机流化床降尘室旋风分离器演示实验

1. 实验目的

① 可利用本装置制备实验用含尘气体的办法，观察固体尘粒从文丘里管处被吸入的现象，加深学生对流体流动过程中能量转化问题的理解；

② 演示含尘气体通过重力沉降室、旋风分离器时，含尘气体、固体尘粒和气体的运动路线，先给学生以直观生动的印象，后引导学生从理论上去进行解释，可达到正确理解和描述旋风分离器的工作原理的目的；

③ 定性地观察旋风分离器内，径向上的静压强分布和分离器底部出灰口等处出现负压的情况，引导学生认识出灰口和集尘室密封良好的必要性；

④ 定性地观察分离器的分离效果和流动阻力随进口气速的变化趋势，引导学生思考适宜气速该如何确定。

图 5-3　离心风机流化床降尘室旋风分离器装置

2. 实验装置与流程

① 实验装置　如图 5-3、图 5-4 所示。

② 主要设备　鼓风机：XGB-12 型旋涡气泵，功率 550W，最大流量 $50m^3/h$。

玻璃标准旋风分离器：直径 50mm。

不锈钢重力沉降室：400mm × 200mm × 400mm。

3. 演示操作

① 开启旋涡气泵；

② 调节气量，使得气量较小；

③ 打开加料漏斗，使细小固体颗粒缓缓加入；

④ 关闭加料漏斗；

⑤ 调大气体流量，使得固体颗粒呈现流化

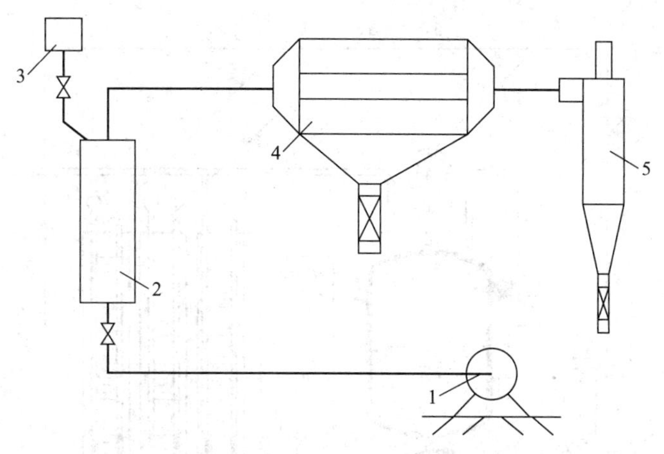

图 5-4 离心风机流化床降尘室旋风分离器流程
1—旋涡气泵；2—流化床；3—加料漏斗；4—降尘室；5—旋风分离器

状态；

⑥ 继续调大气体流量，使得固体细小颗粒进入降尘室；

⑦ 继续调大气体流量，使得细小颗粒灰尘进入旋风分离器；

⑧ 停止旋涡气泵；

⑨ 收集各级收成。

实验十六 流体的压强及其测量演示实验

1. 实验目的

① 掌握绝对压强、表压强和真空度之间的区别与联系；

② 掌握流体流柱高度、压头与压强之间的区别与联系；

③ 掌握流体压强的几种测量方法。

2. 实验装置与流程

本装置主要由平衡杯、反应器、弹簧压力表和U形液柱压差计等组成。其流程如图 5-5 所示。

主体设备为一有机玻璃制造的反应模型，平衡杯与反应器底部相连，并利用平衡杯的位置高低来调节反应器内的液位，使液面上方产生不同的压强。

反应器顶部装有一个放空阀和两个测压口，试验前，先打开放空阀，水由平衡杯中加入，加水量以使平衡杯与器内液面平齐，液面达反应器高度的 1/2 处为宜。一个测压口直接连接一联程弹簧压力表。另一个测压口连接三支U形管压差计，压差计中分别装有水银和水两种指示剂，微压差计中同时装有四氯化碳和氯化钙水溶液两种指示剂。每支压差计上各装一旋塞用来进行开闭控制。

3. 演示操作

(1) 绝对压强、表压强和真空度之间的关系

① 将器顶放空阀打开，并将平衡杯置于反应器相同高度，使杯内液面与器内液面平齐，再将水银柱压差计上的旋塞打开，观察弹簧压力表和水银柱压差计的读数。可观察到：弹簧压力表和水银柱压差计显示的读数为零。

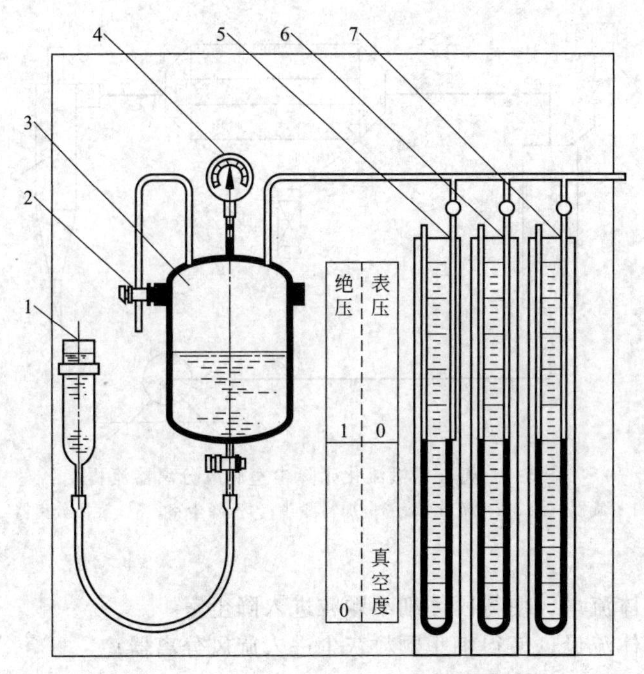

图 5-5　流体静力学演示实验装置流程

1—平衡杯；2—放空阀；3—反应器；4—弹簧压力表；5～7—U 形管压差计

② 将器顶放空阀关闭，使器内成为密闭体系，然后将平衡杯缓慢举起，并置于最高位置上，观察弹簧压力表和水银柱压差计的读数。可观察到：随着平衡杯的位置提高，液面上方压强不断提高，弹簧压力表显示一定的压强值，同时，水银压差计中液柱向左侧（连接大气一侧）上升一定的高度。

③ 将平衡杯放回到起始位置上，再观察弹簧压力表和压差计上读数。可观察到：随着平衡杯位置的降低，器内液面也随之降低，液面上方空气膨胀而压强降低，平衡杯恢复到起始位置时，弹簧压力表和水银压差计又显示为零，说明反应器内压强与大气压强相同。

④ 将平衡杯缓慢放下，并置于最低位置上，观察弹簧压力表与水银压差计的读数。可观察到：弹簧压力表显示出负的读数，同时，水银压差计中液柱向右侧（连通测压口一侧）上升一定高度。这说明反应器内的操作压强低于大气压强。压力表显示的读数即为器内压强低于大气压强的数值。

(2) 以液柱高度表示的压强与液柱压力计

先将放空阀关闭，再略为提高平衡杯的位置，然后依次打开水银柱压差计、水柱压差计和微压差计上的旋塞。可观察到：在测量同一压强时，水银柱压差计显示的水银柱高度差最小，水柱压差计显示的水柱高度差中等，而微压差计显示的液柱高度差最大。这说明：当用液柱高度来表示流体压强时，其值的大小还取决于液柱的高度。为了提高测量精度，压差计的指示剂选择必须合适。

实验十七　边界层演示实验

1. 实验目的

① 观察流体流经固体壁面所产生的边界层及边界层分离的现象；

② 加深对边界层的感性认识。

2. 实验原理

(1) 边界层简介

流体流经固体壁面或者固体在静止的流体中运动时，由于流体黏性的作用，紧贴固体壁面上必有一层停滞不动的流体，这层流体称为边界层，边界层的厚度虽然不大，但因为它不流动，却对传热、对质等都有重要的影响。

流体流经平板形固体壁面时，若在层流的情况下，边界层的厚度随着距前沿距离的增加而增加，随流速的增大而减少。流体流经曲面时，除了有类似现象以外还会产生所谓边界层的分离现象，形成旋涡。列管式换热器壳程内流体流动就是这种情况的具体例子，边界层的存在就可以解释管壁上各位置的给热系数的差异。

(2) 利用折光法观察热边界层的原理

模型被加热后就有自下而上的空气对流运动，模型壁面上存在着层流边界层，因为层流边界层几乎不流动，传热情况很差，层内温度远高于周围空气的温度而接近模型壁画温度，故边界层内空气密度远小于周围空气密度，气体密度与折射率有下列关系：

$$(n-1)\frac{1}{\rho}=恒量 \tag{5-3}$$

式中　n——气体折射率；

　　　ρ——气体密度，kg/m^3。

由于边界层内气体的密度与边界层外的气体密度不同，则折射率也不同，利用折射率的差异可以观察边界层。

点光源灯泡的光线从离模型几米远的地方射向模型，它以很小的入射角；射入边界层，如图 5-6 所示。如果光线不偏折，它应投到 b 点，但现在由于高温空气折射率不同，光线产生偏折，出射角 γ 大于入射角。射出光线在离开边界层时再产生一些偏折后投射到 a 点，在 n 点上原来已经有背景的投射光，加上偏折的折射光后就显得特别明亮，无数亮点组成图形，就反映了边界层的形状。此外，原投射位置（b 点）因为得不到投射光线，所以显得较暗，形成暗区，这个暗区也是边界层折射现象引起的，因此也代表边界层的形状。

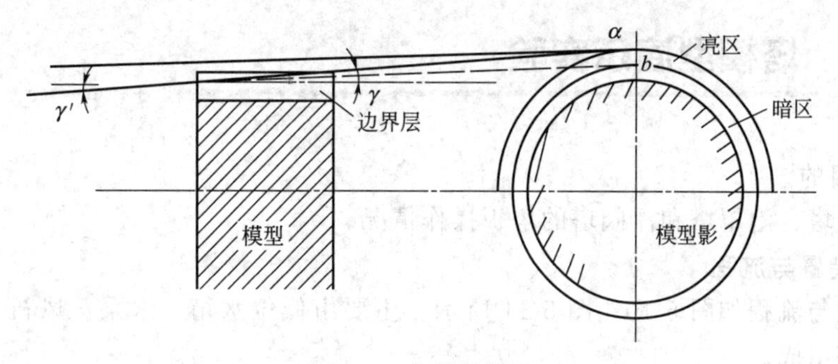

图 5-6　光线折射图

3. 实验装置与流程

实验装置如图 5-7 所示。

边界层仪由点光源、热模型和屏组成。

4. 演示操作

边界层仪操作是非常简单的，只要接通电源，过一段时间就可以观察流体流经圆柱体的层流边界层现象，如图 5-8 所示。圆柱底部由于气流动压的影响，边界层最薄；愈往上部，

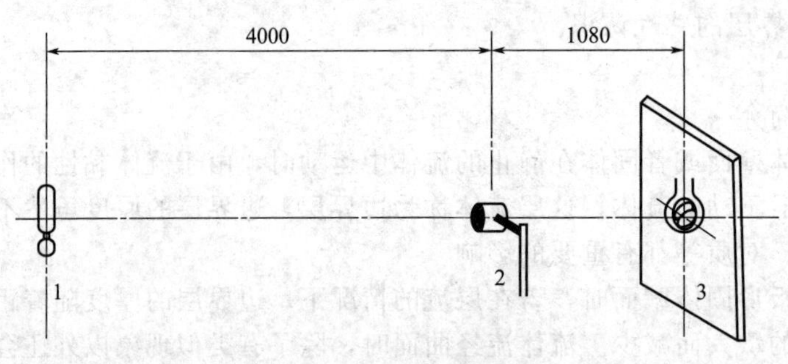

图 5-7　ZRB-1 型边界层仪

1—点光源；2—模型；3—屏

边界层愈厚，最后产生边界层分离，形成旋涡。仪器还可以演示边界层的厚度随流体速度的增加而减薄的现象。对模型吹气，就会看到迎风一侧边界层影像的外沿退到模型壁上，表示边界层厚度减薄（图 5-9）。

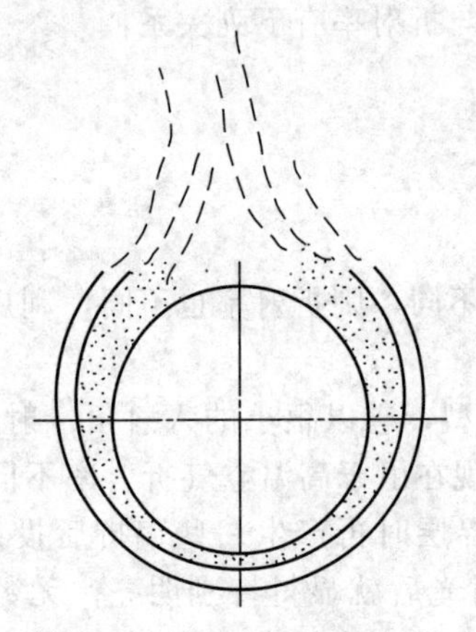

图 5-8　层流边界层现象

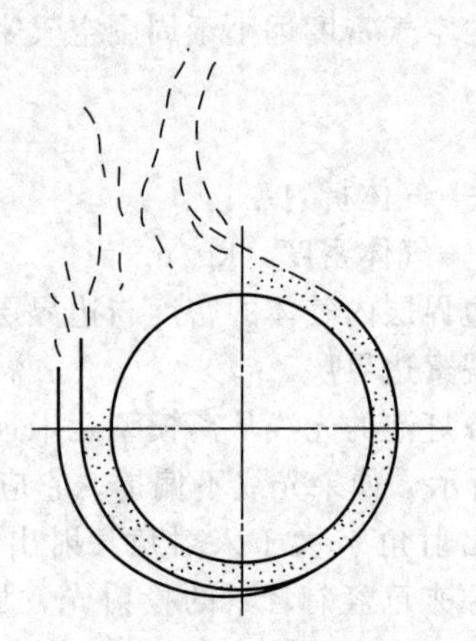

图 5-9　迎风-侧边界层减薄

实验十八　塔模型演示实验

1. 实验目的

观察筛板塔、泡罩塔和浮阀塔的塔板操作情况。

2. 实验装置与流程

实验装置与流程如图 5-10、图 5-11 所示。主要由低位水箱、水泵、风机、筛板塔、泡罩塔和浮阀塔组成。

3. 演示操作

演示时，采用固定的水流量（不同塔板结构流量有所不同），改变不同的气速，演示各种气速时的运行情况。

① 全开气阀　这种情况气速达到最大值，此时可看到泡沫层很高，并有大量液滴从泡沫层上方往上冲，这就是雾沫夹带现象。这种现象表示实际气速大大超过设计气速。

② 逐渐关小气阀　这时飞溅的液滴明显减少，泡沫层高度适中，气泡很均匀，表示实际气速符合设计值，这是各类型塔正常运行状态。

图 5-10　塔模型演示实验装置

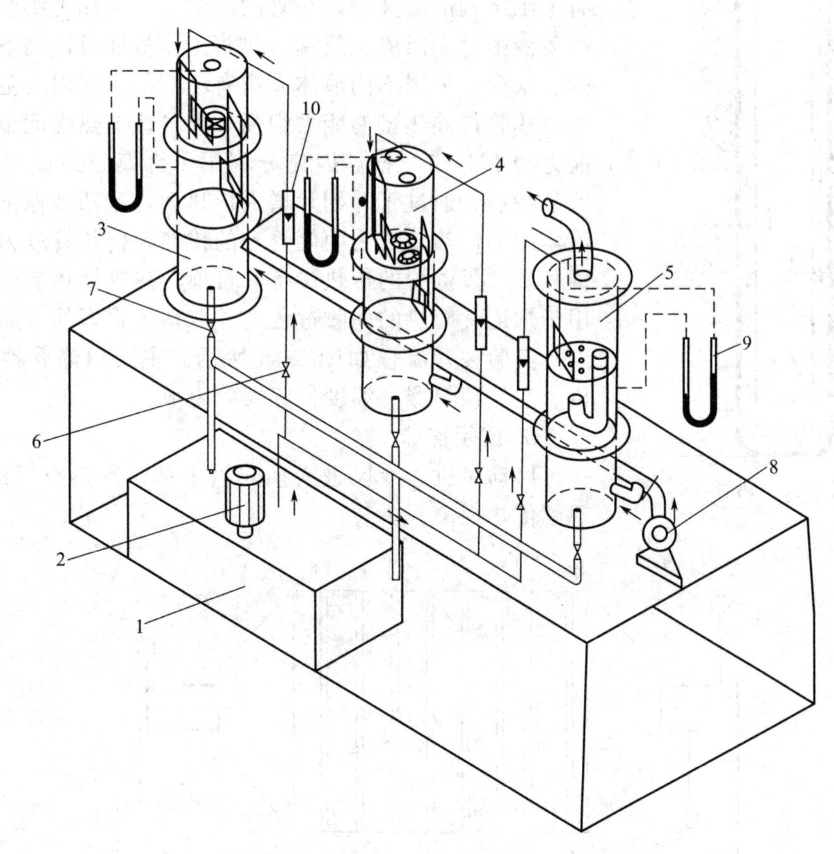

图 5-11　塔模型演示实验装置流程

1—低位水箱；2—水泵；3—泡罩塔；4—浮阀塔；5—筛板塔；6—进水控制阀；
7—液封阀；8—风机；9—U 形压差计；10—转子流量计

③ 再进一步关小气阀　当气速大大小于设计气速时，泡沫层明显减少，因为鼓泡少，气、液两相接触面积大大减少，显然，这是各类型塔不正常运行状态。

④ 再慢慢关小气阀　可以看见板面上既不鼓泡、液体也不下漏的现象。若再关小气阀，则可看见液体从塔板上漏出，这就是塔板的漏液点。

实验十九　热管换热器演示实验

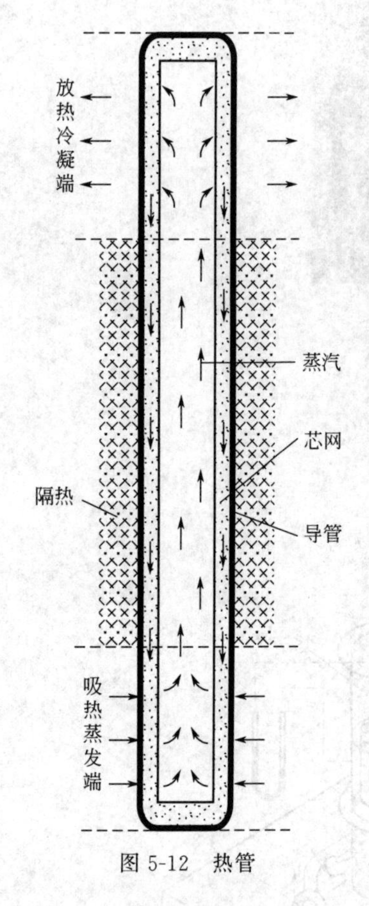

图 5-12　热管

1. 实验目的

观察热管结构、热管换热器操作情况。

2. 实验装置与流程

热管是在一根抽除不凝性气体的密闭金属管内充以一定量的某种工作液体构成，其结构如图 5-12 所示。工作液体因在热端吸收热量而沸腾汽化，产生的蒸汽流至冷端放出潜热。冷凝液回至热端，再次沸腾汽化。如此反复循环，热量不断从热端传至冷端。冷凝液的回流可以通过不同的方法（如毛细管作用、重力等）来实现。目前常用的方法是将具有毛细结构的吸液芯装在管的内壁上，利用毛细管的作用使冷凝液由冷端回流至热端。热管工作液体可以是氨、水、丙酮、汞等。采用不同液体介质有不同的工作温度范围。

热管传导热量的能力很强，为最优导热性能金属的导热能力的 10^3～10^4 倍。因充分利用了沸腾及冷凝时给热系数大的特点，通过管外翅片增大传热面，且巧妙地把管内、外流体间的传热转变为两侧管外的传热，使热管成为高效而结构简单、投资少的传热设备。目前，热管换热器已被广泛应用于烟道气废热的回收过程，并取得了很好的节能效果。

实验装置流程如图 5-13 所示。主要由热管换热器、风机、空气预热器、温度传感器等组成。

3. 演示操作

启动风机，冷风进入换热器上部。预热空气进入下部。观察传热现象。

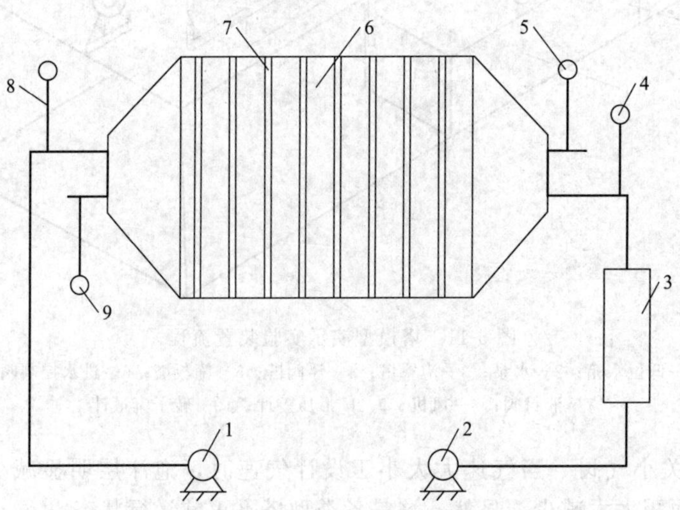

图 5-13　热管换热器装置流程

1,2—风机；3—预热器；4—热风进口温度计；5—冷风出口温度计；6—热管换热器；7—热管；8—冷风进口温度计；9—热风出口温度计

实验二十　化工原理仿真实验

1. 实验目的

① 预习实验；

② 仿真实验；

③ 自我考查实验知识。

2. 仿真实验软件介绍

(1) 软件制作的目的

在实验教学中，学生熟悉自己操作的实验设备是非常重要的。实验室的实验仪器、仪表大部分采用了自动化控制。但是往往由于学生不熟悉操作方法和工作原理，造成仪器设备的人为损坏，影响了实验教学的正常进行，所以利用模拟仿真软件可起到预习作用。

为了让学生在正式实验以前充分了解实验设备的内部结构和使用方法，掌握实验的难点、要点和操作要领，针对开发的化工过程单元操作模拟仿真软件主要目的是：①实验前动态模拟，达到预习的目的；②实验中随时联机在线帮助；③实验后复习，规范实验报告。

(2) 软件的选择和素材的准备

注重把科学性、教育性、启发性原则放在首位，把内容和形式统一起来；强调理论与实践相结合，注重软件设计的视觉效果和互动性。有选择地根据实验过程选取教学媒体素材。遵循先设计后制作的原则，同时兼顾屏幕的清晰度、文件的大小、操作的便利及运行的速度等问题。为了能够在网络上进行浏览操作，选择用 Microsoft Office Frontpage 制作封面。利用网络的强大功能，学生可以通过网络进行实验的预习和复习，使用 Macromedia Flash 制作主框架、配置提示环、文字和语音，对于简单的素材在 Flash 里绘制，对于比较复杂的素材采用 Adobe Photoshop CS 裁剪图片再使用帧动画和补间动画加以变化演示，对于设备的内部结构进行剖解。对于影视过程的演示制作，使用 Ulead VideoStudio 制作视频，并嵌入到 Flash 制作的播放器里，进行自主控制的播放。语音的提示和解说，采用 InterPhonic 语音合成。封面采用 Ulead GIF Animator 制作 GIF 动画。由于使用 Flash 为框架，制作的软件为绿色软件，文件小且不需要安装，可直接使用。

(3) 设计与制作

成功的软件来自成功的设计，必须尽力、细致、周全。花费一定的时间把基础打好，它为软件提供了一个强有力的架构，可以让后续的展示畅通无阻，这是必不可少的。如果以一种匆忙和随意的态度加以处理，目标无法精确地加以界定，学生只能模糊地加以了解。多媒体教学软件的设计一定要考虑各种媒体的有效性，而不是无原则地拼凑和粘贴，更不是简单的资料存储器和播放器。它应成为学生学习的良师益友，体现学生主体地位的新型教学模式的有力手段，应成为学习者学习的认知工具。在制作模拟仿真课件时使用的软件是 Flash，在 Flash MX 中可以使用三种元件：图形、按钮和动画片段。图形元件的特点有相对独立的编辑区域和播放时间，但其在应用到场景时要受到当前场景中帧序列的限制和其他交互设置的影响。按钮元件的作用比较单纯，就是在交互式作品中激发某一事件，也有相对独立的编辑区域和播放时间。动画片段元件不受当前场景中帧序列的限制，不必首先建立足够长的帧序列，也能够应用。在 Flash MX 中有两种基础动画制作方法：运动动画和变形动画。运动动画的动画对象必须是元件或者组合对象，而变形动画的动画对象必须是图形（图形元件不属于图形），这是运动动画与变形动画的关键区别，有的制作者正是由于没有正确运用动画对象，才导致在制作动画时经常出现不明原因的错误。本课件的流体流动现象采用变形动画，风机叶片的旋转采用了运动动画。

3. 操作步骤

① 加载软件。如果学生进入中心网站，只要点击“化工过程单元操作模拟仿真”软件，即进入软件封面。如果使用单机版，须在根目录下找到“Main. exe”，双击之，从而进入封面（图 5-14）。

图 5-14　化工过程单元操作模拟仿真封面

② 在封面右下角找到进入按钮，点击进入主界面。主界面上有化工原理 8 个实验目录，每个目录显示的条目本身就是进入该实验的“按钮”（图 5-15）。

图 5-15　化工过程单元操作模拟仿真主界面

③ 点击某实验目录条目进入该单元操作实验。如选择点击“流体流动阻力测定”条目，

即进入如图 5-16 所示界面。

图 5-16　流体流动阻力模拟仿真实验界面

配置 9 个按钮，分别可以让学生了解：实验目的和要求、流程、使用本设备的仪器仪表和影视演示教学；同时提供了化工生产过程中基本管件与阀门的结构和工作原理、仪器控制仪表的剖视和安装方法、工作原理等动画和文字说明。

④ 选择学习理论、设备局部构件图、视屏、流程演示等。

如图 5-17 所示，即为局部构件图。

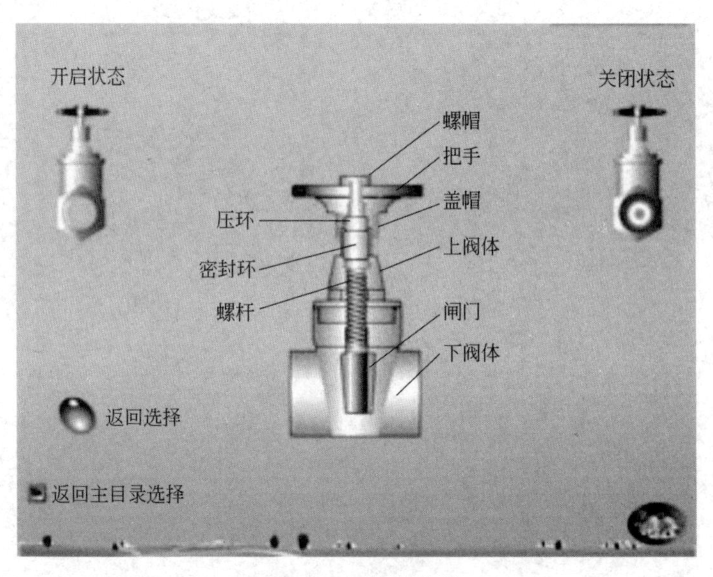

图 5-17　局部构件图

⑤ 模拟仿真。点击“模拟实验”进入计算机模拟实验（图 5-18），依次执行各步骤，当步骤错误时，将不能执行，直到选对步骤。

⑥ 依次选择返回按钮，最终在界面的右下角找到返回按钮，回到主界面选择另一实验条目。

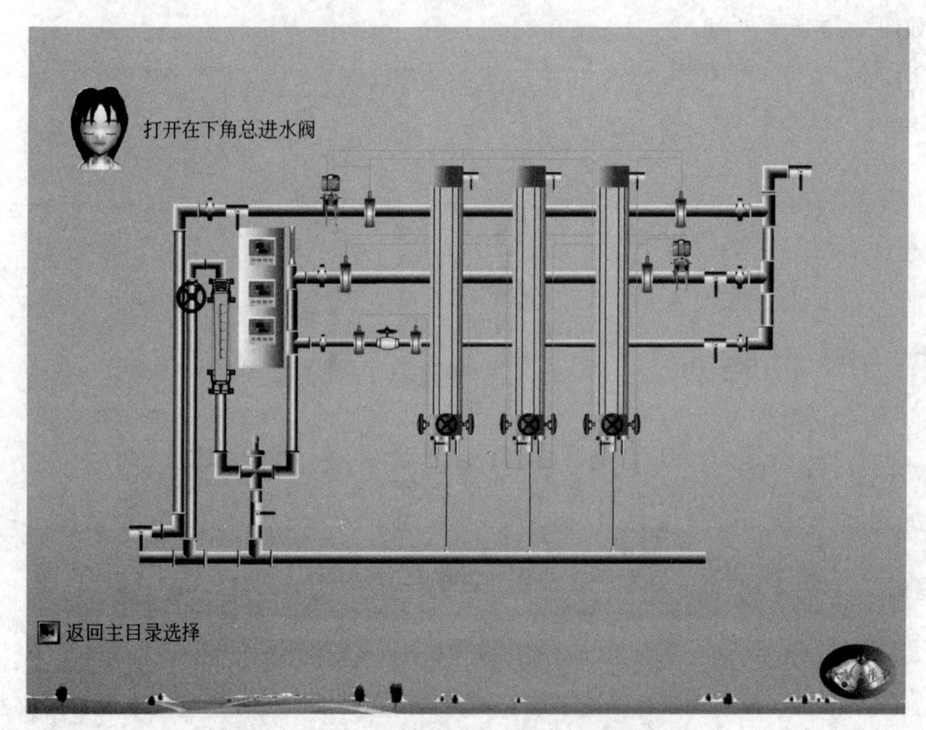

图 5-18　流体流动阻力模拟实验界面

附 录

附录一 一些气体溶于水的亨利系数

气体	温度/℃															
	0	5	10	15	20	25	30	35	40	45	50	60	70	80	90	100
	$E\times10^{-6}$/kPa															
H_2	5.87	6.16	6.44	6.70	6.92	7.16	7.39	7.52	7.61	7.70	7.75	7.75	7.71	7.65	7.61	7.55
N_2	5.35	6.05	6.77	7.48	8.15	8.76	9.36	9.98	10.5	11.0	11.4	12.2	12.7	12.8	12.8	12.8
空气	4.38	4.94	5.56	6.15	6.73	7.30	7.81	8.34	8.82	9.23	9.59	10.2	10.6	10.8	10.9	10.8
CO	3.57	4.01	4.48	4.95	5.43	5.88	6.28	6.68	7.05	7.39	7.71	8.82	8.57	8.57	8.57	8.57
O_2	2.58	2.95	3.31	3.69	4.06	4.44	4.81	5.14	5.42	5.70	5.96	6.37	6.72	6.96	7.08	7.10
CH_4	2.27	2.62	3.01	3.41	3.81	4.18	4.55	4.92	5.27	5.58	5.85	6.34	6.75	6.91	7.01	7.10
NO	1.71	1.96	2.21	2.45	2.67	2.91	3.14	3.35	3.57	3.77	3.95	4.24	4.44	4.54	4.58	4.60
C_2H_6	1.28	1.57	1.92	2.90	2.66	3.06	3.47	3.88	4.29	5.07	5.07	5.72	6.31	6.70	6.96	7.01
	$E\times10^{-5}$/kPa															
C_2H_4	5.59	6.62	7.78	9.07	10.3	11.6	12.9	—	—	—	—	—	—	—	—	—
N_2O	——	1.19	1.43	1.68	2.01	2.28	2.62	3.06	—	—	—	—	—	—	—	—
CO_2	0.738	0.888	1.05	1.24	1.44	1.66	1.88	2.12	2.36	2.60	2.87	3.46	—	—	—	—
C_2H_2	0.73	0.85	0.97	1.09	1.23	1.35	1.48	—	—	—	—	—	—	—	—	—
Cl_2	0.272	0.334	0.399	0.461	0.537	0.604	0.669	0.74	0.80	0.86	0.90	0.97	0.99	0.97	0.96	—
H_2S	0.272	0.319	0.372	0.418	0.489	0.552	0.617	0.686	0.755	0.825	0.689	1.04	1.21	1.37	1.46	1.50
	$E\times10^{-4}$/kPa															
SO_2	0.167	0.203	0.245	0.294	0.355	0.413	0.485	0.567	0.661	0.763	0.871	1.11	1.39	1.70	2.01	——

附录二 某些二元物系的汽液平衡组成

(1) 乙醇-水（p=0.101MPa）

乙醇(摩尔分数)/%		温度/℃	乙醇(摩尔分数)/%		温度/℃
液相中	气相中		液相中	气相中	
0.00	0.00	100.0	32.73	58.26	81.5
1.90	17.00	95.5	39.65	61.22	80.7
7.21	38.91	89.0	50.79	65.64	79.8
9.66	43.75	86.7	51.98	65.99	79.7
12.38	47.04	85.3	57.32	68.41	79.3
16.61	50.89	84.1	67.63	73.85	78.74
23.27	54.45	82.7	74.72	78.15	78.41
26.08	55.80	82.3	89.43	89.43	78.15

(2) 苯-甲苯（$p=0.101MPa$）

苯(摩尔分数)/%		温度/℃	苯(摩尔分数)/%		温度/℃
液相中	气相中		液相中	气相中	
0.0	0.0	110.6	59.2	78.9	89.4
8.8	21.2	106.1	70.0	85.3	86.8
20.0	37.0	102.2	80.3	91.4	84.4
30.0	50.0	98.6	90.3	95.7	82.3
39.7	61.8	95.2	95.0	97.9	81.2
48.9	71.0	92.1	100.0	100.0	80.2

(3) 氯仿-苯（$p=0.101MPa$）

氯仿(质量分数)/%		温度/℃	氯仿(质量分数)/%		温度/℃
液相中	气相中		液相中	气相中	
10	13.6	79.9	60	75.0	74.6
20	27.2	79.0	70	83.0	72.8
30	40.6	78.1	80	90.0	70.5
40	53.0	77.2	90	96.1	67.0
50	65.0	76.0			

(4) 水-醋酸（$p=0.101MPa$）

水(摩尔分数)/%		温度/℃	水(摩尔分数)/%		温度/℃
液相中	气相中		液相中	气相中	
0.0	0.0	118.2	83.3	88.6	101.3
27.0	39.4	108.2	88.6	91.9	100.9
45.5	56.5	105.3	93.0	95.0	100.5
58.8	70.7	103.8	96.8	97.7	100.2
69.0	79.0	102.8	100.0	100.0	100.0
76.9	84.5	101.9			

(5) 甲醇-水（$p=0.101MPa$）

甲醇(摩尔分数)/%		温度/℃	甲醇(摩尔分数)/%		温度/℃
液相中	气相中		液相中	气相中	
5.31	28.34	92.9	29.09	68.01	77.8
7.67	40.01	90.3	33.33	69.18	76.7
9.26	43.53	88.9	35.13	73.47	76.2
12.57	48.31	86.6	46.20	77.56	73.8
13.15	54.55	85.0	52.92	79.71	72.7
16.74	55.85	83.2	59.37	81.83	71.3
18.18	57.75	82.3	68.49	84.92	70.0
20.83	62.73	81.6	77.01	89.62	68.0
23.19	64.85	80.2	87.41	91.94	66.9
28.18	67.75	78.0			

附录三 乙醇溶液常见参数

(1) 乙醇溶液的物理常数（摘要）（$p=0.101MPa$）

温度(15℃)		15℃时的相对密度	沸点/℃	比热容/[kJ/(kg·K)]		焓/(kJ/kg)		
体积分数/%	质量分数/%					饱和液体焓	干饱和蒸气焓	蒸发潜热
				α	β			
10	8.05	0.9876	92.63	4.430	0.00833	446.1	2571.9	2135.9
12	9.69	0.9845	91.59	4.451	842	447.1	2556.5	2113.4
14	11.33	0.9822	90.67	4.460	846	439.1	2529.9	2091.5
16	12.97	0.9802	89.83	4.468	850	435.6	2503.9	2064.9
18	14.62	0.9782	89.07	4.472	854	432.1	2477.7	2045.6
20	16.28	0.9763	88.39	4.463	0.00858	427.8	2450.9	2023.2
22	17.95	0.9742	87.75	4.455	863	424.0	2424.2	1991.1
24	19.62	0.9721	87.16	4.447	871	420.6	2396.6	1977.2
26	21.30	0.9700	86.67	4.438	884	417.5	2371.9	1954.4
28	24.99	0.9679	86.10	4.430	0.00900	414.7	2345.7	1930.9
30	24.69	0.9657	85.66	4.417	917	412.0	2319.7	1907.7
32	26.40	0.9633	85.27	4.401	942	409.4	2292.6	1884.1
34	28.13	0.9608	84.92	4.384	963	406.9	2267.2	1860.9
38	31.62	0.9558	84.32	4.346	1013	402.4	2215.1	1812.7
40	33.39	0.9523	84.08	4.283	0.0104	400.0	2188.4	1788.4

注：比热容公式 $C=\alpha+\beta\frac{t_1+t_2}{2}$ [kJ/(kg·K)]

式中，α、β 系数从表中查出；t_1，t_2 为乙醇溶液的升温范围。乙醇蒸发潜热为855.24kJ/(kg·K)(78.3℃)。

(2) 乙醇蒸气的密度及比体积（摘要）(p=0.101MPa)

蒸气中乙醇的质量分数/%	沸点/℃	密度/(kg/m³)	比体积/(m³/kg)
70	80.1	1.085	0.9216
75	79.7	1.145	0.8717
80	79.3	1.224	0.8156
85	78.9	1.309	0.7633
90	78.5	1.396	0.7168
95	78.2	1.498	0.6667
100	78.33	1.592	0.622

参考文献

[1] 居沈贵，夏毅，武文良．化工原理实验．北京：化学工业出版社，2016.

[2] 谭天恩，窦梅等．化工原理［M］．第4版．北京：化学工业出版社，2013.

[3] 张金利，郭翠梨．化工基础实验［M］．第2版．北京：化学工业出版社，2006.

[4] 陈敏恒，丛德滋，方图南，齐鸣斋，潘鹤林．化工原理［M］．第4版．北京：化学工业出版社，2015.

[5] 伍钦，邹华生，高桂田．化工原理实验［M］．广州：华南理工大学出版社，2001.

[6] 雷良恒，潘国昌，郭庆丰．化工原理实验［M］．北京：清华大学出版社，1994.

[7] 李德树，黄光斗．化工原理实验［M］．武汉：华中理工大学出版社，1997.

[8] 大连理工大学化工原理教研室．化工原理实验［M］．大连：大连理工大学出版社，1995.

[9] 厉玉鸣，刘慧敏．化工仪表及自动化［M］．第5版．北京：化学工业出版社，2011.

[10] 向德明，姚杰．现代化工检测及过程控制［M］．哈尔滨：哈尔滨工程大学出版社，2002.

[11] 管国锋，冯晖，张若兰．化工原理实验［M］．南京：东南大学出版社，1996.

[12] 冯晖，居沈贵，夏毅．化工原理实验［M］．南京：东南大学出版社，2003.

[13] 管国锋，赵汝溥．化工原理［M］．第4版．北京：化学工业出版社，2015.